高等职业教育制药类专业规划教材

“十二五”职业教育国家规划教材
经全国职业教育教材审定委员会审定

普通高等教育国家级精品教材

“十三五”江苏省高等学校重点教材（编号为2020-1-075）

化学制药工艺与反应器 第五版

陆 敏 蒋翠岚 主编 陈文华 陈 尧 主审

化学工业出版社
·北 京·

内容简介

本书是按照制药技术类专业的课程基本要求编写的。全书共分八章，系统介绍了化学制药的基本内容、基本技术和生产工艺，以及制药反应设备和环保、安全知识。在阐述制药基本理论知识的同时，结合工业生产实例，选择氯霉素、维生素C、半合成青霉素等典型药物，对其生产技术进行了具体讨论，加深对工艺路线及生产原理的理解，以期培养学生分析和解决问题的能力。本书在学习的重点部分加入了微课、动画和视频资源（以二维码的形式链接），方便学生学习，书中还介绍了手性药物的制备技术，以期拓宽学生的知识面。本书还提供了化学制药工艺综合实训，以增强对学生实践技能和职业能力的培养。

本书深入浅出、实用性强。本书可作为高等职业院校制药技术类专业的教材，也可供相关专业及有关生产、技术、管理人员参考。

图书在版编目（CIP）数据

化学制药工艺与反应器/陆敏，蒋翠岚主编. —5版. —北京：化学工业出版社，2022.8（2025.1重印）
ISBN 978-7-122-41648-3

Ⅰ.①化… Ⅱ.①陆… ②蒋… Ⅲ.①药物-生产工艺-高等职业教育-教材②药物-制造-反应器-高等职业教育-教材 Ⅳ.①TQ460.6②TQ460.5

中国版本图书馆CIP数据核字（2022）第100360号

责任编辑：蔡洪伟　　文字编辑：丁　宁　陈小滔
责任校对：边　涛　　装帧设计：关　飞

出版发行：化学工业出版社（北京市东城区青年湖南街13号　邮政编码100011）
印　　刷：北京云浩印刷有限责任公司
装　　订：三河市振勇印装有限公司
787mm×1092mm　1/16　印张13　字数330千字　2025年1月北京第5版第3次印刷

购书咨询：010-64518888　　售后服务：010-64518899
网　　址：http://www.cip.com.cn
凡购买本书，如有缺损质量问题，本社销售中心负责调换。

定　　价：40.00元　

第五版前言

随着我国的高等职业教育的迅速发展，化学制药类专业的开办学校数和在校生数都有大幅度增加，《化学制药工艺与反应器》自 2005 年出版以来，被许多化学制药专业教师选用，第一版入选普通高等教育国家级精品教材，并经多次修订。在“十二五”期间，本教材被立项为“十二五”职业教育国家规划教材。本教材于 2020 年 11 月成功立项“十三五”江苏省高等学校重点教材建设项目。

本次修订教材，是根据教育部最新颁布的《高等职业学校专业教学标准》，重新架构教材内容，并开发建设了数字化资源。为满足学生学习和教师讲课的需求，适应当今信息化学习的要求，本次修订对教材增加了多媒体教学素材，相关章节中加入动画和视频内容，并以二维码形式直接植入了教材，师生采用可移动终端（如手机）直接扫描二维码，即可观看学习。

本书由常州工程职业技术学院陆敏、河北化工医药职业技术学院蒋翠岚主编，常州工程职业技术学院陈文华和石家庄制药集团陈尧主审。第一章～第三章由陆敏编写；第四章、第五章由常州工程职业技术学院文艺编写；第六章项目一、第七章由蒋翠岚编写；第六章项目二～项目五及项目一～项目五的工艺流程图由河北化工医药职业技术学院闫林林编写；第六章项目六由上海医药集团常州制药厂有限公司李泽标编写；第八章由河北化工医药职业技术学院黄文杰编写。

本书配套的二维码扫描素材中，微课“加氢催化剂”，视频“高压加氢反应釜操作”“手性与手性药物”“手性药物制备”的版权为河北化工医药职业技术学院杜会茹老师所有，视频“弹簧式安全阀结构图”的版权为北京东方仿真技术有限公司所有，其他动画的版权为常州工程职业技术学院和国家教学资源库“反应器操作与控制”课程建设团队所有，在此对他们的帮助致以衷心的感谢。

本次修订过程中还得到了常州工程职业技术学院薛叙明老师、刘承先老师、伍士国老师、徐进老师、陈川老师、蒋涛老师、化学工业出版社及各编者所在单位的大力支持，在此对他们的无私帮助表示衷心感谢。

限于编者水平有限，缺乏经验，书中疏漏及不妥之处在所难免，恳请广大读者批评指正。

编　者

2022 年 2 月

目录

第一章　绪论

第二章　化学制药工艺路线的选择

第三章　化学制药生产工艺条件的探索

第四章　化学制药反应器

第五章　安全生产和“三废”防治

第六章　典型药物生产工艺

第七章 手性药物的制备技术

第八章 化学制药工艺综合实训

二维码资源目录

第一章 绪 论

【知识目标】

1. 了解化学制药工业的特点、国内外化学制药工业的发展概况。
2. 理解和掌握本课程的研究对象和内容。

【能力目标】

1. 能建立对化学制药工业地位、作用、发展的基本观念。
2. 能树立对本课程的基本认识。

第一节 化学制药工业的发展概况

一、化学制药工业的特点和地位

药物是对疾病具有预防、治疗、缓解和诊断作用或用以调节机体生理机能的化学物质，是直接关系到人民健康、生命安全的特殊产品，包括化学合成药物、生物工程药物和中药。制药工业以药物的研究与开发为基础、以药物的生产和销售为核心，包括原料药和制剂的生产，是永远的朝阳产业。

制药工业从20世纪中后期开始持续高速发展，全球医药行业总产值年增长速度达到同期全球GDP增长率的两倍以上，而且世界上制药工业产品销售额已占化学工业各类产品的第二或第三位，并已成为许多经济发达国家的大产业。在国际上，医药产品是国际交换量最大的十五类产品之一，也是世界出口总值增长最快的五类产品之一。

制药工业是一个特殊行业，其特殊性主要表现在：①高度的科学性、技术性。随着科学技术的不断发展，制药生产中现代化的仪器、仪表、电子技术和自控设备得到了广泛的应用，无论是产品设计、工艺流程的确定，还是操作方法的选择，都有严格的要求，必须依据科学技术知识，否则就难以保证正常生产，甚至出现事故。只有系统运用科学技术知识，采用现代化的设备，才能合理地组织生产，促进药品生产的发展。②药品质量要求特别严格。尽管其他产品也都要求质量符合标准，但很难与药品相比，药品质量必须符合《中华人民共和国药典》（简称《中国药典》）规定的标准和GMP要求。我国政府颁布了《中华人民共和国药品管理法》，药品生产企业还必须严格遵守《药品生产质量管理规范》的要求，研制新药，需遵守《药品非临床研究质量管理规范》和《药品临床试验管理规范》。③生产技术复杂，生产过程要求高。在药品生产过程中，所用的原料、辅料的种类繁多。每个药品的制造过程大致可由回流、蒸发、干燥、蒸馏和分离等几个单元操作串联组合，但由于一般有机化合物的合成均包含较多的化学单元反应，其中往往又伴随着许多副反应，整个操作变得比较复杂。在药品生产中，经常遇到易燃、易爆及有毒、有害的溶剂、原料和中间体，因此，对于防火、防爆、安全生产、劳动保护、操作方法、工艺流程设备等均有特殊要求。④品种多、更新快。⑤医药产业是高技术、高投入、高风险、高效益的产业。

医药行业分为医药制造和医药商业，医药制造业细分为化学原料药制造、化学制剂制造、中成药制造、中药饮片加工、生物生化制品制造以及卫生材料及医药用品制造等类别。其中，化学原料药制造、化学制剂制造属于化学制药行业。化学制药工业属技术密集型的精细化学工业的门类，主要包括化学合成、微生物发酵、生物化学、植物化学的应用和制剂生产。

化学合成药物自 20 世纪 30 年代磺胺药物问世以来发展迅速，20 世纪是化学药物飞速发展的时代，在此期间发现及发明了现在所使用的许多重要的药物，为人类健康作出了贡献。进入 21 世纪，生物医药的兴起、中药现代化的巨大吸引力为人们带来了美好的前景，引起了包括政府、企业的关注，将之作为重点给予支持与鼓励，这是值得赞赏的，但若因此而形成化学合成药物的忽视局面，甚至更多地渲染它的毒副作用，或者贬低化学合成药物的重要性和实用性，这是不全面的。当今世界许多大制药公司新药研究的主题仍是化学合成药物，化学合成药仍然是最有效、最常用、最大量及最重要的治疗药物。据报道，在全球排名前 50 位的畅销药中 80％为化学合成药物，化学合成药物占世界医药产品销售额的 75％以上。

目前世界原料药的生产中心已转向亚洲，世界原料药向发展中国家全面转移的产业格局已经形成，发展化学原料药将是我国医药产业的重大发展战略之一。尽管化学原料药生产是技术密集型产业，但是传统的化学原料药生产过程对环境污染非常严重，如何协调成本优势与环保难题成为一个必须正视的问题。解决这一矛盾的出路在于使药物的生产清洁化，以达到绿色工艺的要求。

随着社会经济的进步和生活水平的提高，人们对康复保健也不断提出更多更新更高的要求，这就要求制药技术不断进步，不断开发出更多更好的新药，以满足人们的需求。

二、全球化学制药工业发展现状

全球医药行业近十年来持续增长，是唯一的无拐点增长行业，且增长速度高于全球经济增长速度。国际金融危机之前，随着全球经济一体化的发展、全球人口老龄化程度不断提高，全球药品销售额不断增加；国际金融危机以后，虽然全球经济复苏未见明显好转，但由于发达国家药品市场需求刚性较强，再加上金融资本的进入，促进药品需求的增长和医疗通道的改进，全球药品销售额开始实现恢复性增长，增速逐步上升，随着专利到期的数量锐减，创新药层出不穷且价格上涨，到 2020 年全球药品市场需求达 1.4 万亿美元，同比增长 7.7％。北美地区的市场份额一直维持在 40％以上，其次是欧洲市场；新兴市场快速增长，亚非（不包括日本和澳大利亚）地区的全球药物销售收入占比呈现逐年增长的趋势。

在全球药品市场持续扩容、大批专利药到期仿制大潮来临以及新兴市场地区业务快速增长的现状下，全球原料药行业也保持稳定的增长和良好的发展趋势。2021 年，全球原料药市场规模为 1972 亿美元，美国仍是全球最大的原料药消费国（包括创新和仿制原料药），其市场份额达 36.6％；而中国已成为全球最大的原料药生产国与出口国。

全球医药市场的特点是发展不平衡，少数国家、少数跨国公司控制世界医药市场的大部分份额，占世界人口 20％的经济发达国家享有世界医药产品消费总额的 80％。医药市场的支撑点是近年开发成功的、可获得巨额利润的新药，一些“重磅炸弹”药物（年销售额在 10 亿美元以上的品牌药）已经成为企业利润的重要来源，如辉瑞公司的立普妥（阿托伐他汀）

于2004年成为首个年度销售额过百亿美元的品牌药，达108.6亿美元，这都是专利保护的功劳，一旦专利到期对于企业的收益会产生较大波动。

新药研发具有高投入、高收益、高风险、长周期的特点，新药主要包括新化学实体、新剂型、新组方、新用途，其中新活性物质（NAS）与新化学实体（NCEs）作为药品研发的风向标，倍受制药企业及研究人员的关注。随着药物潜在新颖化学结构发现数量的快速增多，传统药物化学观点认为，当前新药研发难度越来越大。1961～1990年，全球共开发出2097个新化学实体（NCEs），年均70个。进入20世纪90年代以来，由于研发费用日益膨胀、传统的“普筛”技术穷途末路和新药审批制度越来越严格，新药的开发速度明显减缓，新药上市数量日益减少，产出投入比不断恶化，尤其是缺乏“重磅炸弹”药物替代专利到期药品，新药创制的难度正在不断加大。尽管如此，目前全球新药的投资力度持续增长，药物创新投资主要来自欧美日等发达国家，一些原创型制药公司新药研发投入甚至超过公司销售额的20%。

新药研制难度加大、费用剧增、时间延长，而且失败率上升，新药上市后也并不意味着从此无忧，如2004年默克公司宣布自愿在全球市场召回其畅销药物罗非考昔（Rofecoxib，商品名万络，Vioxx），原因是该药可能增加心脏病或脑卒中的风险。

新药研制难度的增加和失败风险的上升给仿制药的发展带来了机遇。全球范围内，专利药仍主导国际市场，但是一大批市场领先的专利药正陆续面临专利到期，这些品种的临床应用短期内难以替代，对药品安全性的要求更严格，新药研发投入增加周期延长，风险加大，使一些跨国药企对新药研发持慎重态度，新专利药持续减少。加之发达国家为控制医疗费用，鼓励使用仿制药，世界仿制药市场呈现出快速增长的势头，专利药公司亦纷纷宣布加强仿制药市场的开发，仿制药发展进入了黄金时期。近年来仿制药将迎来快速发展期，将有2350亿美元的专利药失去专利保护，这些药品涉及抗肿瘤、心血管、消化系统、血管及造血系统、神经系统等各大类用药，市场需求巨大，其中很多药品都是国际原研药企业的支柱产品，销售额占企业药品总体销售收入10%以上，包括立普妥、波立维、舒利迭等“重磅炸弹”药物。大量药品专利到期势必吸引大量仿制药上市，给原研药企业带来巨大冲击。

目前世界制药工业发展趋势的突出特点是企业的重组并购频繁。大型跨国公司为应对药物专利到期、来自仿制药物的竞争、新药研发效率下降等带来的挑战，通过大规模并购整合资源、降低成本、丰富产品组合、开拓新兴市场以巩固并维持其在国际市场的地位。

三、我国化学制药工业的发展和前景

医药工业是关系国计民生的重要产业，是培育发展战略性新兴产业的重点领域。《“健康中国2030”规划纲要》提出，要坚持为人民健康服务的方向，坚持预防疾病为主，完善国民健康的方针政策。从以治疗为主向以预防为主的方向转变，为医药产业未来发展提供了增长空间。我国人口老龄化趋势明显，经济持续稳定发展，人民对健康的重视程度不断提高，对相关医药产品的需求逐步扩大，作为国民经济的重要组成部分，医药制造业保持平稳的发展态势。“十三五”期间，规模以上医药工业增加值年均增长9.5%，高出工业整体增速4.2个百分点，占全部工业增加值的比例从3.0%提高至3.9%；规模以上企业营业收入、利润总额年均增长9.9%和13.8%，增速居各工业行业前列。随着仿制药带量采购政策的不断落实与完善，将推动医药行业市场进入一个新的发展周期，将由仿制药主导医药市场向创新药驱动增长的新格局转变。

目前我国是全球主要的原料药生产国与出口国之一。生产方面，全球生产的2000多种化学原料药，中国可生产其中的1600种，占全球19.3%的市场份额，居第一位，其中仿制药原料药的市场份额更是高达37.8%。出口方面，中国化学原料药的57%用于出口。随着中国和印度逐渐成为原料药的低成本生产中心，加上这些国家的国内需求正在上升，全球原料药生产格局正在从西欧转向亚洲。

中国生产的原料药种类丰富，包括抗感染类、维生素类、抗肿瘤药、心脑血管药物、解热镇痛药物、激素类、青蒿素和其他各类植物提取物等。这些产品被分为大宗原料药和特色原料药两类，前者通常指市场需求量大、不涉及专利问题的品种，这些品种对应的制剂产品一般比较成熟，市场集中度较高，后者指为非专利药企业及时提供专利刚刚过期产品的原料药，除了需求量较小以外，其制剂市场的产品结构往往在不断升级调整。其中特色原料药利润要高于大宗原料药。目前中国抗感染类、维生素类、解热镇痛类、激素等大宗原料药和他汀类、普利类、沙坦类等特色原料药在国际医药市场上占有相当的份额和地位。

我国现有各种化学制药企业3000多家。在需求增长、投入增加、技术进步、兼并重组、上市融资等力量的推动下，我国化学制药企业的整体实力不断增强。国药集团、上药集团、广药集团、天药集团、北药集团和哈药集团、石药集团、扬子江药业集团、华北制药集团、新华医药集团、东北制药集团、鲁抗医药集团等大型企业集团规模更加壮大；江苏恒瑞、浙江海正、成都康弘等一批创新型企业快速成长；复星医药、四川科伦等一批民营企业脱颖而出；有境内外上市的化学制药公司100多家，成为医药产业发展的中坚力量。

虽然我国化学制药工业的制造能力和技术水平近几年提升很快，但是还存在着很多问题，如：自主创新能力弱、产业结构问题突出、环保和资源成为发展瓶颈、国际竞争力不强、药品质量安全存在风险。我国生产的化学药品97%都是仿制药，我国自主开发获得国际承认的创新药物很少，如：青蒿素和二巯丁二钠。我国化学制药企业研发投入较少，平均研发投入占销售收入的比例仅为2%左右，无法与国外专利药公司占销售收入15%以上的研发投入比，也比不上印度8～10%的研发投入，与国外仿制药公司研发投入占销售收入5%以上比也有很大的差距。此外我国还存在技术创新资源分散，研发效率低，产业化能力低，低水平重复、工程技术落后等问题。生产企业多、小、散，产业集中度低，产品结构趋同，重复建设严重，产能过剩，造成过度竞争和资源浪费。制药行业是我国环保需要重点治理的行业之一，尤其是化学原料药企业，更是各级环保部门监控的重点。我国化学制药工业整体上环保投入少、治理水平低，实施新的环保标准需要在资金、技术、人力上有较大投入。我国药品出口以量大的中低档原料药为主，污染重，资源消耗多，制剂出口量小且基本出口到欠发达国家，国际贸易纠纷不断，不能理性应对出口；疗效好的品种往往重复建设，恶性竞争。企业国际化程度低，较少化学制药企业在境外建立研发、生产和销售机构。生产质量管理体系与国际现行标准尚有明显差距，直接影响了药品生产与国际接轨。

21世纪的世界经济正处于深刻转变之中，以消耗原料、能源和资本为主的工业经济，正在向以知识和信息的生产、分配、使用的知识经济转变，这也为我国医药产业的发展提供了良好的机遇和巨大的空间。

2020年，医药行业在面临国内外多重压力与挑战下，为“十三五”画上了圆满句号。国家九部门最新印发的《“十四五”医药工业发展规划》，明确了“十四五”医药工业的发展目标：

到2025年，主要经济指标实现中高速增长，前沿领域创新成果突出，创新驱动力增强，产业链现代化水平明显提高，药械供应保障体系进一步健全，国际化全面向高端迈进。

——规模效益稳步增长。营业收入、利润总额年均增速保持在8%以上，增加值占全部工业的比重提高到5%左右；行业龙头企业集中度进一步提高。

——创新驱动转型成效显现。全行业研发投入年均增长10%以上；以2020年，创新产品新增销售占全行业营业收入增量的比重进一步增加。

——产业链供应链稳定可控。医药制造规模化体系化优势进一步巩固，一批产业化关键共性技术取得突破，重点领域补短板取得积极成效，培育形成一批在细分领域具有产业生态主导带动能力的重点企业。

——供应保障能力持续增强。重大疾病防治药品、疫苗、防护物资和诊疗设备供应充足，医药储备体系得到健全；基本药物、小品种药、易短缺药品供应稳定，一批临床急需的儿童药、罕见病药保障能力增强。

——制造水平系统提升。药品、医疗器械全生命周期质量管理得到加强，通过一致性评价的仿制药数量进一步增加；企业绿色化、数字化、智能化发展水平明显提高，安全技术和管理水平有效提升，生产安全风险管控能力显著增强。

——国际化发展全面提速。医药出口额保持增长；中成药“走出去”取得突破；培育一批世界知名品牌；形成一批研发生产全球化布局、国际销售比重高的大型制药公司。

展望2035年，我国医药工业实力将实现整体跃升；创新驱动发展格局全面形成，原创新药和“领跑”产品增多，成为世界医药创新重要源头；产业竞争优势突出，产业结构升级，在全球医药产业链中占据重要地位；产品种类多、质量优，实现更高水平满足人民群众健康需求，为全面建成健康中国提供坚实保障。

第二节　本课程的研究对象和内容

一、化学制药工艺的研究对象

化学制药工艺学是研究药物的合成路线、合成原理、工业生产过程及实现其最优化的一般途径和方法的一门学科，是化学制药专业的最重要的专业课程之一。

化学制药工艺学是药物研究和开发中的重要组成部分；它是研究、设计和选用最安全、最经济和最简捷的化学合成药物工业生产途径的一门科学；是研究、选用适宜的中间体和确定优质、高产的合成路线、工艺原理和工业生产过程，实现制药生产过程最优化的一门科学。

二、反应器的重要作用

化学制药工业产品繁多，涉及的化学反应很多，而且一个产品的生产就存在多步化学反应。如盐酸洛美沙星生产就有还原、酯化、缩合、环合、乙基化、取代、水解、成盐等多步主要反应。完成每一步反应都必须有相应的反应器。所以生产过程中化学反应器往往是生产的关键设备，反应器设计选型是否合理关系到产品生产的成败。由于单元反应特点各异，所以对反应器的要求就各不相同，要做到反应器的正确选型、合理设计、有效放大和最佳控制，必须了解掌握不同化学反应的特点及其对反应器的要求。

三、本课程的内容

本课程主要介绍工艺路线的设计、选择和改革，其中以选择和改革为主，定性讨论反应条件对化学反应影响的一般规律；介绍常用的制药反应器；简要介绍药物的安全生产和“三废”防治以及工艺规程的制订原则；重点讨论典型药物的合成路线、原理及工艺过程，对药物生产工艺流程框图的设计和必要的工艺计算（单耗、收率等）给予一般性介绍。

总之，通过对本教材的学习，学生可以熟悉药物合成路线的设计思路、选择方法及工艺改革途径，掌握常用制药反应器的结构、工作原理和基本操作方法，掌握药物生产的基本方法，培养学生观察、分析和解决生产过程中一般技术问题的能力，并且在高级技术人员指导下，能够从事生产改进及新产品的研究、试制等工作，为较快地适应社会生产的需求打下良好的基础。

四、学习本课程的要求和方法

学习本课程的基本要求：

① 了解化学药品的特殊性和化学制药工业的特点；

② 掌握合成、半合成药物的合成路线、合成原理、工业生产过程及实现其最优化的一般途径和方法，理解反应条件的选择和控制方法；

③ 掌握化学制药生产中常用反应器的结构特点、工作原理和基本操作方法，初步掌握工艺计算的基本方法；

④ 了解药物生产工艺规程的制定原则、安全生产和“三废”防治基本知识；

⑤ 掌握重要化学药成品或中间体、原料药的生产工艺技术。

为学好这门课程，要注重培养分析和解决问题的能力，要注意理论联系生产实际和树立工程、安全、绿色生产等概念，去生产现场进行学习，加深感性认识，强化学习效果。

复习与思考题

1. 化学制药工业的特点是什么？

2. 化学制药工艺的研究对象及内容是什么？

3. 本课程的基本内容是什么？

【阅读材料】

化学原料药的类别

1. 按治疗领域分类

化学原料药按治疗领域对应分类，可分为抗微生物原料药、解热镇痛及非甾体抗炎原料药以及神经系统用原料药等。

2. 按创新程度分类

化学制剂按创新程度的不同可分为原研药和仿制药。

根据化学制剂的上述分类，化学原料药分为专利药原料药和仿制药原料药。

3. 按常用习惯分类

在化学制药行业中，习惯上将原料药划分为大宗原料药、特色原料药、专利药原料药三大类。

大宗原料药是指市场需求相对稳定、应用较为普遍、规模较大的传统药品的原料药，如青霉素、扑热息痛、阿司匹林、布洛芬、维生素C、维生素E等。一般而言，大宗原料药各厂商的生产工艺、技术水平差别并不明显，生产成本控制是其竞争的主要手段，毛利率相对较低，产品价格则随市场供需变化呈现周期性波动。

特色原料药是为特定药品生产的原料药，一般是指及时提供给仿制药厂商仿制生产专利过期或即将过期药品所需的原料药。特色原料药市场容量相对大宗原料药而言较小，毛利率较高。此外，随着仿制药市场竞争的激烈、市场扩张的加快，特色原料药需求和价格变化也越来越迅速。

专利药原料药是指用于制造原研药（专利药）的医药活性成分，主要是满足原创跨国制药公司及新兴生物制药公司的创新药在药品临床研究、注册审批及商业化销售各阶段所需，其中也包含用于生产该原料药但需要在相关部门监管下的高级中间体。随着全球产业分工及跨国制药公司的业务模式转变，专利药原料药的外购市场将进一步扩大。

大宗原料药、特色原料药通常由原料药生产厂家在专利到期后以自产自销的方式开展经营。专利药原料药往往由专利药厂商自行生产，专利药生产所需的原料药或由专利持有方以合同定制方式委托原料药生产厂家生产经营。

第二章 化学制药工艺路线的选择

【知识目标】

1. 了解工艺路线设计中的追溯求源法、分子对称法、类型反应法、模拟类推法、文献归纳法的基本概念，理解其中的具体实例。

2. 理解工艺路线的选择依据和改造途径。

3. 了解工艺路线设计、选择、改造的意义和一般过程。

【能力目标】

1. 能初步选择合理的生产工艺路线。

2. 能对生产工艺路线进行改造。

化学合成药物分为全合成药物和半合成药物。全合成药物一般由化学结构比较简单的化工原料经一系列化学合成和物理处理过程制得；半合成药物由已知具有一定基本结构的天然产物经化学结构改造和物理处理过程制得。

在多数情况下，一个化学合成药物往往有多种合成途径，通常将具有工业生产价值的合成途径称为该药物的工艺路线。合成药物要进行工业生产时，首先是工艺路线的设计和选择，以确定一条最经济、最有效的生产工艺路线。

药物生产工艺路线是药物生产技术的基础和依据，是决定产品质量的关键。它的技术先进性和经济合理性是衡量生产技术水平高低的尺度。理想的药物生产工艺路线应该具备以下几点：

① 化学合成路线简短；

② 原辅材料品种少、易得；

③ 中间体纯化、易于分离、质量易达标；

④ 操作条件易于控制，安全、无毒；

⑤ 设备要求不苛刻；

⑥ “三废”少并且易于治理；

⑦ 操作简便，易于分离、纯化；

⑧ 收率佳、成本低、效益好。

药物品种多、结构复杂、产品更新快，新品研制时需合成大量化合物供筛选，老产品工艺路线也在不断技术革新，原辅材料、设备等变换而发生变化，所以工艺路线设计与选择、改造、新技术采用总是存在的。

工艺路线的设计和选择，必须先对类似化合物进行国内外文献资料的调查研究和论证工作。优选一条或若干条技术先进、操作条件切实可行、设备条件容易解决、原辅材料易得的技术路线。

第一节　工艺路线的设计方法

一个药物可以由许多种原料经过不同的工艺路线合成，而原料不同，合成路线也不同，所得产品的收率、质量亦各异，这就需要设计出合理的符合工业生产要求的工艺路线。

药物工艺路线设计的基本内容，是研究如何应用化学合成的理论和方法，对已经确定化学结构的药物设计出适合其生产的工艺路线。它有以下几方面的意义。

① 具有生物活性和医疗价值的天然药物，由于它们在动植物体内含量甚微，不能满足需求，因此需要进行全合成或半合成。

② 据现代医药科学理论找出具有临床应用价值的药物，必须及时申请专利和进行化学合成与工艺路线设计研究，以便经新药审批获得新药证书后，尽快进入规模生产。

③ 正在生产的药物，由于生产条件或原辅材料变换或要提高药品质量，需要在工艺路线上改进与革新。

在设计药物的合成路线时，首先应从剖析药物的化学结构入手，然后根据其结构特点，采取相应的设计方法，设计思路如下。

① 对药物的化学结构进行整体或部位剖析，应首先分清主环与侧链、基本骨架与功能基团，进而弄清这些功能基以何种方式和位置同主环或骨架连接。

② 研究分子中各部位的结合情况，找出易拆键部位。键拆开的部位也就是设计合成路线时的连接点以及与杂原子或极性功能基的连接部位。在考虑拆开部位的结合方式时可以分别考虑主环和侧链的合成。也可以把二者结合起来考虑，因为有的取代基可以在主环构成前引入，也有的取代基或侧键是在主环形成以后再引入的。如果有两个以上的取代基或侧键，则需考虑引入的先后次序。对功能基的保护和消除亦不容忽视。若其为手征性药物时还必须同时考虑其立体构型的要求与不对称合成的问题。当然这些问题不是孤立存在的，故应针对药物化学结构的不同特点将它们综合起来加以考虑，这是十分必要的。

③ 当药物的化学结构极为复杂，按一般结构剖析的方法难以设计出较合理的合成路线时，则可参照与其结构类似的已知物质的合成方法或类似的有关化学反应，设计出所需要的合成路线。

④ 利用电子计算机合成子法来设计合成路线。

根据对药物化学结构的剖析，药物合成路线设计方法与有机合成设计方法相似，如追溯求源法、分子对称法、类型反应法、模拟类推法、文献归纳法等。下面就药物工艺路线设计方法结合具体实例分别讨论。

一、追溯求源法

追溯求源法又称倒推法。所谓“倒推法”，就是从靶分子（target molecule）的化学结构出发，将合成过程一步一步地向前推导进行追溯寻源，即首先从药物化学结构的最后一个结合点考虑它的前一个中间体是什么和是经过什么反应得到最终产物的；其次再从这个中间体结构中的结合点考虑它的前一个中间体是什么和经过什么反应得到。如此继续追溯求源直到最后是可得到的化工原料、中间体或其他易得的天然化合物为止。

分子结构以反合成的方向进行变化叫作转化（transformation），而以合成方向进行变化则是合成反应。用双线箭头（$\Longrightarrow$）表示转化过程，以示有别于用单线箭头（$\rightarrow$）标明的合成反应方向。

在化合物分子中具有C—N、C—S、C—O等碳-杂原子键的部位，乃是该分子的拆键部位，亦即合成时的连接部位。因此追溯求源法对于具有这些拆键部位的化合物合成设计是极为有用的。

例如抗疟药乙胺嘧啶（2-1）的合成，根据嘧啶的合成规律，嘧啶环中有易形成的C—N键，故可采用N—C—N(1-2-3)与C—C—C(4-5-6)两部分通过缩合反应而得。

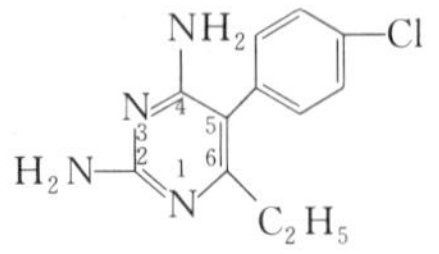

(2-1)

由于2-位上有氨基，故N—C—N可用硝酸胍为原料，4-位的氨基可以通过—C≡N与胍分子上的氨基加成而得，而5-位上的对氯苯基和6-位上的乙基则必须事先准备好。根据这样考虑，合成乙胺嘧碇的最后一步反应应是生成嘧啶环的缩合反应。其所用的原料及中间体是可以购得的硝酸胍和α-丙酰基-对氯苯乙腈（2-3）[实际上是用它的烯醇式丁醚(2-2)]，在醇钠存在下缩合而得。

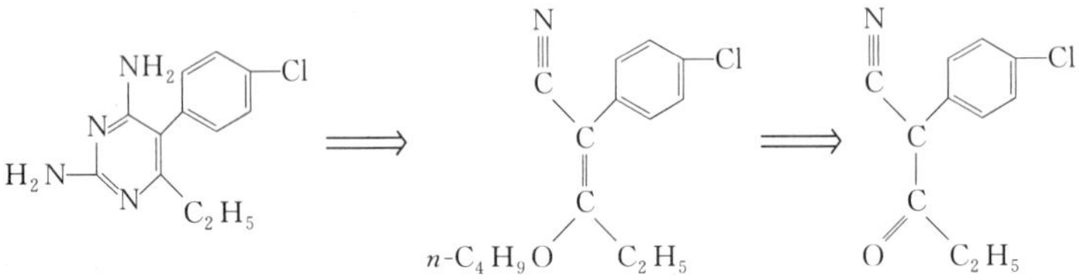

(2-1) ⟹ (2-2) ⟹ (2-3)

α-丙酰基-对氯苯乙腈（2-3）可以通过克莱森（Claisen）缩合反应在对氯苯乙腈（2-4）的α碳原子上引入丙酰基而得到。对氯苯乙腈的氰基可以通过卤素原子与氰化钠进行亲核取代反应而得到，而卤素原子则可以通过芳香族化合物的侧链卤化而得。根据这样一步一步地往前倒推，直至推至容易得到的原料对氯甲苯为止。

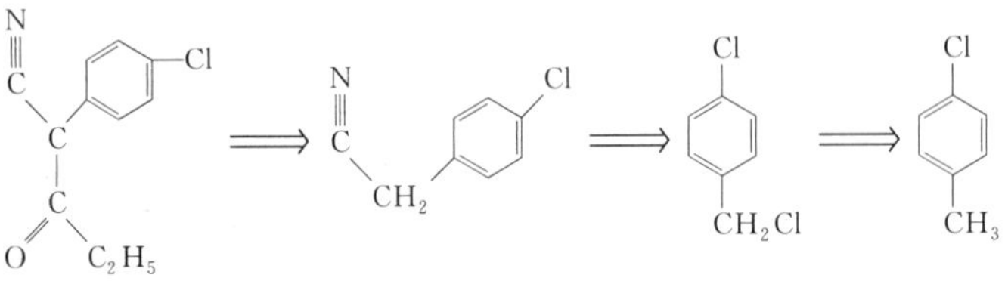

(2-3) ⟹ (2-4) ⟹ ⟹

这就形成了乙胺嘧啶（2-1）的合成路线：

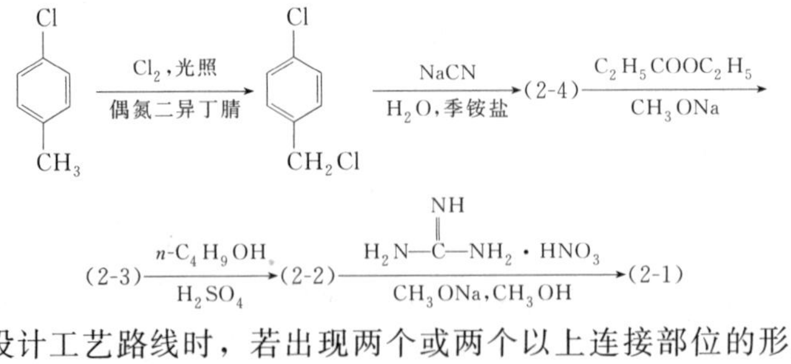

$$\xrightarrow[\text{偶氮二异丁腈}]{Cl_2,\text{光照}} \xrightarrow[H_2O,\text{季铵盐}]{NaCN} (2\text{-}4) \xrightarrow[CH_3ONa]{C_2H_5COOC_2H_5}$$

$$(2\text{-}3) \xrightarrow[H_2SO_4]{n\text{-}C_4H_9OH} (2\text{-}2) \xrightarrow[CH_3ONa,CH_3OH]{H_2N-C(=NH)-NH_2 \cdot HNO_3} (2\text{-}1)$$

在应用倒推法设计工艺路线时，若出现两个或两个以上连接部位的形成顺序，即各接合点的单元反应顺序可以有不同的安排顺序时，不仅要从理论上合理安排，而且必要时还须通过实验研究加以比较选定。

例如：非甾体抗炎药双氯芬酸（Diclofenac Sodium，2-5）的C—N拆键部位，共有a、

b 两种拆键方法，如下式：

Cl　NH　a　b　Cl　CH_2COONa

(2-5)

按 a 线考虑，推导为：

Cl　NH　Cl　CH_2COONa　⟹　Cl　Cl　Cl　+　H_2N　$HOOCH_2C$

(2-6)　(2-7)

按 b 线考虑，推导为：

Cl　NH　Cl　CH_2COONa　⟹　NH_2　Cl　Cl　+　Cl　CH_2COOH

(2-8)　(2-9)

二者比较，由于 1,2,3-三氯甲苯(2-6)上的氯原子都可参与反应，a 线易产生大量副产物。而 b 线则由价廉易得的 2,6-二氯苯胺与邻氯苯乙酸反应，乙酸基有利于氯原子起反应，因此，常采用 b 线拆键合成双氯芬酸。

(2-8) 的合成，可由 3,5-二氯对氨基苯磺酰胺水解制得。

NH_2　Cl　Cl　⟹　NH_2　Cl　Cl　SO_2NH_2　⟹　NH_2　SO_2NH_2

综合以上分析就形成了双氯芬酸的合成路线：

NH_2　SO_2NH_2　$\xrightarrow[HCl]{H_2O_2}$　NH_2　Cl　Cl　SO_2NH_2　$\xrightarrow{水解}$　NH_2　Cl　Cl　$\xrightarrow[Cu, K_2CO_3, KI]{Cl,\ CH_2COOH}$

Cl　NH　Cl　CH_2COOH　$\xrightarrow{NaOH}$　Cl　NH　Cl　CH_2COONa

追溯求源法也适合于分子中具有 C≡C、C═C、C—C 键化合物的合成设计。如以环己烯为目标化合物时，从脱水反应的追溯求源思考方法，可以想到其前驱物质需为环己醇；若从双烯的逆合成考虑时，可以想象到前驱物质为丁二烯与乙烯通过 Diels-Alder 反应得到。

二、分子对称法

对称性是科学中一个极其重要的概念，它在化学中也有着广泛的应用。合成设计中的对称性是一个非常有用的概念，由此可以大大简化合成工作。以分子的对称性为依据而设计的高效率和简洁的合成路线正广泛受到人们的关注。

一些药物的分子结构存在着分子对称性，因此只要合成一半，就可合成整个分子。所以分子对称法也是合成设计中的常用方法之一。

1939 年 Dodds 所创制的女性激素己烯雌酚（Diethylstilbestrol，2-10）及其后研究出的类似衍生物己烷雌酚（Hexestrol，2-11）、双烯雌酚（Dienestrol，2-12）都是有对称性的分子，这是最早应用分子对称法进行合成设计的实例。

HO—⟨⟩—C(C_2H_5)=C(C_2H_5)—⟨⟩—OH　　HO—⟨⟩—CH(H_5C_2)—CH(C_2H_5)—⟨⟩—OH　　HO—⟨⟩—C(=$CHCH_3$)—C(=$CHCH_3$)—⟨⟩—OH

（2-10）　（2-11）　（2-12）

己烷雌酚（2-11）是由两分子的对硝基苯丙烷（2-13）在氢氧化钾存在下，用水合肼进行还原、缩合反应生成 3,4-双对氨基苯基己烷（2-14），后者经重氮化水解便可得到己烷雌酚（2-11）。而双烯雌酚（2-12）则是两分子的 1-对甲氧苯基-1-溴代丙烯-1（2-15），在氯化亚铜的存在下，用金属镁使之缩合生成 3,4-双对甲氧苯基-2，4-己二烯（2-16），然后脱去甲基而得到（2-12）。

$2O_2N$—⟨⟩—CH_2—C_2H_5 (2-13) —[NH_2NH_2, KOH]→ H_2N—⟨⟩—C(H_5C_2)—C(C_2H_5)—⟨⟩—NH_2 (2-14) —[①$NaNO_2$, H^+ ②H_2O]→ HO—⟨⟩—C—C—⟨⟩—OH (C_2H_5 C_2H_5) (2-11)

$2CH_3O$—⟨⟩—C(Br)=$CHCH_3$ (2-15) —[Mg, CuCl]→ CH_3O—⟨⟩—C(=$CHCH_3$)—C(=$CHCH_3$)—⟨⟩—OCH_3 (2-16) —[H^+]→ HO—⟨⟩—C(=$CHCH_3$)—C(=$CHCH_3$)—⟨⟩—OH (2-12)

肌肉松弛药肌安松（Paramyon）的合成也可以采用分子对称法进行。它的化学名称为 3,4-二苯己烷-对三甲基季铵二碘物（内消旋体）（2-17）。

2 ⟨⟩—CHBr(C_2H_5) —[Fe]→ ⟨⟩—CH(C_2H_5)—CH(C_2H_5)—⟨⟩ —[HNO_3]→ O_2N—⟨⟩—CH(C_2H_5)—CH(C_2H_5)—⟨⟩—NO_2 —[H_2O, Fe]→

H_2N—⟨⟩—CH(C_2H_5)—CH(C_2H_5)—⟨⟩—NH_2 —[CH_3I, CH_3OH]→ $I(CH_3)_3N$—⟨⟩—CH(C_2H_5)—CH(C_2H_5)—⟨⟩—$N(CH_3)_3I$

（2-17）

一些非常复杂的分子，如角鲨烯（2-18），Johnson 等也利用其对称性简化并缩短了合成路线。下面是（2-18）的合成路线，这是分子对称合成法较典型的范例。

CHO, CHO —[=<Li]→ (OH, HO) —[①$CH_3C(OEt)_3$, H^+ ②LAH ③$CrO_3\cdot 2Py$]→ (CHO, OHC) —[①$CH_3C(OEt)_3$, H^+ ②LAH ③$CrO_3\cdot 2Py$]→

(CHO, CHO) —[>=PPh_3]→ (2-18)

（2-18）

有些药物分子看起来不是对称分子，但仔细剖析却存在对称性，即潜在的分子对称性。例如抗麻风病药氯法齐明（Clofazimine，别名克风敏 2-19），可看作 2-对氯苯氨基-5-对氯苯基-3,5-二氢-3-亚氨基吩嗪（2-20）的衍生物。(2-20）从画虚线处可看成两个对称分子。

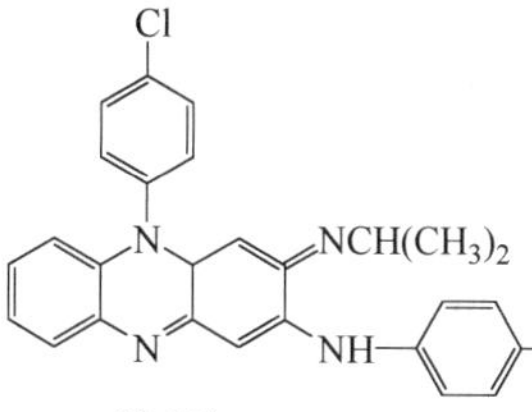

(2-19)　⟹　(2-20)

因此，可以用两分子的 *N*-对氯苯基二胺（2-21）于三氯化铁存在下进行缩合反应得到（2-20），（2-20）与异丙胺加压反应得（2-19），收率可达 98%。

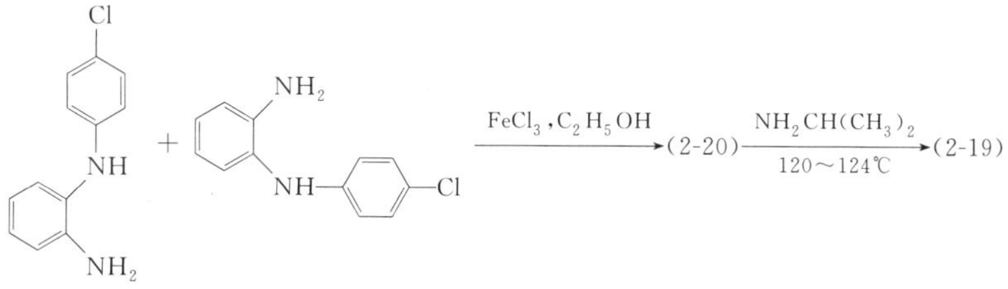

(2-21) + → ($FeCl_3$, C_2H_5OH) (2-20) → ($NH_2CH(CH_3)_2$, 120～124℃) (2-19)

三、类型反应法

对有些化合物或它的关键中间体，可根据它们分子的化学结构类型和功能基团等情况，采用类型反应法进行合成路线的设计。所谓类型反应法系指利用常见的典型有机化学反应与合成方法进行的合成设计。这里包括各类有机化合物的通用合成方法、功能基的形成与转化的单元反应、人名反应等。对于有明显类型结构特点以及功能基特点的化合物，可采用此种方法进行设计。

例如对全身性霉菌病具有良好疗效的广谱抗霉菌药物克霉唑（Clotrimazole，2-22）分子中的 C—N 键是一个易拆键部位，是可由咪唑的亚氨基与卤烷进行烷基化反应的结合点，因此，首先通过找出易拆键部位而得到两个关键中间体邻氯苯基二苯基氯甲烷（2-23）和咪唑。化合物（2-23）可由邻氯苯甲酸乙酯与溴苯进行格氏（Grignard）反应，先制出叔醇（2-24），然后再用二氯亚砜氯化得到。此法所得的克霉唑的质量较好，但这条路线中的格氏反应要求高度无水操作，原料和溶剂质量要求严格，乙醚又易燃易爆很不安全，加上生产时受雨季湿度的影响，限制了生产规模的扩大。

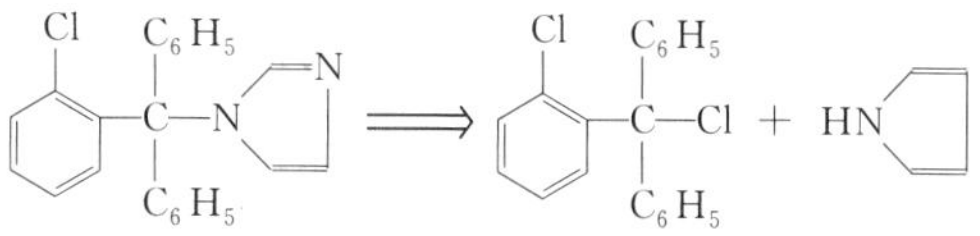

(2-22)　⟹　(2-23) + HN(咪唑)

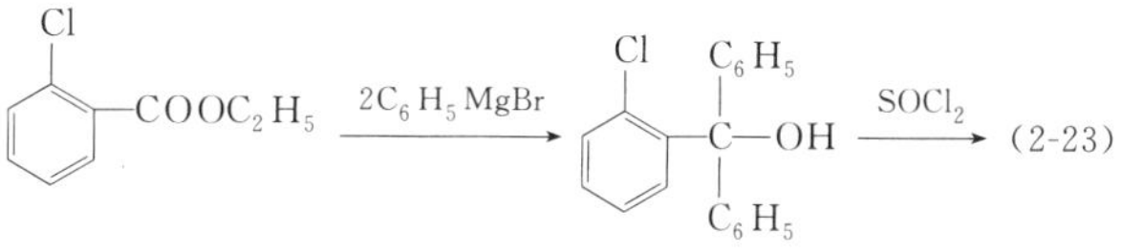

$COOC_2H_5$ → ($2C_6H_5MgBr$) (2-24) → ($SOCl_2$) (2-23)

鉴于上述情况，于是参考四氯化碳与苯通过傅-克反应生成三苯基氯甲烷（2-25）的类型反应法，设计了由邻氯苯基三氯甲烷（2-26）通过傅-克反应生成化合物（2-23）的合成路线。此法合成路线较短，原料来源方便，收率亦不低，并为生产所采用。但这条路线仍有一些缺点，主要是邻氯代甲苯的氯化一步因需引入3个氯原子，故反应温度高、时间长，而且有许多氯化氢气体及未反应的氯气排出，不易吸收，以致造成环境污染、设备腐蚀。

$$CCl_4 + 3C_6H_6 \xrightarrow{AlCl_3} (C_6H_5)_3CCl$$

(2-25)

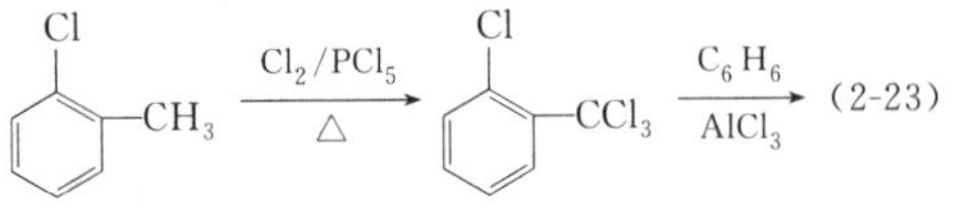

$$\text{邻氯甲苯} \xrightarrow[\triangle]{Cl_2/PCl_5} \text{邻氯苯基三氯甲烷 (2-26)} \xrightarrow[AlCl_3]{C_6H_6} (2\text{-}23)$$

应用类型反应法还可设计以邻氯苯甲酸为起始原料，经两步氯化、两步傅-克反应合成中间体（2-23）的路线。这条路线的合成步骤虽多，但无上述氯化反应的缺点，而且原料易得，反应条件温和，各步收率均较高，成本较低。

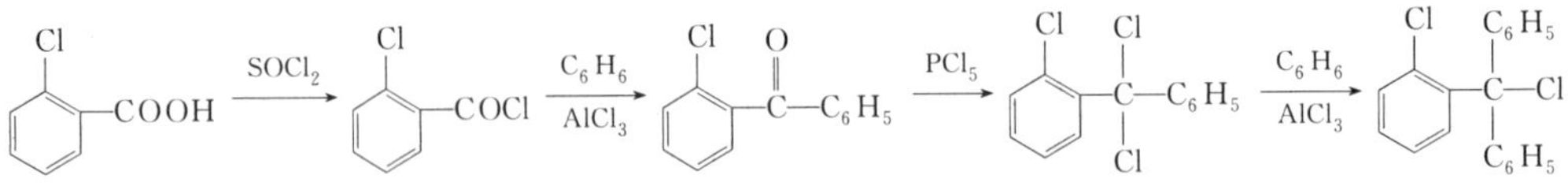

$$\text{邻氯苯甲酸} \xrightarrow{SOCl_2} \text{邻氯苯甲酰氯} \xrightarrow[AlCl_3]{C_6H_6} \text{邻氯二苯甲酮} \xrightarrow{PCl_5} \text{邻氯苯基苯基二氯甲烷} \xrightarrow[AlCl_3]{C_6H_6} (2\text{-}23)$$

克霉唑的这三条工艺路线各有特点，生产上可根据实际情况，因地制宜加以选用。

应用类型反应法进行药物或其中间体的工艺设计时，若官能团的形成与转化的单元反应排列方法出现两种或两种以上不同安排时，不仅需从理论上考虑更为合理的排列顺序，而且更要从实践上着眼于原辅材料、反应条件等进行实验研究，经过试验，反复比较来选定。因为两者的化学单元反应虽相同，但进行顺序不同或所用原捕材料不同，将导致反应的难易程度和反应条件等随之变化，产生不同的结果，在药物质量、收率等方面都会有较大差异。

四、模拟类推法

模拟类推法是模拟类似化合物的合成方法。它主要借鉴类似化合物合成经验和合成策略，由设想到查阅文献，然后经过试验改进的设计概念从而得到药物合成工艺路线。

实际合成中经常遇到这种情况，这种借鉴无疑是效率非常高的，类似化合物合成中提供的信息可以使我们减少许多试探的过程。例如柔红霉素的配基柔红酮（daunomycinone，2-27）合成中最后一步报道为：

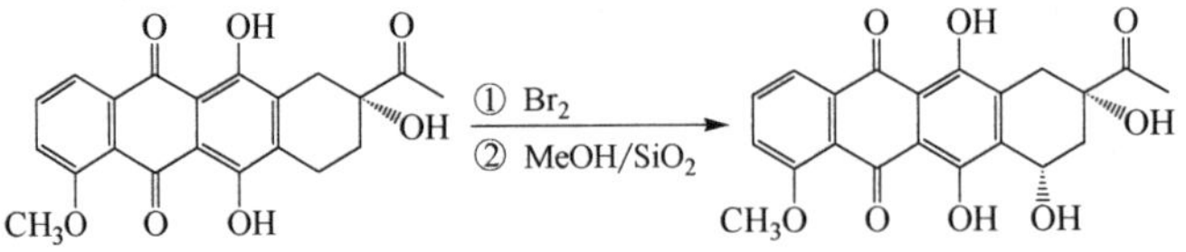

$$\xrightarrow[\text{② } MeOH/SiO_2]{\text{① } Br_2}$$

(2-27)

因此，另一类蒽醌类抗生素——阿克拉霉素的配基 aklavinone（2-28）的合成中设想最后一步也可以为：

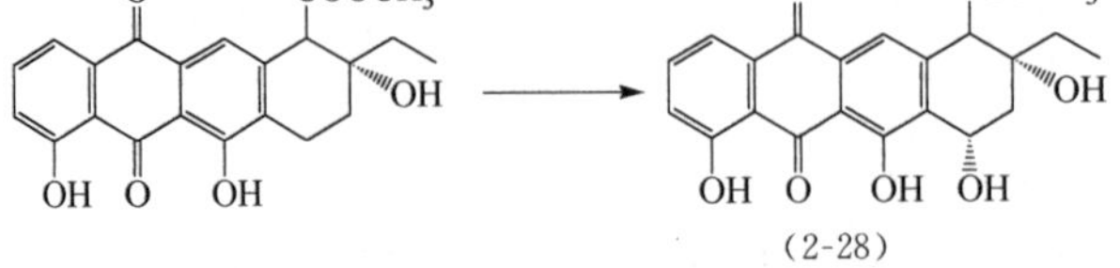

(2-28)

由此就可简化 aklavinone 的合成为前者的合成，实际上也就是这样将 aklavinone 合成成功的。

类似物合成时不仅具体的合成反应可以相互借鉴，而且合成策略和合成路线更可以相互通用。这样的例子常可见于文献报道。中药黄连中的抗菌有效成分——黄连素（Berberine，2-29）的合成路线设计就是个很好的模拟类推法的例子。它是模拟巴马汀（Palmatine，2-30）的合成方法。它们都具有母核二苯并［*a*，*g*］喹嗪，含有并合的异喹啉环的特点。

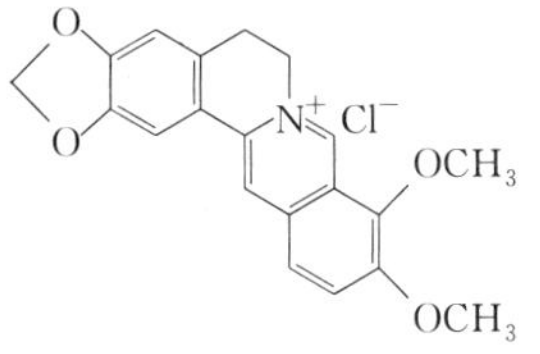

（2-29） 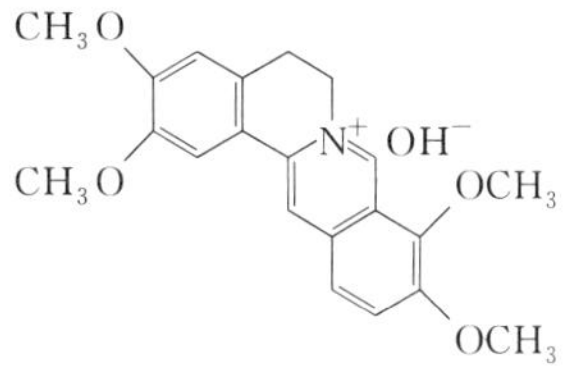　　（2-30）

黄连素可采用合成异喹啉环的方法经 Bischlet-Napieralski 反应及 Pictet-Spengler 反应，先后两次环合而得。合成路线如下：

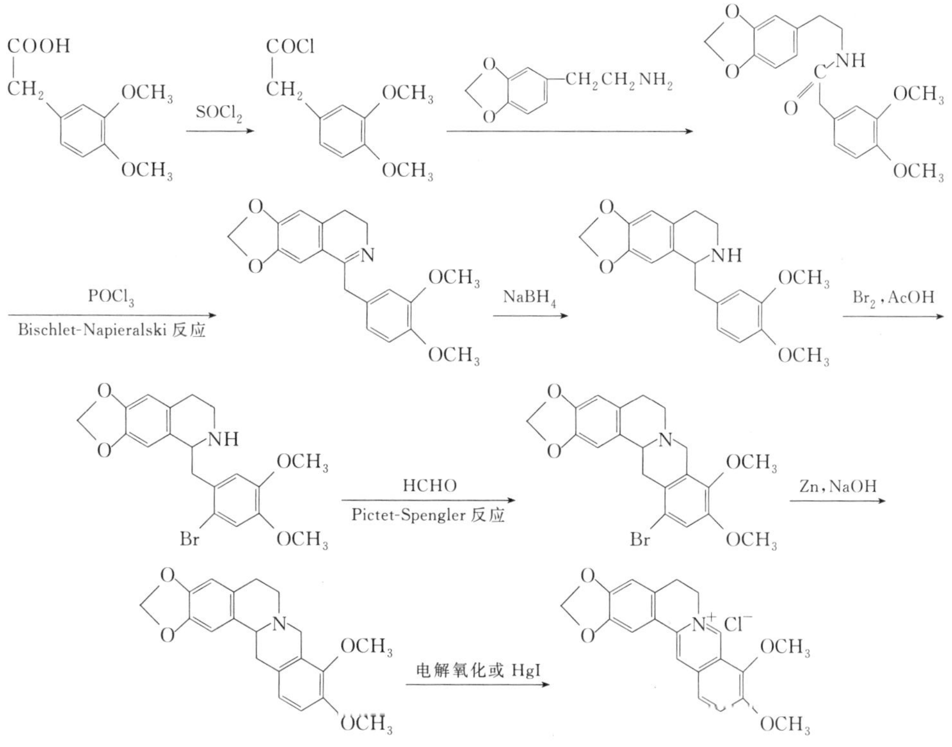

$SOCl_2$；$CH_2CH_2NH_2$；$POCl_3$ Bischlet-Napieralski 反应；$NaBH_4$；Br_2，AcOH；HCHO Pictet-Spengler 反应；Zn，NaOH；电解氧化或 HgI

（2-29）

在 Pictet-Spengler 环合反应前进行溴化是为了使反应在需要的位置上环合。从合成化学观点考察，这条合成路线是合理的，但由于合成路线较长，收率不高，且使用昂贵的试剂，因而不适宜工业生产。

1969 年 Muller 等发表了巴马汀（2-30）的合成方法，合成路线如下：

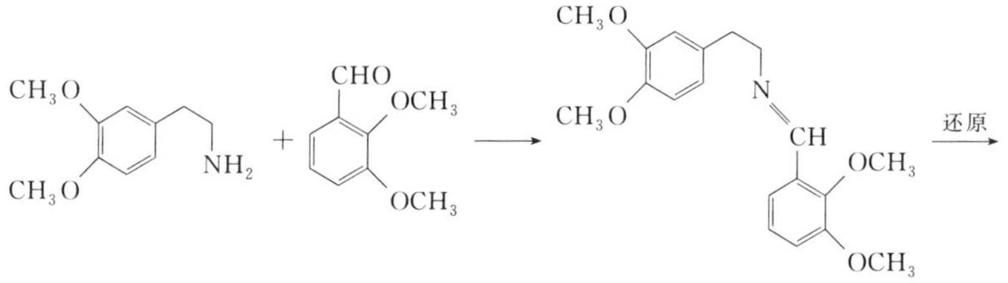

还原

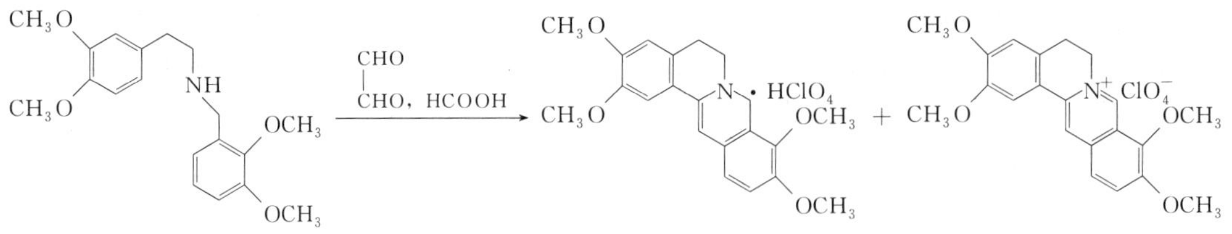

按这条合成途径得到的是二氢巴马汀高氯酸盐（2-31）与巴马汀高氯酸盐（2-32）的混合物。

参照上述巴马汀（2-30）的合成，终于设计了胡椒乙胺（2-33）与邻甲氧基香兰醛（2-34）出发合成盐酸黄连素（2-29）的工艺路线，并试验成功。

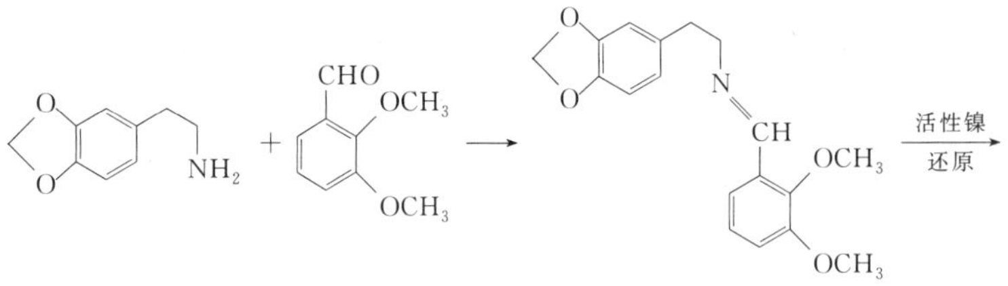

按这条工艺路线制得的盐酸黄连素（2-29）经分析检验，完全不含二氢衍生物。产物的理化性质与抑菌能力同天然提取的黄连素完全一致，全部符合药典要求。它的合成步骤较前述路线更为简捷，且所用的邻甲氧基香兰醛（2-34）可利用生产香料香兰醛的副产物。这是中国自力更生创建的全合成路线，符合工业生产要求。

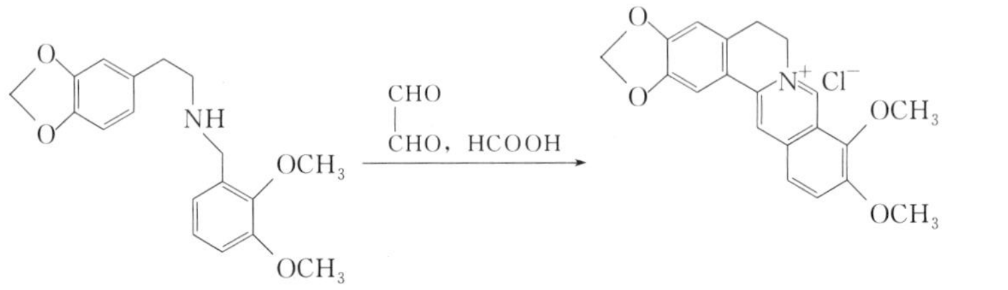

在应用模拟类推法设计药物工艺路线时，还必须和已有方法对比，并注意对比类似药物化学结构、化学活性的差异。模拟类推法的要点在于类比和对有关化学反应的了解。

五、文献归纳法

在设计合成路线时，除采用上述方法外，对于简单分子或已知结构衍生物的合成设计，常可通过查阅有关专著、综述或化学文献，找到若干可供模拟的方法。查阅文献时，除了对需合成的化合物本身进行合成方法的查阅外，还应对其各个中间体的制备方法进行查阅，在比较、摸索后选择一条实用路线。必要时还可对其中某些反应条件作改进，以简化操作，提高收率等。这种方法是经典合成方法的继续，其中对选定合成路线起主导作用的是化学文献介绍的已知方法和理论。

对于某些杂环化合物的合成，应用熟知的人名反应来得到其母体结构时，亦属这种方法。

还有一些在研究中发现的新试剂和新方法，最初并不是具有通用性的标准合成法，但与其他方法相比，它们具有独特的优点，从而引起了广泛重视，并在实践中不断改进和完善，逐渐成为某些化合物的合成通法。

文献归纳法具有减少试制工作量等独特的优点，从而引起了广泛重视，并在实践中不断改进和完善，逐渐成为一般合成方法。

例如抑制甲状腺素合成、治疗甲状腺亢进的药物1-甲基-2-巯基咪唑（又名他巴唑，Tapazole，2-35）就是应用“文献归纳法”进行合成的一个例子。它是利用文献报道中的标准合成法改进设计的。合成路线如下：

$$BrCH_2CH(OC_2H_5)_2 \xrightarrow[90\sim100℃]{CH_3NH_2,C_6H_6,Cu_2Cl_2} CH_3NHCH_2CH(OC_2H_5)_2 \xrightarrow[pH=1\sim4,50\sim60℃]{NaSCN,HCl} \text{(2-35)}$$

(2-35)

其中： $CH_3COOCH{=}CH_2 \xrightarrow{Br_2,C_2H_5OH} BrCH_2CH(OC_2H_5)_2$

它是利用文献报道中的标准合成法（合成路线如下）改进设计的：

$$CH_3CHO \xrightarrow{Br_2,\ CH_2OH-CH_2OH} BrCH_2-CH\langle O-CH_2-CH_2-O\rangle \xrightarrow{NH_3} NH_2CH_2-CH\langle O-CH_2-CH_2-O\rangle \xrightarrow{H^+,H_2O}$$

$$CHO-CH_2-NH_2 \xrightarrow[-2H_2O]{NH_2-CHO} \text{咪唑（N-H）}$$

对于较复杂结构的化合物而言，常常不能满足于停留在单纯模仿文献或标准方法上，而希望有所发现，有所创新。通过在实践中认真观察，对某些意外结果进行分析、判断，有时会成功地发现新反应、新试剂，并有效地用于复杂化合物的合成。

不断地积累文献资料以及尽快地对其中有用的信息进行分析、归纳和储存，是正确应用文献方法的重要环节。此外，充分利用电子计算机储存的药物合成设计信息也已日益受到重视。

第二节 工艺路线选择依据

一般来说，药物或中间体往往可以有好几条合成路线，但并不是每一条合成路线都适合于工业生产，因为工业生产与学术性研究的判断标准是不同的。工业上着重于经济和技术的可行性，所关心的往往是原辅料是否易得、廉价，操作是否方便，能否进行大规模生产等，而学术上关心的是主要反应类型及收率等。

工艺路线的设计好坏直接影响到产品的工业化生产的可能性及原料成本、劳动强度、产品质量、环境影响。

一、原辅材料的来源

选择工艺路线应根据本国本地区的化工原料品种来设计。因为原辅材料是药物生产的物质基础，没有稳定的原辅料供应就不能组织正常的生产。因此，选择工艺路线，首先应考虑每一合成路线所用的各种原辅材料的来源和供应情况以及是否有毒、易燃、易爆等。

合成中对原辅材料或试剂的基本要求是利用率高。所谓利用率，即骨架和官能团的利用程度，这又取决于原料和试剂的结构、性质以及所进行的反应。所以需要对不同合成路线所需的原料和试剂作全面了解，包括性质、类似反应的收率、操作难易程度及市场来源和价格等。

国内外各种医药化工原料和试剂目录或手册可为挑选合适的原料和试剂提供重要线索。另外，了解工厂的生产信息，特别是有关药物和化工重要中间体方面的情况，亦对原料选用有很大帮助。

合成药物的化工原辅材料很多，其中大多来自煤焦油产品、石油化工产品、粮食发酵产品、农副业综合利用产品及某些天然原料等。在考虑原辅材料时，应根据产品的生产规模，结合各地原辅材料供应情况进行选择。例如生产抗结核病药“异烟肼”需用4-甲基吡啶，后者既可用乙炔与氨合成制得；又可用乙醛与氨合成而得。若制药厂位于生产电石的化工厂附近，因乙炔可以从化工厂直接用管道输送过来，则可采用乙炔为起始原料。若附近没有乙炔供应的制药厂，则宜选用乙醛为起始原料。有些原料一时得不到供应，则要考虑自行生产的问题。此外，还要考虑综合利用问题，有些产品的“下脚废料”，经过适当处理后，又可以成为其他产品的宝贵原料。

有些药物结构较为复杂，如甾体激素，若用简单原料进行全合成来生产，则反应步骤过多，总收率必然很低，不符合工业生产要求，所以甾体化合物应尽量寻找可利用的天然原辅材料进行半合成，如薯蓣中的薯蓣皂素即可作为某些甾体药物的半合成原料。目前除充分利用已有的薯蓣皂素外，还在寻找更多的其他代用品，中国南方剑麻中的剑麻皂素也正用来作为半合成甾体激素的原辅材料。不断寻找新的半合成天然原料也是制药工业中一个重要课题。

二、反应条件和操作方式

药物化学合成中同一种化合物往往有很多种合成路线。每条合成路线有许多化学单元反应组成。不同反应的反应条件及收率、“三废”排放、安全因素都不同。有些反应是属于“平顶型”的，有些是属于“尖顶型”的。见图2-1、图2-2。所谓尖顶型反应是指具有难控制以及反应条件苛刻、副反应多等特点的反应。如需要超低温等苛刻条件的反应。所谓“平顶型”类反应是指反应易于控制，反应条件易于实现，副反应少，工人劳动强度低，工艺操作条件较宽的反应。

根据这两种类型的反应特点，在确定合成路线，制订工艺实验研究方案时，必须考察工艺路线中到底是由“平顶型”或“尖顶型”反应组成，为工业化生产寻找必要的生产条件及数据。在工艺路线设计时应尽量避免“尖顶型”类反应，因为化学制药行业以间歇生产为主。

但并不是说“尖顶型”类反应不能用于工业化生产，现在计算机的普及，为自动化控制创造了条件，可以实现“尖顶型”类反应。如在氯霉素的生产中，对硝基乙苯在催化剂下氧化为对硝基苯乙酮时的反应为“尖顶型”类反应，现已工业化生产。

被选择的工艺路线应当是合成步骤少，操作简便，而且各步收率也是高的。一般来说，

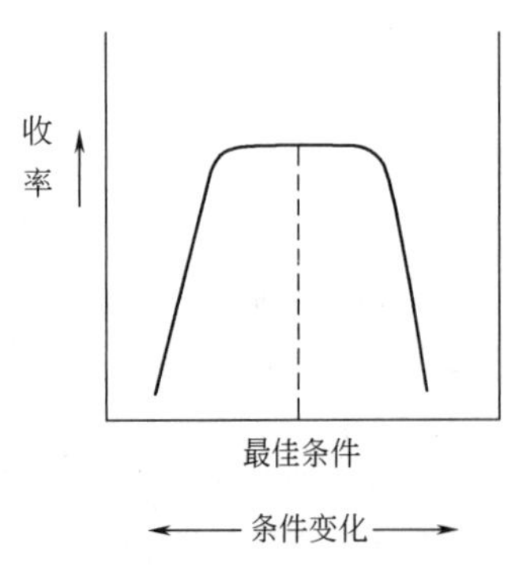

图2-1　平顶型反应示意图

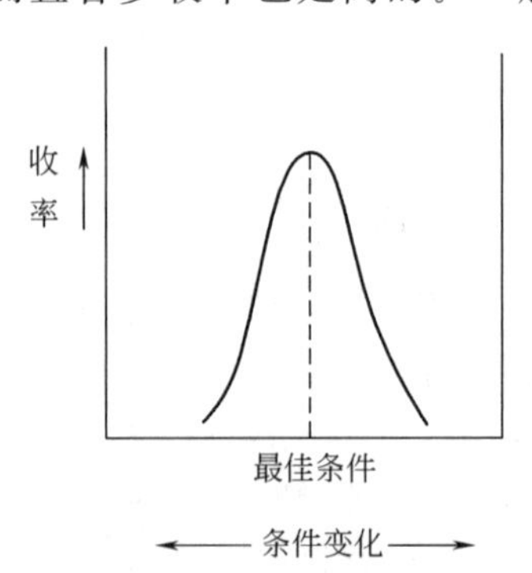

图2-2　尖顶型反应示意图

药物或有机化合物的合成方式主要有两种，即直线型合成和汇聚型合成。

在直线方式的合成工艺路线中，一个由六步反应组成的反应步骤，是从原料 A 开始至最终产品 G。由于六步反应各步收率不可能为 100%，其总收率是六步反应的收率之积。

假如每步收率为 90%。

$$A \xrightarrow{90\%} B \xrightarrow{90\%} C \xrightarrow{90\%} D \xrightarrow{90\%} E \xrightarrow{90\%} F \xrightarrow{90\%} G$$

直线方式总收率为 53.1%。

在汇聚方式合成的工艺路线中，先以直线方式分别构成几个单元，然后单元再反应成最终产品。

如有六步反应，组成一个单元为从 A 起始 A→B→C，另一个单元 D→E→F，假如每单元中各步反应收率为 90%，则两单元汇聚组装反应合成 G。

$$\left.\begin{array}{l} A \xrightarrow{90\%} B \xrightarrow{90\%} C \\ D \xrightarrow{90\%} E \xrightarrow{90\%} F \end{array}\right\} \xrightarrow{90\%} G$$

汇聚方式总收率为 72.9%。

根据两种方式的比较，要提高总收率应尽量采用汇聚方式，减少直线方式的反应。而且汇聚方式装配的另一个优点是：如果偶然失误损失一个批号的中间体，比如 A→B→C 单元，还不至于对整个路线造成影响。在路线长的合成中应尽量采用汇聚方式，也就是通常所说的侧链和母体的合成方式。

三、单元反应的次序安排

在药物的合成工艺路线中，除工序多少对收率及成本有影响外，工序的先后次序有时也会对成本及收率产生影响。单元反应虽然相同，但进行的次序不同，由于反应物料的化学结构与理化性质不同，会使反应的难易程度和需要的反应条件等随之不同，故往往导致不同的反应结果，即在产品质量和收率上可能产生较大差别。这时，就需研究单元反应的次序如何安排最为有利。从收率角度看，应把收率低的单元反应放在前头，而把收率高的放在后边。这样做符合经济原则，有利于降低成本。最佳的安排要通过实验和生产实践验证。

例如，应用对硝基苯甲酸为起始原料合成局部麻醉药盐酸普鲁卡因（2-36）时就有两种单元反应排列方式：一是采用先还原后酯化的 A 路线，另一是采用先酯化后还原的 B 路线。

[还原]
A 法
NH_2
COOH
$HOCH_2CH_2N(C_2H_5)_2$
[酯化]
NO_2
COOH
[酯化]
$HOCH_2CH_2N(C_2H_5)_2$
B 法
NO_2
$COOCH_2CH_2N(C_2H_5)_2$
[还原]
NH_2
$COOCH_2CH_2N(C_2H_5)_2$

(2-36)

A 路线中的还原一步若在电解质存在下用铁粉还原时，则芳香酸能与铁离子形成不溶性的沉淀，混于铁泥中，难以分离，故它的还原不能采用较便宜的铁粉还原法，而要用其他价格较高的还原方法进行，这样就不利于降低产品成本。其次，下步酯化反应中，由于对氨基苯甲酸的化学活性较对硝基苯甲酸的活性低，故酯化反应的收率也不高，这样就浪费了较贵重的中间体二乙胺基乙醇。但若按 B 路线进行合成时，由于对硝基苯甲酸的酸性强，有利于加快酯化反应速率，而且两步反应的总收率也较 A 路线高 25.9%，所以采用 B 路线的单元反应排列方法较好。

此外，在考虑合理安排工序次序的问题时，应尽可能把价格较贵的原料放在最后使用，这样可降低贵重原料的单耗，有利于降低生产成本。

需要注意，并不是所有单元反应的合成次序都可以交换，有的单元反应经前后交换后，反而较原工艺路线的情况更差，甚至改变了产品的结构。对某些有立体异构体的药物，经交换工序后，有可能得不到原有构型的异构体。所以要根据具体情况安排操作工序。

四、技术条件和设备要求

药物的生产条件很复杂，从低温到高温，从真空到超高压，从易燃易爆到剧毒、强腐蚀性物料等，千差万别。不同的生产条件对设备及其材质有不同的要求，而先进的生产设备是产品质量的重要保证，因此，考虑设备及材质的来源、加工以及投资问题在设计工艺路线时是必不可少的。同时，反应条件与设备条件之间是相互关联又相互影响的，只有使反应条件与设备因素有机地统一起来，才能有效地进行药物的工业化生产。例如，在多相反应中搅拌设备的好坏是至关重要的，当应用雷尼镍等固体金属催化剂进行氢化时，若搅拌效果不佳，密度大的雷尼镍沉在釜底，就起不到催化作用。再如苯胺重氮化还原制备苯肼时，若用一般间歇反应锅，需在 0～5℃ 进行，如温度过高，生成的重氮盐分解，导致发生其他副反应。假如将重氮化反应改在管道化连续反应器中，使生成的重氮盐来不及分解即迅速转入下一步还原反应，就可以在常温下生产，并提高收率。

以往，中国因受经济条件的限制，在选择工艺路线时常避开一些技术条件及设备要求高的反应，这样的状况是绝不符合当今经济发展趋势的。长期以来，我国的医药工业就是因为设备落后、工艺陈旧等因素影响了其发展速度。要想尽快改变这个局面，在选择药物合成工艺路线时，对能显著提高收率，能实现机械化、连续化、自动化生产，有利于劳动防护和环境保护的反应，即使设备要求高，技术条件复杂，也应尽可能根据条件予以选择。

此外，对于文献资料报道的某些需要高温、高压的反应，通过技术改进采取适当措施使之在较低温度或较低压强下进行，也能达到同样效果，这样就避免了使用耐高温、高压的设备和材质，使操作更加安全。例如，在避孕药 18-甲基炔诺酮的合成中，由 β-萘甲醚氢化制备四氢萘甲醚时，据文献资料报道，需在 8MPa 压强条件下进行，但经实验摸索改进，把压强降至 0.5MPa，也取得了同样的效果。

五、安全生产和环境保护

在设计和选择工艺路线时，除要考虑合理性外，还要考虑生产的安全问题。生产要安全，没有了安全保障也就谈不上生产。

保证安全生产应从两方面入手，一是尽量避免使用易燃易爆或具有较强毒性的原辅材料，从根本上清除安全隐患；二是当生产中必须用易燃易爆或毒性原辅材料时，对于生产工艺中必须使用的有毒有害原材料，一定要采取安全措施，如注意排气通风、配备必要的防护工具，有些操作必须在专用的隔离室内进行。对于劳动强度大、危险性大的岗位，可逐步采用电脑控制操作，以加强安全性，并达到最优化控制。可以通过不断地改进工艺，并加强安全管理制度，来确保安全生产和操作人员的健康。

制药厂都有大量的废气、废水和废渣，不能随意排放，要严格遵守环境保护制度和“三废”排放标准，以免造成环境污染、人畜中毒。对于“三废”，除要进行综合利用和治理外，还应在设计和选择工艺路线时予以考虑，将“三废”消灭在生产过程中。有关安全生产和“三废”防治的详细内容参见第五章。

第三节　工艺路线的改造途径

工艺路线应随着技术进步而进行改造，从而提高劳动生产率和降低生产成本，才能在市场经济中立于不败之地。工艺路线的改造途径包括：选用更好的反应原辅料和工艺条件；修改合成路线，缩短反应步骤；改进操作方法，减少生成物在处理过程中的损失；新反应、新技术的应用。

一、更换原辅料，改善工艺条件

在相同的化学合成路线中，采用同一化学反应，因地制宜地更换原辅料，虽然都要得到同一产物，但收率、劳动生产率和经济效益会有很大差别。如某些药物生产工艺路线中需用乙醚等低沸点、易燃易爆的有机溶剂，在中国很多地区夏季气温过高时，只得停产。这时可用四氢呋喃、甲苯或混合溶剂替代。

例如镇痛药奈福泮（Nefopam，2-37）的合成中，*N*-2-羟乙基-*N*-甲基邻苯甲酰苯酰胺（2-38）的还原可用氢硼化钠替代价格昂贵的氢化铝锂，制取 2-[*N*-(2-羟乙基)-*N*-甲基氨甲基]-双苯甲醇（2-39）。

CH_3 | CON—CH_2CH_2OH ; CO　$\xrightarrow{NaBH_4}$　CH_3 | CH_2N—CH_2CH_2OH ; CH— | OH

(2-38)　　(2-39)

（2-38）酰胺基中的羰基一般不能被氢硼化钠或氢硼化钾还原，但若加入其衍生物乙酸氢硼化钠($NaBH_3COAc$)或三氯化铝等 Lewis 酸作催化剂，还原能力即可得到增强，收率可达 80%以上。应用硼氢化钠还有不易吸湿，在空气中较稳定和价格较低廉等优点。再经氢溴酸和二氯乙烷环合便得（2-37）。

CH_3 | CH_2N—CH_2CH_2OH ; CH— | OH　$\xrightarrow[②丙酮,HCl]{①HBr,ClCH_2CH_2Cl,NaOH}$　O ; N | CH_3 · HCl

(2-39)　　(2-37)

二、修改合成路线，缩短反应步骤

通过修改合成路线，缩短反应步骤，简化操作，可使收率明显提高，劳动强度降低，原料成本明显降低，同时给环境治理也减轻了压力。

例如安定药氯普噻吨（泰尔登）的旧工艺中，在合成母核时产生 4 个异构体，其中只有

1 个是所需要的中间体，其余 3 个都是副产物。反应如下：

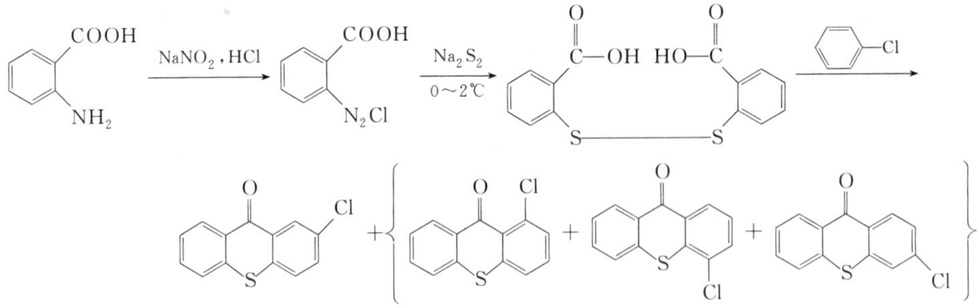

COOH, NH_2 $\xrightarrow{NaNO_2,HCl}$ COOH, N_2Cl $\xrightarrow[0\sim2℃]{Na_2S_2}$ O, C—OH HO—C, O, S——S $\xrightarrow{\text{C}_6\text{H}_5\text{Cl}}$

O, Cl, S + { O, Cl, S + O, S, Cl + O, S, Cl }

主产物　　　　副产物异构体

若改变其合成路线，同样由邻氨基苯甲酸为原料经重氮化反应后，与对氯苯硫酚反应，便可避免异构体的生成，从而提高了收率。

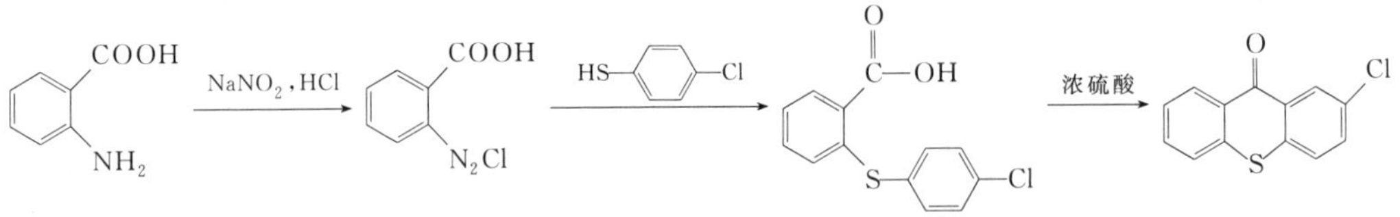

COOH, NH_2 $\xrightarrow{NaNO_2,HCl}$ COOH, N_2Cl $\xrightarrow{HS-C_6H_4-Cl}$ O, C—OH, S—C_6H_4—Cl $\xrightarrow{\text{浓硫酸}}$ O, Cl, S

又例如维生素 B_6（又称盐酸吡多辛，2-40）原来采用氯乙酸为起始原料的工艺路线，需经过酯化、甲氧化、缩合、氨解、环合、硝化、氯化、氢化、重氮化、水解等多步反应，路线长，工艺复杂，原料品种繁多。另外，硝化反应存在操作不安全、高温酸性水解对设备的腐蚀严重以及氰化反应时的“三废”防治等问题。旧工艺路线如下：

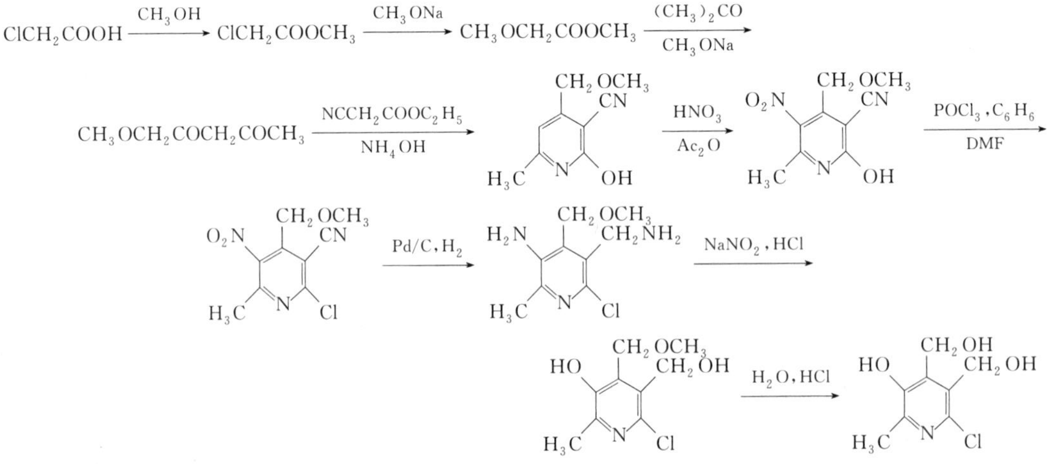

$$ClCH_2COOH \xrightarrow{CH_3OH} ClCH_2COOCH_3 \xrightarrow{CH_3ONa} CH_3OCH_2COOCH_3 \xrightarrow[CH_3ONa]{(CH_3)_2CO}$$

$$CH_3OCH_2COCH_2COCH_3 \xrightarrow[NH_4OH]{NCCH_2COOC_2H_5}$$

CH_2OCH_3, CN, H_3C, N, OH $\xrightarrow[Ac_2O]{HNO_3}$ O_2N, CH_2OCH_3, CN, H_3C, N, OH $\xrightarrow[DMF]{POCl_3,C_6H_6}$

O_2N, CH_2OCH_3, CN, H_3C, N, Cl $\xrightarrow{Pd/C,H_2}$ H_2N, CH_2OCH_3, CH_2NH_2, H_3C, N, Cl $\xrightarrow{NaNO_2,HCl}$

HO, CH_2OCH_3, CH_2OH, H_3C, N, Cl $\xrightarrow{H_2O,HCl}$ HO, CH_2OH, CH_2OH, H_3C, N, Cl

(2-40)

维生素 B_6 新工艺是以丙氨酸为原料，经酯化、甲酰化、环合、双烯合成、酸化得到的产品。

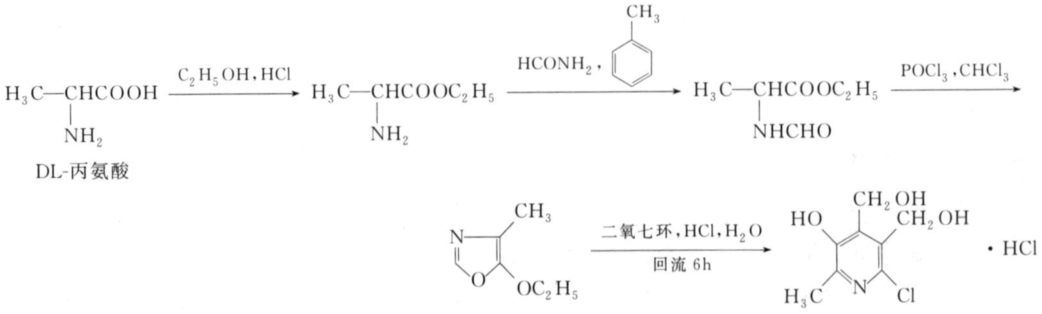

$$H_3C-CH(NH_2)COOH \xrightarrow{C_2H_5OH,HCl} H_3C-CH(NH_2)COOC_2H_5 \xrightarrow{HCONH_2,\ C_6H_5CH_3} H_3C-CH(NHCHO)COOC_2H_5 \xrightarrow{POCl_3,CHCl_3}$$

DL-丙氨酸

N, O, CH_3, OC_2H_5 $\xrightarrow[\text{回流 6h}]{\text{二氧七环},HCl,H_2O}$ HO, CH_2OH, CH_2OH, H_3C, N, Cl · HCl

(2-40)

其中：

$$\begin{matrix}C{-}CH_2OH\\ \|\\ C{-}CH_2OH\end{matrix}\xrightarrow[NH_3\cdot H_2O]{Pd/C,H_2}\begin{matrix}C{-}CH_2OH\\ \|\\ C{-}CH_2OH\end{matrix}\xrightarrow[H_3C-C_6H_4-SO_3H]{HCHO}\text{二氧七环}$$

与旧工艺相比，新工艺将原来的直线型反应改成汇聚型反应，具有路线短、收率高、成本低、避免了剧毒原料、操作安全、“三废”少等优点。在丙氨酸酯化反应中，反应液中分离出来的氯化铵固体，用8%～10%的氯化氢-乙醇液提出未反应的丙氨酸及其衍生物，并加入下批酯化反应物中，再酯化，从而提高了收率，充分利用了丙氨酸，不再中和，改善了劳动环境。

如上例所述，有些药物原生产工艺路线长，工序繁，占用设备多。对此若一个反应所用的溶剂和产生的副产物对下一步反应影响不大时，往往可以将几步反应合并，在一个反应釜内完成，中间体无需纯化而合成复杂分子，生产上习称为“一勺烩”或“一锅煮”。改革后的工艺可节约设备和劳动力，简化了后处理。

例如由对硝基苯酚为原料制备扑热息痛(Paracetamol)时也可应用“一勺烩”工艺。对硝基苯酚在乙酸和乙酸酐混合液中，用5% Pd/C催化氢化还原，同时乙酰化即得扑热息痛收率可达79%。用过的Pd/C以乙酸加热回流处理；过滤后可连续套用4次。氢化反应和乙酰化反应同时进行，所得产品中几乎不含游离的对氨基苯酚，扑热息痛含量98.5%以上，质量符合《中国药典》要求。

$$O_2N{-}C_6H_4{-}OH\xrightarrow[H_2,Pd/C]{(Ac)_2O,AcOH}CH_3C(=O)NH{-}C_6H_4{-}OH$$

扑热息痛

应当指出，采用“一勺烩”工艺，必须首先弄清各步反应的历程和工艺条件，只有在搞清楚反应进程的控制方法、副反应产生的杂质及其对后处理的影响，以及前后各步反应对溶质、pH、副产物等的影响后，才能实现这种改革目标。另外，在该工艺中，由于缺乏中间体的监控，制得的产品常常需要精制，以保证产品质量。

三、改进操作方法，减少产品损失

药品生产工艺路线中都有中间体、产物的分离、精制，也称后处理。后处理属于物理处理过程，但它是药物工艺的重要组成部分，只有经过后处理才能最终得到符合质量规格的药物。生成物的分离、纯化常常是药物生产工艺中的难题，改进后处理操作方法，可以有效提高产品收率。

例如布酞嗪(Budralazine，2-41)的工艺改进。布酞嗪的化学名为4-甲基-3-戊烯-2-酮(1-酞嗪基)腙，是一种较新的降压药。其作用徐缓，对心率影响少，安全性高。临床主要用于原发性高血压，特别适用于老年患者。对于布酞嗪的生产工艺主要是从操作方法上加以改进的。

$$\underset{(2\text{-}42)}{\text{1-OH-酞嗪}}\xrightarrow{POCl_3}\underset{(2\text{-}43)}{\text{1-Cl-酞嗪}}\xrightarrow{NH_2NH_2\cdot H_2O}\underset{(2\text{-}44)}{\text{1-NHNH}_2\text{-酞嗪}}\xrightarrow{HCl,CH_2CH_2OH}$$

$$\text{(2-45)}\cdot HCl \xrightarrow{H_3C-C(=O)-CH-C(CH_3)-CH_3} \text{(2-41)}$$

原工艺是将化合物(2-43)与水合肼在87～89℃下反应12h，然后热过滤，析出结晶得化合物(2-44)，再将(2-44)溶解于盐酸，加乙醇析出中间体(2-45)。此工艺缺点是反应时间过长，温度不易控制，后处理较烦琐，中间体(2-45)的质量差，收率低。

改进的工艺是将1-羟基酞嗪(2-42)与三氯氧磷反应得湿品(2-43)，将其用乙醇溶解，不经加热干燥，直接与水合肼回流2h，蒸尽乙醇，加一定量盐酸，过滤，滤液加乙醇析出中间体(2-45)。改进后的工艺较原工艺有如下优点：可省去干燥、析出结晶等工序，避免了化合物(2-43)的分解破坏；肼化反应时间由12h缩短为2h；提高了收率，连续试验结果，氯化、肼化及成盐三步反应平均收率为64.2%，比原工艺的文献数据高4.2%。

四、采用新技术、新反应

在化学制药工业生产中，采用新技术、新反应和新材料，设计新工艺，提高产品质量、降低生产成本，才能在市场竞争中有立足之地。有些新反应、新技术，例如相转移催化反应、酶催化反应、固相酶技术等，已开始应用于生产。由于它们的反应条件温和，反应收率高，简化了流程，越来越受到人们的重视。

例如，由α-萘酚(2-46)与环氧氯丙烷制得(2-47)，再异丙胺化可合成肾上腺素β-受体阻断药普萘洛尔(心得安，propranolol，2-48)。

$$\text{(2-46)} + ClCH_2CH\!-\!CH_2(O) \longrightarrow \text{(2-47)}\ OCH_2CH\!-\!CH_2(O) \xrightarrow[\text{②}HCl]{\text{①}i\text{-}C_3H_7NH_2} \text{(2-48)}\ OCH_2CH_2CH_2NHC_3H_7$$

旧工艺(2-48)的收率仅为55%，由于制备中间体(2-47)时副产物较多，后处理难，给生产带来困难较多；若不进行分离纯化而直接胺化，所得(2-48)精制困难，最后影响药品质量。采用相转移催化技术在多聚乙二醇催化下，70～75℃，1.5～2.0h，收率可达87%，且精制容易，成品质量很好。

过去在甾体化合物药物的生产中，通常用化学方法进行改造，引进某些基团。这种方法往往步骤长，收率低，价格昂贵。由于发现了酶催化反应，可用于在甾体骨架上的一定部位发生许多有价值的转换反应，如羟基化、脱氢、甾醇侧链的降解和A环的芳香化、异构化等，从而使甾体药物的合成大大简化，为工业生产创造了极为有利的条件。

复习与思考题

1. 工艺路线设计方法主要分哪几种？分别举例说明。
2. 工艺路线的选择依据有哪些？
3. 工艺路线的改造途径有哪些？

【阅读材料】

发现新药的两种主要途径

1. 临床发现

临床发现新药即在临床治疗学中依靠经验积累发现新药，这一过程至今仍在持续，利用传统药物(包括中草药)治疗病症，即是临床治疗学的需要，也是新药发现的过程。从临床上发现新药，虽然有很大的偶然性，但对新药研究常常有很大的推动作用。在人们逐渐认识临床偶然发现新药的重要意义之后，便开始有意地从事这类工作。根据疾病发病机制选取具有相应药理作用的已知药物进行有目的临床试验，以开拓药物的治疗领域。对这种做法，国内外称之为老药新用，为了区别创新药，国外也称为活性药物。

2. 新药筛选

筛选虽然不是发现新药的唯一途径，但是对创新药物来讲，筛选是必不可少的手段和途径，特别是当代创新药研究竞争十分剧烈，其中竞争的焦点就在于新药筛选，低耗、高效率筛选出新药是问题的核心，其目标是缩短新药发现的过程。从概念上讲，现代药物筛选是发现有活性的化学物质。科学技术的发展，使人们对疾病和药物作用机制的认识推到了细胞和分子水平，使新药筛选的策略也发生了重大变化。药物筛选自始至终是一个综合学科反复研究的过程，需要不同学科的人员，如化学家、药理学家、分子生物学家等协调共事。药物筛选大量应用现代科学技术，为了提高新药发现的概率，应根据化合物的来源和性质，综合应用不同的筛选手段。

第三章 化学制药生产工艺条件的探索

【知识目标】

1. 掌握影响化学反应及产品质量的工艺条件。
2. 理解小试应完成的内容和基本方法。
3. 理解中试放大的目的、任务、注意事项。
4. 掌握合成药物产品技术经济指标的基本概念。
5. 理解生产工艺规程和岗位操作法的编写。

【能力目标】

1. 能在小、中试阶段进行工艺条件的探索。
2. 能按生产工艺规程和岗位操作法进行生产操作。

在设计和选择了较为合理的合成药工艺路线后，要对生产工艺条件进行研究。工艺路线是由许多单元反应及其产物后处理组成的，其中每步反应的结果直接影响整条工艺路线的可行性、产品的质量和生产成本。一条好的工艺路线，应具备步骤少、收率高、成本低、操作简便安全、污染少、污染物易处理等优点。

工艺条件的探索，从实验室研究开始，一直延伸到中试放大和规模生产过程中。实验室小试工艺研究主要是探索产品涉及的各种反应的初步规律，为设备设计、中试放大提供依据，为实现工业化生产提供有力的实验数据。通过小试工艺研究可以清楚地掌握各反应的类型、热力学性质、动力学规律、质量与热量传递规律。

在小试工艺研究结束后，对反应可行性如原料成本、“三废”情况进行评价，如认为可行，进行中试放大。中试放大能得到小试中无法得到的数据，并需要解决原辅料过渡试验、设备材质的腐蚀试验、反应条件限度试验等。

在上述工作完成后，原料药如要进行生产，必须制定工艺规程和岗位操作法，只有严格地按 GMP 要求进行生产才能保证生产出合格的原料药。

第一节 影响化学反应及产品质量的工艺条件

实验室研究、中试放大、规模生产都离不开反应，影响反应的因素很多，如反应物浓度、压力、温度、催化剂、溶剂、设备等。

一、反应物的配料比和浓度

反应物的配料比也称反应物料的摩尔比，是指参加反应的各物质的特质的量之比，表示投料中各组分之间的比例关系。反应物的配料比可以是化学计量系数之比，也可以不等于化学计量系数之比。多数情况下，配料比不等于化学计量系数之比。配料比归根结底还是浓度问题。化学反应中，反应物浓度和配料比对反应速率、化学平衡等均有影响，这种影响又因反应类型的不同而有所不同。

按化学反应进行的过程可分为简单反应和复杂反应两大类。只有一个基元反应(反应物分子在碰撞中一步直接转化为生成物分子的反应)的化学反应称为简单反应，由两个或两个以上基元反应构成的化学反应称为复杂反应。在化学动力学上，简单反应又是以反应分子数(或反应级数)来分类的，如单分子反应、双分子反应、三分子反应等(或零级反应、一级反应、二级反应等)。而复杂反应主要为可逆反应、平行反应和连串反应。

1. 简单反应

(1) 单分子反应　只有一个分子参与的基元反应称为单分子反应，其反应速率与反应物浓度的一次方成正比，故又称一级反应。

如：

$$A \longrightarrow P$$

$$(-r_A) = -\frac{dc_A}{d\tau} = kc_A$$

工业上许多有机化合物的热分解(如烷烃的裂解)和分子重排反应(如贝克曼重排、联苯胺重排)等都是常见的一级不可逆反应。

(2) 双分子反应　两个分子(不论是相同分子还是不同分子)碰撞时发生相互作用的反应称为双分子反应。反应速率与反应物浓度的二次方成正比，故又称二级反应。

相同分子间的二级反应：

$$2A \longrightarrow P$$

$$(-r_A) = -\frac{dc_A}{d\tau} = kc_A^2$$

不同分子间的二级反应：

$$A + B \longrightarrow P$$

$$(-r_A) = -\frac{dc_A}{d\tau} = kc_A c_B$$

工业上，二级不可逆反应最为常见，如乙烯、丙烯、异丁烯及环戊二烯的二聚反应，烯烃的加成反应、乙酸乙酯的皂化、卤代烷的碱性水解等。

此外，某些光化学反应、表面催化反应和电解反应等，它们的反应速率与浓度无关，仅受其他因素(如光强度、催化剂表面状态和通过的电量)的影响。这一类反应又称零级反应。

2. 复杂反应

(1) 可逆反应　可逆反应是复杂反应中常见的一种，在反应物发生化学反应生成产物的同时，产物之间也在发生化学反应回复成原料。如：

$$A + B \underset{k_2}{\overset{k_1}{\rightleftharpoons}} R + S$$

对于正、逆方向的反应，质量作用定律都适用。正反应速率与反应物的浓度成正比，逆反应速率与生成物浓度成正比，正逆反应速率之差，就是总的反应速率。

可逆反应的特点是正反应速率随时间逐渐减小，逆反应速率随时间逐渐增大，直到两个反应速率相等，于是反应物和生成物浓度不再随时间而发生变化。对于这类反应，为了有利于产物的生成和反应的彻底进行，在其他条件不变的情况下，增加某一反应物的浓度或移去某一生成物，即设法改变某一物料的浓度来控制反应速率，使化学平衡向正方向移动，达到提高反应速率和增加产物收率的目的。如酯化反应是可逆反应，可以通过移除水分使生成物之一的水减少，反应始终朝着酯的方向进行，而反应也始终达不到平衡，从而得到满意的产物及收率。

（2）平行反应 在系统中反应物除发生化学反应生成一种产物外，该反应物还能进行另一个化学反应生成另一种产物。在生产上将所需要的反应称为主反应，其余称为副反应。如甲苯的硝化：

$$C_6H_5CH_3 + HNO_3 \longrightarrow \begin{cases} o\text{-}CH_3C_6H_4NO_2 + H_2O \\ p\text{-}CH_3C_6H_4NO_2 + H_2O \end{cases}$$

对于平行反应来说，增加反应物浓度有利于级数高的反应。而如果反应级数相同，其主副反应速率之比为一常数，与反应物浓度、时间无关。如上述甲苯硝化反应，生成的邻位和对位产物的比例始终不随浓度的变化而变化。对于这类反应，不能用改变反应物的配料比或反应时间的方法来改变生成物的比例，但可以用温度、溶剂、催化剂等来调节生成物的比例。

当参与主、副反应的反应物不尽相同时，应利用这一差异，增加某一反应物的用量，以增加主反应的竞争能力。例如氟哌啶醇中间体4-对氯苯基-1，2，3，6-四氢吡啶，可由对氯-α-甲基苯乙烯与甲醛、氯化铵作用生成噁嗪中间体，再经酸性重排而得。

$$Cl\text{-}C_6H_4\text{-}C(=CH_2)CH_3 \xrightarrow[NH_4Cl]{HCHO} \text{噁嗪中间体（含 NH、O，}CH_3\text{）} \xrightarrow{H^+} Cl\text{-}C_6H_4\text{-四氢吡啶（NH）}$$

该反应的副反应之一是对氯-α-甲基苯乙烯与甲醛反应，生成1，3-二氧六环化合物。

$$Cl\text{-}C_6H_4\text{-}C(=CH_2)CH_3 \xrightarrow{2HCOH} Cl\text{-}C_6H_4\text{-1,3-二氧六环（}CH_3\text{）}$$

这个副反应可以看作是正反应的一个平行反应，为了抑制此副反应，可适当增加氯化铵的用量，目前生产上氯化铵的用量超过理论量的100%。

（3）连串反应 反应物发生化学反应生成产物的同时，该产物又能进一步反应而成另一种产物，这种类型的反应称为连串反应。

如乙酸氯化生成氯乙酸，氯乙酸反应生成二氯乙酸，再反应生成三氯乙酸。

$$CH_3COOH + Cl_2 \xrightarrow[-HCl]{Cl_2} ClCH_2COOH \xrightarrow[-HCl]{Cl_2} Cl_2CHCOOH \xrightarrow[-HCl]{Cl_2} Cl_3CCOOH$$

要控制主产物为氯乙酸时，则氯气与乙酸比应小于1∶1(摩尔比)；如果需三氯乙酸为主产物，则氯气与乙酸比应大于3∶1(摩尔比)。因此控制氯气与乙酸的配料比可得到不同的产物。

在连串反应中主反应为第一步反应时，为防止进一步反应(副反应)的发生，有些反应物的配料比宜小于理论量，使反应进行到主反应上。如乙苯合成：

$$C_6H_6 \xrightarrow[AlCl_3]{CH_2=CH_2} C_6H_5C_2H_5 \xrightarrow[AlCl_3]{CH_2=CH_2} C_6H_4(C_2H_5)_2 \xrightarrow[AlCl_3]{CH_2=CH_2} C_6H_{6-n}(C_2H_5)_n$$

在三氯化铝催化下，将乙烯通入苯中制得乙苯，由于乙基的给电子作用，使苯环活化，更易引入第二个乙基，如不控制乙烯通入量，势必产生二乙苯或多乙苯。所以生产上一般控制乙烯与苯的摩尔比为0.4∶1.0左右，这样乙苯收率较高，而过量的苯可以循环套用。

当产物的生成量取决于反应液中某一反应物的浓度时，则应增加其配料比。所谓最佳配比是可获较高收率、同时又能节约原料（即降低单耗）的配比。

如磺胺合成中，乙酰苯胺（退热冰）的氯磺化反应产物对乙酰氨基苯磺酰氯（简称 ASC）的收率取决于反应液中氯磺酸与硫酸两者浓度的比例关系：

$$C_6H_5NHCOCH_3 \xrightarrow{HOSO_2Cl} p\text{-}CH_3CONHC_6H_4SO_2Cl\ (ASC)$$

氯磺酸的用量越多，对 ASC 的生成越有利。如乙酰苯胺与氯磺酸投料的摩尔比为 1∶2（理论量）时，ASC 的收率仅为 7%，当摩尔比为 1.0∶4.8 时，ASC 的收率为 84%，当摩尔比再增加到 1.0∶7 时，则收率可达 87%。实际上考虑到氯磺酸的有效利用率以及经济核算，采用了较为经济合理的配比，即 1.0∶(4.5～5.0)。

假如反应中，有一反应物不稳定，则可增加其用量，以保证有足够的量参与主反应。例如催眠药苯巴比妥生产中最后一步缩合反应，是由苯基乙基丙二酸二乙酯与脲缩合，反应如下：

$$(H_5C_6)(H_5C_2)C(COOC_2H_5)_2 + (H_2N)_2C{=}O \longrightarrow (H_5C_6)(H_5C_2)C(CO{-}NH)_2C{=}O$$

它是在碱性条件下缩合，而脲在碱性条件下加热易分解，所以需使用过量的脲。

二、加料次序

某些化学反应要求物料按一定的先后次序加入，否则会加剧副反应，降低收率；有些物料在加料时可一次投入，也有些则要分批缓慢加入。

对一些热效应较小、无特殊副反应的反应，加料次序对收率的影响不大。如酯化反应，从热效应和副反应的角度来看，对加料次序并无特殊要求。在这种情况下，应从加料便利、搅拌要求或设备腐蚀等方面来考虑，采用比较适宜的加料次序。如酸的腐蚀性较强，以先加入醇再加酸为好；若酸的腐蚀性较弱，而醇在常温时为固体，又无特殊要求，则以先加入酸再加醇较为方便。

对一些热效应较大同时也可能发生副反应的反应，加料次序则成为一个不容忽视的问题，因为它直接影响着收率的高低。热效应和副反应的发生常常是相连的，往往由于反应放热较多而促使反应温度升高，引起副反应。当然这只是副反应发生的一个方面，还有其他许多因素，如反应物的浓度、pH 等。所以必须针对引起副反应的原因而采取适当的控制方法。必须从反应操作控制较为容易、副反应较少、收率较高、设备利用率较高等方面综合考虑，来确定适宜的加料次序。

例如维生素 C 生产过程中的酮化反应（老工艺）是在酮化罐内加入丙酮含量为 96%～98%、水分 0.5%以下的丙酮溶液，冷却至 5℃，缓缓加入发烟硫酸，然后再加入山梨糖。次序不能颠倒，否则糖易碳化。酮化反应的中和反应是先将液碱（38%）在中和罐中冷却至－5℃，然后将酮化液（－8℃）一次迅速地倾注入中和罐中，控制 pH 在 7.5～8.5 之间。因为双酮糖在酸中不稳定，所以迅速中和使之保持碱性是非常重要的。

又例如在巴比妥生产中的乙基化反应，除配料比中溴乙烷的用量要超过理论量 10%以上外，加料次序对乙基化反应至关重要。

$$\begin{matrix} COOC_2H_5 \\ | \\ CH_2 \\ | \\ COOC_2H_5 \end{matrix} + 2C_2H_5Br \xrightarrow{2C_2H_5ONa} (H_5C_2)_2C(COOC_2H_5)_2$$

正确的加料次序应该是先加乙醇钠，再加丙二酸二乙酯，最后滴加溴乙烷。若将丙二酸二乙酯与溴乙烷的加料次序颠倒，则溴乙烷和乙醇钠的作用机会大大增加，生成大量乙醚，而使乙基化反应失败。

$$C_2H_5Br + C_2H_5ONa \longrightarrow C_2H_5OC_2H_5 + NaBr$$

以上实例说明，对某些化学反应，要求物料的加入须按一定的先后次序，否则会加剧副反应，降低收率。应针对反应物的性质和可能发生的副反应来选择适当的加料次序。当然影响反应的条件是多方面的，绝不能把各个反应条件孤立起来。在解决实际问题时，应该把各有关的反应条件相互联系起来，通盘分析，找出较为理想的加料方式和次序。

三、反应时间与终点控制

对于每一个化学反应来讲，都有一个最适宜的反应时间，在规定条件下达到反应时间后就必须终止反应，并使反应生成物立即从反应系统中分离出来。否则，可能会使反应产物分解、破坏，副产物增多或产生其他复杂变化，而使收率降低、产品质量下降。另一方面，若反应时间过短，反应未到达终点，过早地停止反应，也会导致反应不完全、转化率不高，并影响收率及质量。同时必须注意，反应时间与生产周期和劳动生产率都有关系。为此，对于每一反应都必须掌握好它的进程，控制好反应时间和终点。

所谓适宜的反应时间，主要决定于反应过程的化学变化完成情况，或者说反应是否已达到终点。而对反应终点的控制，主要是测定反应系统中是否尚有未反应的原料存在或其残存量是否达到一定的限度。一般可用简易快速的化学或物理方法测定，如显色、沉淀、酸碱度、密度等，也可采用薄板层析跟踪、气相色谱或纸色谱方法测定。

例如由水杨酸制造阿司匹林的乙酰化反应以及由氯乙酸制造氰乙酸钠的氰化反应，都是利用快速的测定法来确定反应终点的。前者测定水杨酸含量达到0.02%以下方可停止反应。后者测定反应液中氰离子(CN^-)的含量应在0.4%以下方为反应终点。又如重氮化反应，是利用淀粉-碘化钾试液检查是否有过剩的亚硝酸来控制终点。也可根据反应现象、反应变化情况以及反应生成物的物理性质(如密度、溶解度、结晶形态等)来判断反应终点。如催化氢化反应，一般是以吸氢量控制反应终点的，当氢气吸收达到理论量时，氢气压强不再下降或下降速度很慢，即表示反应已达终点。通氯的氯化反应，由于通常液体氯化物密度大于非氯化物，所以常常以反应液的密度变化来控制终点。如甲苯的氯化反应可根据生成物的要求，控制密度值。生产一氯甲苯时控制反应液密度为$1.048\times10^3 kg/m^3$，生产二氯甲苯时控制反应液密度为$(1.286\sim1.332)\times10^3 kg/m^3$。

在生产工艺上，反应时间是重要的反应条件之一。它不仅影响产品的数量、质量和收率，而且还直接影响到生产进程、设备利用率、劳动生产率等。所以科学地决定各化学反应的反应时间并正确地控制反应时间，以达到最高的生产效率，这正是制药生产技术人员对反应时间应具有的认识。

四、反应温度和压强

1. 反应温度

反应温度的选择和控制是研究化学制药工艺的重要课题，温度影响化学反应速率和化学平衡。

（1）温度对反应速率的影响　温度是影响化学反应速率的一个重要因素，根据大量实验归纳总结出一个近似规则，即反应温度每升高10℃，反应速率增加1～2倍。这种温度对反应速率影响的粗略估计，称为范特霍夫(van't Hoff)规则。多数反应大致符合上述规则，但并不是所有的反应都符合。温度对反应速率的影响是复杂的，归纳起来有4种类型，如图3-1所示。第Ⅰ类，反应速率随温度的升高而逐渐加快，它们之间是指数关系，这类反应是最常见的，可以应用阿累尼乌斯(Arrhenius)方程求出反应速率常数与活化能之间的关系。第Ⅱ类属于有爆炸极限的化学反应，这类反应开始时温度对反应速率影响很小，当达到一定温度极限时，反应即以爆炸速率进行。第Ⅲ类是在酶反应及催化加氢反应中发现的，即在温度不高的条件下，反应速率随温度增高而加速，但到达某一高温后，再升高温度，反应速率反而下降，这是由于高温对催化剂的性能有着不利的影响。第Ⅳ类是反常的，温度升高反应速率反而下降，如硝酸生产中的一氧化氮的氧化反应就属于这类反应。

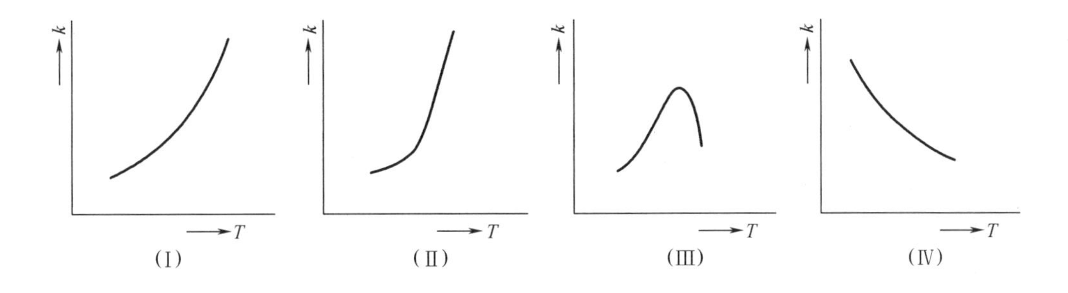

图3-1　温度对反应速率常数影响的不同反应类型

温度对反应速率的影响，通常遵循阿累尼乌斯（Arrhenius）方程：

$$k=A\mathrm{e}^{-E/(RT)}$$

式中　k——反应速率常数；

A——频率因子或指前因子；

E——反应活化能；

R——气体常数；

T——反应温度。

由公式可以看出，反应速率常数 k 可以分解为频率因子 A 和指数因子 $\mathrm{e}^{-E/(RT)}$。指数因子是控制反应速率的主要因素，其核心是活化能 E，而温度 T 的变化，也使指数因子变化，从而导致 k 值的变化。E 值反映温度对速率常数影响的大小，不同反应有不同的活化能 E。E 值很大时，升高温度，k 值增大显著；若 E 值较小时，温度升高，k 值增大并不显著。温度升高，一般都可以使反应速率加快。

提高温度不仅加快主反应速率，同时也加快副反应速率；对可逆反应，温度提高，正向和逆向的反应速率都增大。温度对主、副反应以及正、逆反应的影响，取决于活化能 E 的大小。

生产上正是利用温度对具有不同活化能的反应速率有不同影响这一特点，正确选择、确定并严格控制反应温度，以加快主反应速率，增大目标产物的收率，提高反应过程的效率。

如氧化反应中，反应的温度不同，可以得到不同的产物。如：

$$\text{Toluene (C}_6\text{H}_5\text{CH}_3\text{)} \xrightarrow[40^\circ C]{MnO_2+H_2SO_4} \text{C}_6\text{H}_5\text{CHO}$$

$$\text{Toluene (C}_6\text{H}_5\text{CH}_3\text{)} \xrightarrow[120^\circ C]{MnO_2+H_2SO_4} \text{C}_6\text{H}_5\text{COOH}$$

（2）温度对化学平衡的影响　对于不可逆反应，可以不考虑温度对化学平衡的影响，而对于可逆反应，温度的影响是很大的。化学平衡常数与温度有如下关系：

$$\lg K=-\frac{\Delta H^{\ominus}}{2.303RT}+C$$

式中　K——化学平衡常数；

$\Delta H^{\ominus}$——标准反应热；

R——气体常数；

T——反应温度；

C——常数。

对于吸热反应（$\Delta H^{\ominus}>0$），温度升高，平衡常数 K 值增大，有利于产物的生成，因此升高温度有利于反应的进行；对于放热反应（$\Delta H^{\ominus}<0$），温度升高，平衡常数 K 值减小，不利于产物的生成，因此降低温度有利于反应的进行。

2. 压强

反应物料的聚集状态不同，压强对其影响也不同。压强对于液相反应、液-固相反应影响不大，所以多数反应是在常压下进行。但有时反应要在加压下进行才能提高收率，压强对气相或气-液相反应的平衡影响比较显著。压强对于收率的影响，依赖于反应前后体积或分子数的变化，如果一个反应的结果使体积增加（即分子数增多），那么加压对产物生成不利；反之，如果一个反应的结果使体积缩小，则加压对产物的生成有利；如果反应前后分子数没有变化时，压强对化学平衡没有影响。

除压强外，其他因素对化学平衡也有影响。如催化氢化反应中加压能增加氢气在溶液中的溶解度和催化剂表面氢的浓度，从而促进反应的进行；另外，对需较高反应温度的液相反应，当温度已超过反应物或溶剂的沸点时，也可以加压，以提高反应温度，缩短反应时间。

在一定的压强范围内，适当加压有利于加快反应速率，但是压强过高，动力消耗增大，对设备的要求提高，而且效果有限。

若反应过程中有惰性气体，如氮气或水蒸气存在，当操作压强不变时，提高惰性气体的分压，可降低反应物的分压，有利于提高分子数减少的反应的平衡产率，但不利于反应速率的提高。

五、溶剂

绝大部分药物合成反应都是在溶剂中进行的。溶剂不仅可以改善反应物料的传质和传热，而且溶剂还直接影响反应速率、方向、深度和产物构型等。因此在药物合成中，溶剂的选择与使用是很关键的。

1. 溶剂的定义和分类

溶剂广义上指在均匀的混合物中含有的一种过量存在的组分。工业上所说的溶剂一般是指能够溶解固体化合物（这一类物质多数在水中不溶解）而形成均匀溶液的单一化合物或两种以上组分的混合物。这类除水之外的溶剂称为非水溶剂或有机溶剂，水、液氨、液态金属等则称为无机溶剂。

溶剂有多种分类方法。按沸点高低分，溶剂可分为低沸点溶剂（沸点在 100℃以下）、中沸点溶剂（沸点在 100～150℃）、高沸点溶剂（沸点在 150～200℃）。低沸点溶剂蒸发速度快，易干燥，黏度低，大多具有芳香气味，属于这类溶剂的一般是活性溶剂或稀释剂，如二氯甲烷、氯仿、丙醇、乙酸乙酯、环己烷等。中沸点溶剂蒸发速度中等，如戊醇、乙酸丁酯、甲苯、二甲苯等。高沸点溶剂蒸发速度慢，溶解能力强，如丁酸丁酯、二甲基亚砜等。

按极性分，溶剂可分为极性溶剂和非极性溶剂，溶剂的极性对许多反应影响很大。一般介电常数(ε)在 15 以上的溶剂称为极性溶剂，15 以下的称为非极性溶剂或惰性溶剂。

溶剂一般可分为质子性溶剂和非质子性溶剂两大类。

质子性溶剂含有易取代的氢原子，主要靠氢键或偶极矩而产生溶剂化作用。质子性溶剂有水、醇类、醋酸、硫酸、多聚磷酸、氢氟酸-三氟化锑（$HF-SbF_3$）、氟磺酸-三氟化锑（FSO_3H-SbF_3）、三氟醋酸（CF_3COOH）以及氨或胺类化合物等。

非质子性溶剂不含有易取代的氢原子，主要是靠偶极矩或范德华力而产生溶剂化作用的。非质子性溶剂有醚类（乙醚、四氢呋喃、二氧六环等）、卤素化合物（氯甲烷、氯仿、二氯乙烷、四氯化碳等）、酮类（丙酮、甲乙酮等）、硝基烷类（硝基甲烷）、苯系（苯、甲苯、二甲苯、氧苯、硝基苯等）、吡啶、乙腈、喹啉、亚砜类[二甲基亚砜（DMSO）]和酰胺类[甲酰胺、二甲基甲酰胺（DMF）、*N*-甲基吡咯酮（NMP）、二甲基乙酰胺（DMAA）、六甲基磷酰胺（HMPA）]等。

惰性溶剂一般指脂肪烃类化合物，常用的是正己烷、环己烷、庚烷和各种沸程的石油醚。

具体的溶剂分类及其物性常数见表 3-1。

表 3-1　溶剂的分类及其物性常数

种类	质子溶剂			非质子传递溶剂		
	名　称	介电常数 ε(25℃)	偶极矩(μ)/C·m	名　称	介电常数 ε(25℃)	偶极矩(μ)/C·m
极性	水	78.39	1.84	乙腈	37.50	3.47
	甲酸	58.50	1.82	二甲基甲酰胺	37.00	3.90
	甲醇	32.70	1.72	丙酮	20.70	2.89
	乙醇	24.55	1.75	硝基苯	34.82	4.07
	异丙醇	19.92	1.68	六甲基磷酰胺	29.60	5.60
	正丁醇	17.51	1.77	二甲基亚砜	48.90	3.90
				环丁砜	44.00	4.80
非极性	异戊醇	14.70	1.84	乙二醇二甲醚	7.20	1.73
	叔丁醇	12.47	1.68	乙酸乙酯	6.02	1.90
	苯甲醇	13.10	1.68	乙醚	4.34	1.34
	仲戊醇	13.82	1.68	苯	2.28	0
				环己烷	2.02	0
				正己烷	1.88	0.085

2. 溶剂对均相化学反应速率的影响

溶剂的改变会显著地改变均相化学反应的速率和级数。早在 1890 年，Menschuthin 在其关于三乙胺与碘乙烷在 23 种溶剂中发生季铵化作用的经典研究中就已经证实：溶剂的选择对反应速率有显著的影响。该反应速率在乙醚中比在己烷中快 4 倍，比在苯中快 36 倍，比在甲醇中快 280 倍，比在苄醇中快 742 倍。因此，溶液的合理选择可以使化学反应显著地加速或减缓，这无论是在实验室中还是在化学工业中都有很大的实际意义，在某些极端情况下，仅仅改变溶剂甚至可使反应速率加快约 10^9 倍之多。因此，建立某些规则和理论，使人们能合理地选择溶剂和设计化学合成方案是非常重要的。

有机反应按其机理来说，大体可分成两大类，一类是游离基型反应，另一类是离子型反应。游离基型反应一般在气相或非极性溶剂中进行，而在离子型反应中，溶剂的极性对反应的影响常常是很大的。

Hushes-Ingold 研究了脂肪族亲核取代反应和消除反应的溶剂效应，提出了在不同电荷类型反应中的总溶剂效应对反应速率的影响规则：

① 当活化配合物的电荷密度大于起始原料时，溶剂的极性增加有利于配合物的形成，使反应速率加快；

② 当活化配合物的电荷密度小于起始原料时，溶剂的极性增加不利于配合物的形成，使反应速率减慢；

③ 当活化配合物与起始原料的电荷密度相差不大时，改变溶剂极性对反应速率的影响不大。

上述 Hushes-Ingold 规则可以用来定性地预测溶剂极性对已知机理的所有离子型反应的速率影响。

例如叔丁基氯的水解反应

$$(CH_3)_3C—Cl + H_2O \longrightarrow (CH_3)_3C—OH + HCl$$

形成叔丁基正离子是反应速率的控制阶段。按照过渡态理论，C—Cl 键将先发生部分断裂。当这一反应在溶剂中进行时，由于活化配合物的电荷密度大于起始原料，溶剂的极性增大，将使水解速率加快。下式是在醇介质中反应的情况，由于碳正离子被富有电子的羟基上的氧所溶剂化，氯负离子被缺少电子的羟基中的质子所溶剂化，有利于 C—Cl 键的异裂。

$$R—\ddot{O}—H \longrightarrow (CH_3)(H_3C)(CH_3)C\cdots Cl\cdots H—O—R$$

又例如在乙酐与乙醇的反应中，由于反应物的极性大于生成物，所以在极性溶剂中的比速率反而不如非极性溶剂中的大。

$$C_2H_5—OH + (CH_3CO)_2O \longrightarrow CH_3COOC_2H_5 + CH_3COOH$$

3. 溶剂对反应方向的影响

有时同种反应物由于溶剂的不同而产物不同，例如对乙酰氨基硝基苯的铁粉还原反应如下：

$$p\text{-}NHCOCH_3C_6H_4NO_2 + Fe \xrightarrow[HCl+H_2O]{(水解乙酰基)} p\text{-}(NH_2\cdot HCl)C_6H_4(NH_2\cdot HCl) \quad (水作溶剂)$$

$$p\text{-}NHCOCH_3C_6H_4NO_2 + Fe \xrightarrow[CH_3COOH]{(保护乙酰基)} p\text{-}NHCOCH_3C_6H_4NH_2 \quad (醋酸作溶剂)$$

又例如苯酚与乙酰氯进行的傅-克反应，若在硝基苯溶剂中进行，产物主要是对位取代物；若在二硫化碳中反应，产物主要是邻位取代物。

$$\text{苯酚(OH)} + CH_3COCl + AlCl_3 \begin{cases} \xrightarrow{C_6H_5NO_2} \text{对羟基苯乙酮}(HO-C_6H_4-COCH_3) \\ \xrightarrow{CS_2} \text{邻羟基苯乙酮}(HO-C_6H_4-COCH_3) \end{cases}$$

4. 溶剂对产品构型的影响

溶剂对产品的构型也有影响，由于溶剂极性的不同，某些反应产物中顺、反异构体的比例也不同。如维蒂希(Wittig)反应：

$$Ph_3P{=}CHPh + C_2H_5CHO \longrightarrow C_2H_5CH{=}CHPh + Ph_3P{=}O$$

此反应在乙醇钠存在下进行，顺式体的含量随溶剂的极性增大而增加。按溶剂的极性次序(乙醚＜四氢呋喃＜乙醇＜二甲基甲酰胺)，顺式体的含量由31%增加到65%。

溶剂的极性不同也影响酮型-烯醇型互变异构体系中两种型式的含量。如乙酰乙酸乙酯的纯晶中含有7.5%的烯醇型和92.5%的酮型。极性溶剂有利于酮型物的形成，非极性溶剂则有利于烯醇型物的形成。以烯醇型物含量来看，在水中为0.4%，乙醇中为10.52%，苯中为16.2%，环己烷中为46.4%。随着溶剂极性的降低，烯醇型物含量越来越高。

六、催化剂

加氢催化剂

催化剂能改变反应速率，同时也能提高反应的选择性，降低副反应的速率，减少副产物的生成，但它不能改变化学平衡。在药物合成中估计有80%～85%的化学反应需要应用催化剂，如在氢化、脱氢、氧化、脱水、脱卤、缩合等反应中几乎都使用催化剂，酸碱催化反应、酶催化反应也都广泛应用于制药工业中。

1. 催化剂的作用与基本特征

催化剂(工业上又称触媒)是一种能改变化学反应速率，而其自身的组成、质量和化学性质在反应前后保持不变的物质。催化剂使反应速率加快时，称为正催化作用；使反应速率减慢时，称为负催化作用。负催化作用的应用比较少，如有一些易分解或易氧化的中间体或药物，在后处理或储存过程中为防止其变质失效，可加入负催化剂以增加稳定性。

有催化剂参与的化学反应，称为催化反应。根据反应物与催化剂的聚集状态，可分为均相、非均相催化反应。反应物与催化剂处于同一相的，为均相催化反应。例如，乙醇与醋酸在硫酸存在下生成醋酸乙酯的液相反应。反应物与催化剂不在同一相中的为非均相催化反应，例如气相反应物乙炔和醋酸，在固体催化剂醋酸锌的作用下合成醋酸乙烯酯的气、固相催化反应；气相反应物乙醛与氧气，在醋酸锰-醋酸溶液的催化作用下合成醋酸的气-液相催化反应。

非均相催化反应，一般需要较高的温度和压力，均相催化多具有腐蚀性。生物催化(或称酶催化)，不仅具有特异的选择性和较高的催化活性，而且反应条件温和、对环境的污染较小。生物制药、制酒及食品工业中的发酵均属于酶催化。酶是一种具有特殊催化活性的蛋白质，酶催化属于另外一类的催化反应，兼有均相催化和非均相催化的某些特征。

对于催化作用的基本特性，大致可以归纳为以下几点。

① 催化剂能够改变化学反应速率，但它本身并不进入化学反应的计量。催化剂改变反应途径，降低反应活化能以加快反应速率。例如，乙醛用碘蒸气作催化剂分解为甲烷和一氧

化碳的均相催化反应，测得在518℃时，不加催化剂，反应的活化能为190kJ/mol；加入碘后，活化能降为136kJ/mol，这相当于反应速率增加上千倍。这是由于催化剂存在使反应的途径发生了变化，降低了反应的活化能。

② 催化剂对反应具有特殊的选择性。催化剂具有特殊的选择性包含两层含义，一是指不同类型的反应需要选择不同性质的催化剂；二是指对于同样的反应物选择不同的催化剂可以获得不同的产物。对于指定的反应和催化剂，在不同的反应条件下，催化剂的选择性是指在已转化的某一反应物的量中产品所占的比值，即

$$选择性=\frac{该反应物转化为目的产物的量}{已转化的某一反应物的量}$$

催化剂的选择性可通过产品的收率和某一反应物的转化率来计算。产品的收率是指在一定反应条件下，所得产品的量占按某一反应物进料量计算时理论上应生成的产品量的比值，即

$$收率=\frac{该产品实际得到的量}{按某一反应物进料量计算理论上应生成的产品量}$$

某一反应物的转化率是指在一定反应条件下，已转化的某一反应物的量占其进料量的比值，即

$$转化率=\frac{已转化的该反应物的量}{某一反应物的进料量}$$

计算时上列式中量的单位一般为摩尔，在评选催化剂时希望其选择性愈高愈好。

催化剂对反应类型、反应方向和产物的结构具有选择性。例如以合成气为原料，可用四种不同催化剂完成四种不同的反应：

$$CO + H_2 \begin{cases} \xrightarrow{\text{Cu-Zn-Cr-O}} CH_3OH \\ \xrightarrow{\text{Ni}} CH_4 \\ \xrightarrow{\text{Rh 配合物}} CH_2OHCH_2OH \\ \xrightarrow{\text{Fe}} \text{烃类混合物} \end{cases}$$

③ 催化剂只能加速热力学上可能进行的化学反应，而不能加速热力学上无法进行的反应。如果某种化学反应在给定的条件下属于热力学上不可行的，这就告诉人们不要为它白白浪费人力和物力去寻找高效催化剂。因此，在开发一种新的化学反应催化剂时，首先要对该反应系统进行热力学分析，看它在该条件下是否属于热力学上可行的反应。

④ 催化剂只能改变化学反应的速率，而不能改变化学平衡(平衡常数)。即在一定外界条件下某化学反应产物的最高平衡浓度，受热力学变量的限制。换言之，催化剂只能改变达到(或接近)这一极限值所需要的时间，而不能改变这一极限值的大小。

催化剂不改变化学平衡，意味着其既能加速正反应，也能同样程度地加速逆反应，这样才能使其化学平衡常数保持不变。因此某催化剂如果是某可逆反应正反应的催化剂，必然也是其逆反应的催化剂。例如合成甲醇的反应：

$$CO+2H_2 \rightleftharpoons CH_3OH$$

该反应需在高压下进行。在早期研究中，利用常压下甲醇的分解反应来初步筛选合成甲醇的催化剂，就是利用上述的原理。

2. 固体催化剂的构成和工业生产对催化剂的要求

固体催化剂在药物合成中应用很广并具有工业生产价值，这是因为除了某些物理性质有利于催化作用外，催化剂本身对热有一定的稳定性，反应后易与反应混合物分离，还能回收利用或循环套用等。

(1) 固体催化剂的构成　固体催化剂是具有不同形状(如球形、柱状或无定形等)的多孔性颗粒，在使用条件下不发生液化、汽化或升华。固体催化剂由主催化剂组分、助催化剂组分和载体等多种组分按一定的配方制得。

主催化剂是催化剂不可或缺的成分，其单独存在具有显著的催化活性，也称活性组分。例如，合成醋酸乙烯酯时所用的方法不同，催化剂的活性组分也不同，乙炔法活性组分为醋酸锌；乙烯法活性组分是金属钯；加氢催化剂的活性组分则为金属镍；邻二甲苯氧化生产苯酐催化剂的活性组分是五氧化二钒。

主催化剂常由一种或几种物质组成，如 Pd、Ni、V_2O_5、MoO_3、MoO_3-Bi_2O_3 等。

助催化剂是单独存在时不具有或无明显的催化作用，若以少量与活性组分相配合，则可显著提高催化剂的活性、选择性和稳定性的物质。如在醋酸锌中添加少量的醋酸铋，可提高醋酸乙烯酯生产的选择性；乙烯法合成醋酸乙烯酯催化剂的活性组分是钯金属，若不添加醋酸钾，其活性较低，如果添加一定量的醋酸钾，可显著提高催化剂的活性。助催化剂可以是单质，也可为化合物。

载体是催化剂组分的分散、承载、黏合或支持的物质，其种类很多，如硅藻土、硅胶、活性炭、氧化铝、石棉等具有高比表面积的固体物质。使用载体可以使催化剂分散，从而使有效面积增大，既可提高其活性，又可节约其用量；同时还可增加催化剂的机械强度；防止其活性组分在高温下发生熔结现象，影响其使用寿命。

主催化剂和助催化剂需经过特殊的理化加工，制成有效的催化剂组分，然后通过浸渍、沉淀、混捏等工艺制成固体催化剂。

(2) 工业生产对催化剂的要求　具有较高的活性、良好的选择性、抗毒害性、稳定性和一定的机械强度。

① 活性。活性是指催化剂改变化学反应速率的能力，是衡量催化剂作用大小的重要指标之一。工业上常用转化率、空时收率等表示催化剂的活性。

在一定的工艺条件(温度、压力、物料配比)下，催化反应的转化率高，说明催化剂的活性好。

在一定的反应条件下，单位体积或质量的催化剂在单位时间内生成目标产物的质量称作空时收率，也称时空产率，即

$$\text{空时收率}=\frac{\text{目标产物的质量}}{\text{催化剂体积(质量)}\times\text{时间}}$$

空时收率的单位是 $kg/(m^3\cdot h)$或 $kg/(kg\cdot h)$。空时收率不仅表示了催化剂的活性，而且直接给出了催化反应设备的生产能力，在生产和工艺核算中应用很方便。

影响催化剂活性的因素主要有温度、助催化剂、载体和催化毒物。温度对催化剂活性影响很大，绝大多数催化剂都有活性温度范围，温度太低，催化剂的活性小；温度过高，催化剂易烧结而破坏活性。另外，有些物质对催化剂的活性有抑制作用，称其为催化毒物。有些催化剂对于毒物非常敏感，微量的催化毒物即可使催化剂的活性减少甚至消失。

② 选择性。选择性是衡量催化剂优劣的另一个重要指标。选择性表示了催化剂加快主反应速率的能力，是主反应在主、副反应的总量中所占的比率。催化剂的选择性好，可以减少反应过程中的副反应，降低原材料的消耗、降低产品成本。

③ 寿命。催化剂从其开始使用起，直到经再生后也难以恢复活性为止的时间，称为寿命，催化剂的活性随时间的变化，分为成熟期、活性稳定期和衰老期三个时期。

催化剂的寿命越长，其使用的时间就越长，总收率也越高。

④ 稳定性。即催化剂在使用条件下的化学稳定性、对热的稳定性，耐压、耐磨和耐冲

击等的稳定性。

较高的催化活性，可提高反应物的转化率和设备生产能力；良好的选择性，可提高目标产物的产率，减少副产物的生成，简化或减轻后处理工序的负荷，提高原料的利用率；耐热、对毒物具有足够的抵抗能力，即具有一定的化学稳定性，则可延长其使用寿命；足够的机械强度和适宜的颗粒形状，可以减少催化剂颗粒的破损，降低流体阻力。

3. 酸碱催化剂

所谓酸碱催化是指在溶液中的均相酸碱催化反应，它在制药工业中应用广泛，如酯化、烯醇化、水解、缩合等反应多用到酸或碱催化剂。

凡具有未共享电子对而能够接收质子的物质(广义的碱)，或能与不共享电子对相结合的物质——能够供给质子的物质(广义的酸)，在一定条件下，都可以作为酸碱催化反应中的催化剂。例如淀粉水解、缩醛的形成及水解、贝克曼重排等都是以酸为催化剂的，而羟醛缩合、康尼查罗(Cannizzzaro)反应等则是以碱为催化剂的。

常用的酸性催化剂有：无机酸，如氢溴酸、氢碘酸、硫酸、磷酸等；弱碱强酸盐，如氯化铵、吡啶盐酸等；有机酸，如对甲苯磺酸、草酸、磺基水杨酸等。

无机酸中盐酸的酸性最弱，所以醚键的断裂常用氢溴酸或氢碘酸。硫酸也是常用的无机酸，但浓硫酸常伴有脱水和氧化的副作用，选用时应注意。对甲苯磺酸因性能较温和、副反应较少，常为生产上所采用。

路易氏(Lewis)酸催化剂应用较多的有三氯化铝($AlCl_3$)、二氯化锌($ZnCl_2$)、三氯化铁($FeCl_3$)、四氯化锡($SnCl_4$)和三氟化硼(BF_3)。这一类催化剂常在无水条件下使用。

常用的碱性催化剂有金属的氢氧化物、金属的氧化物、弱酸强碱的盐类、有机碱、醇钠、氨基钠和有机金属化合物等。

金属氢氧化物一般有氢氧化钠、氢氧化钾和氢氧化钙。弱酸强碱盐有碳酸钠、碳酸钾、碳酸氢钠及醋酸钠等。常用的有机碱有吡啶、甲基吡啶、三甲基吡啶、三乙胺和二甲基苯胺等。

醇钠(钾)常用的有甲醇钠、乙醇钠、异丙醇钠(钾)、叔丁醇钠(钾)等。在醇盐中以叔醇盐催化能力最强，伯醇盐最弱。某些不能被乙醇钠所催化的反应，有时可被叔丁醇钠所催化。氨基钠的碱性比醇钠强，其催化能力也比醇钠强。

有机金属化合物用得最多的有三苯甲基钠、2,4,6-三甲基苯钠、苯基钠、苯基锂、丁基锂，它们的碱性更强，而且与含活性氢的化合物作用时，往往是不可逆的。这类化合物常可加入少量的铜盐来提高催化能力。

此外，在酸碱催化中，为了便于使产品从反应物中分离出来，可采用强酸型阳离子交换树脂或强碱型阴离子交换树脂来代替酸或碱，反应完成后，离子交换树脂很易于分离除去，液体经处理即得反应产物。整个过程操作方便，易于实现连续化和自动化。

七、pH（酸碱度）

反应介质的 pH 对某些反应具有特别重要的意义。例如对水解、酯化等反应的速率，pH 的影响是很大的。在某些药品生产中，pH 还起着决定质量、收率的作用。

例如：硝基苯在中性或微碱性条件下用锌粉还原生成苯羟胺，在碱性条件下还原则生成偶氮苯。

$$C_6H_5NO_2 \xrightarrow[3H_2O]{2Zn/4NH_4Cl} C_6H_5NHOH + 2ZnCl_2 + 4NH_4OH$$

$$2\ C_6H_5NO_2 \xrightarrow[3NaOH]{4Zn} C_6H_5\text{—N=N—}C_6H_5 + 4Na_2ZnO_2 + 4H_2O$$

又例如：苯肼与2-丁酮酰胺环合生成安乃近中间体吡唑酮。由于反应中脱水和脱氨，采用酸性介质比较有利，但是2-丁酮酰胺在强酸性条件下易分解。故生产上选用pH为2.5的酸式硫酸苯肼与2-丁酮酰胺缩合，收率可达97%。

$$PhNHNH_2 \cdot 1/2H_2SO_4 + CH_3COCH_2CONH_2 \xrightarrow[pH=2.5]{-H_2O,\ -NH_3} \text{3-methyl-1-phenyl-pyrazol-5-one } (H_3C, N, N\text{-}Ph, O)$$

八、搅拌

搅拌这一化工单元操作广泛应用于化学制药工业，几乎所有的反应设备都装有搅拌装置。搅拌能使物料质点相互接触，特别对液-液非均相体系，更能扩大反应物间的接触面积，从而加速反应的进行。搅拌还能使反应介质充分混合，消除局部过热和局部反应，防止大量副产物的生成。搅拌能提高热量的传递速率，同时在吸附、结晶过程中，搅拌能增加表面吸附作用及析出均匀的结晶。

搅拌对反应的影响也很大。例如乙苯的硝化是多相反应，混酸在搅拌下加到乙苯中去，混酸与乙苯互不相溶，在这里搅拌效果的好坏是非常重要的，加强搅拌可增加两相接触面积，加速反应。又如应用固体金属的催化反应，在应用雷尼镍时，若搅拌效果不佳，密度大的雷尼镍沉在罐底，就起不到催化作用。

第二节　通过实验室小试探索工艺条件

一、小试应完成的内容

实验室小试工艺的确定应符合下面几点：

① 实验室小试收率稳定，质量可靠；

② 操作条件已经确定，产品、中间体及原料的分析方法已经制定；

③ 某些设备、管道材质的耐腐蚀试验已经进行，并能提出所需的一般设备；

④ 进行物料衡算后，“三废”问题已有初步的处理方法；

⑤ 已提出所需原料的规格和单耗数量；

⑥ 已提出安全生产要求。

二、小试的基本方法

主要是确立工艺条件的方法，即确定各因素的最佳范围的方法。

（1）通过改变单因素和多因素的试验结果，逐个确立最佳控制范围，制定新的工艺条件。

（2）利用生产实践经验收集数据，进行综合处理。总结出最佳条件，并通过验证再回到生产，取得实际效果后，再修订工艺条件。

（3）要具体动手，可参考下列方法。

① 从机理着手，研究正副反应的产生条件和规律性，设想改进意见。

② 从参考资料上查找有关的内容。对于一些典型的、常见的和研究较多的产品(如维生素类、磺胺类、解热镇痛类等老产品)和典型的反应，可参阅教科书(如《有机化学》《有机药物合成及工艺学》等专业书籍)和有关杂志；对那些小产品、新产品和研究较少的反应，可参阅有关杂志，从类似的化学反应中得到启示和借鉴。

③ 利用分解串联法，将各个反应分解开来，分别寻找薄弱环节，找出原因并通过试验取得最佳条件，再将整个产品的工艺串联起来，从而达到改进工艺的目的。

④ 证反法。是故意将有疑点的反应条件脱离既定的范围，拉大差距，观察其对反应的影响程度。若影响不大则该条件与反应无关；若影响很大则根据情况提出改进措施。

⑤ 优选法(单因素或多因素)。对生产工艺条件进行优选试验。试验设计(experimental design)及优选方法是以概率论和数理统计为理论基础、安排试验的应用技术。其目的是通过合理地安排试验和正确地分析试验数据，以最少的试验次数，最少的人力、物力，最短的时间达到优化生产工艺方案。

在合成药物工艺研究中，单因素的情况较少。多数情况是几个因素对收率都有不同程度的影响。单因素试验设计方法，主要有“平分法”“黄金分割法”等。多因素试验设计有正交设计和均匀设计两种。

⑥ 调换活性试剂法。观察其对反应的影响，即利用比现行试剂活性更高的试剂进行反应，以确定被反应物的质量。如酰(酯)化反应，原用醋酸作酰化剂，可改用酰氯或酸酐试验。如收率提高很多，说明被酰(酯)化物的质量好，只是酰化剂活性不够；若对收率无影响，则被酰(酯)化物的质量有问题，需要改进。

⑦ 特殊批号分析法。对偶然发生的过高或过低的收率批号进行分析，可提供改进的线索。

⑧ 后处理解析法。后处理是在反应完成后，分离出合格产品的整个过程。此过程造成的损失可分为以下两方面。

a. 处理操作损失：包括因提取、蒸馏、过滤、结晶、洗涤、母液回收等不完全造成的损失。

b. 操作机械损失：包括离心机外溢、冲料、散落等人为的浪费损失等。

第三节 中试放大研究工艺条件

一、中试放大的重要性和基本方法

中试放大是在实验室完成小型试验后，为了进一步考察实验室工艺的成熟性、可行性和科学性，对小型试验放大 50～100 倍所做的研究。其目的是进一步研究在中试放大装置上各步化学反应条件的变化规律，解决小试中无法料到的问题，如设备问题、反应控制问题、转化率、选择性变化与单耗指标等问题，为将来规模生产打下坚实的基础。同时，也为临床试验和其他深入的药理研究提供一定数量的药品。

中试放大除技术问题外，还面临着时间和资金两个方面。具体表现在中试规模、系统性、试验周期、试验与测试内容四个方面。一般来说化学制药过程主要由单元反应组成，间歇性反应为主，设备通用性强，但原料价格相对高，因此中试应以少投入而达到中试效果为原则。

在探索实验室研究成果过渡到工业生产上，已逐步形成了两种有代表性的开发方法，即逐级经验放大法和数学模型方法。

1. 逐级经验放大法

在实验室试验取得成功后，进行规模稍大的模型试验和规模再大一些的中试，然后才能放大到工业规模的生产装置，这就是逐级经验放大法。在逐级放大过程中，每级放大倍数不大，一般为10～30倍。

逐级放大方法长期被广泛采用。但也有其缺点，即耗资、费时，并不十分可靠。

逐级放大方法，首先在各种小型反应器上试验，以反应结果好坏为标准评选出最佳型式再放大试验逐级进行观察反应结果，从而完成设计施工。

2. 数学模型方法

数学模型方法就是在掌握对象规律的基础上，通过合理简化，对其进行数学描述，在计算机上综合，以等效为标准建立设计模型。用小试、中试的实验结果考核数学模型，并加以修正，最终形成设计软件。

数学模型方法首先将工业反应器内进行的过程分解为化学反应过程与传递过程，在此基础上分别研究化学反应规律和传递规律。化学反应规律不因设备尺寸变化而变化，完全可以在小试中研究。而传递规律与流体密切有关，受设备尺寸影响，因而需在大型装置上研究。数学模型方法在化工开发中有以下几个主要步骤：

① 小试研究化学反应规律；

② 大型试验研究传递过程规律；

③ 用可能得到的实践数据，在计算机上综合预测放大的反应器性能，寻找最优的工艺条件；

④ 由于化学反应过程的复杂程度，对过程的认识深度决定着中试的规模，中试的目的则是为了考察数学模型，经修正最终形成设计软件。

数学模型法仍以实验为主导，依赖于实验。数学模型法省时节资，代表了产品开发方法的发展方向。

中试放大采用的装置，可以根据反应要求、操作条件等进行选择或设计，并按照工艺流程进行安装。中试放大也可以在适应性很强的多功能车间中进行。这种车间一般拥有各种规格的中小型反应罐和后处理设备。各个反应罐除装有搅拌器外，还有各种配管，可通蒸汽、冷却水或冷冻盐水等，罐上还装有蒸馏装置，可以进行回流(部分回流)反应，或边反应边分馏，或减压分馏等，因此，能够适应一般化学反应的各种不同操作条件。有的反应罐还配有中小型离心机等。液体过滤一般采用小型移动式压滤器。此外，高压反应、加氢反应、硝化反应、烃化反应、酯化反应、格氏反应等以及有机溶剂的回收和分馏精制也都有通用性设备，这种多功能车间可以适应多种产品的中试放大、新药样品的制备或多品种的小批量生产。在这种多功能车间中进行中试或生产试制，不需要强调按生产流程来布置生产设备，而是根据工艺过程的需要来选用反应设备，但应注意安全生产，尤其要预防某些有毒物质的溢漏。

二、中试放大的研究任务

中试放大的目的在于进一步考察工艺本身的优劣和选择何种设备，在中试中积累数据，为工业化生产铺平道路。在中试放大中需研究的任务如下。

1. 工艺路线和单元反应操作方法的最后确定

一般情况下，生产工艺路线和单元反应操作方法在实验室阶段就基本选定，在中试放大阶段主要确定具体适应工业生产的工艺操作和条件。如果在小试中确定的工艺路线，在中试放大过程中有难以克服的重大困难时，如反应设备难以满足生产需要，就需要对实验室工艺进行改革。如文献报道抗生素类药物4-乙酰氨基哌啶醋酸盐的中间体4-氨基吡啶由4-硝基氧化吡啶在醋酸介质中经铁粉还原制得。此法需消耗大量溶剂，后处理过程烦琐，并产生大量废水、废渣，不适合工业化生产。而目前4-氨基吡啶采用与环境友好的骨架镍为催化剂，在室温常压下进行氢化还原制得。该法后处理方便，“三废”少。

2. 设备材质与型式的选择

化学制药大部分是间歇式操作，设备及材质的选择完全由各步反应的特性决定。如果反应是在酸性介质中进行，则应采用防酸材料的反应釜，如搪玻璃反应釜。对于碱性介质的反应，则应选择不锈钢反应釜。储存浓盐酸应采用玻璃钢储槽，储存浓硫酸应选择铁质储槽，储存浓硝酸应采用铝质储槽。要选择不同的材质来符合各物质的性质，一般通过防腐专业工具书(如《腐蚀数据手册》)来选择适合不同介质的材质。

3. 搅拌器与搅拌速率的研究与选择

药物合成中的反应有很多是非均相反应，且反应热效应较大，在小型实验时，由于物料体积小，搅拌效果好，传热、传质问题表现不明显。但在放大中，必须根据物料性质和反应特点，注意研究搅拌器型式和考察搅拌速度对反应的影响规律，以便选择合乎要求的搅拌器和确定适宜的搅拌转速。搅拌转速过快也不一定合适。例如由儿茶酚与二氯甲烷在固体氢氧化钠和含有少量水分的二甲基亚砜(DMSO)存在下制备黄连素中间体胡椒环的中试放大时，初时采用180r/min的搅拌速率，因搅拌速率过快，反应过于激烈而发生溢料。将搅拌速率降至56r/min并控制反应温度在90～100℃，结果收率超过了小试水平，达到90%以上。采用骨架镍加氢反应时应采用推进式搅拌转速为130r/min，不能采用慢转速搅拌，因为骨架镍密度大，易沉于底部，这样不利于催化加氢反应，降低反应速率，延长生产周期，不利于生产。

4. 工艺流程与操作方法的确定

中试阶段由于需处理的物料量增加，因而要注意缩短工序，简化操作，研究采用新技术、新工艺，以提高劳动生产率。在加料方法和物料输送方面应考虑减轻劳动强度，尽可能采用自动加料和管道输送。通过中试放大，最终确定生产工艺流程和操作方法。

例如：用硫酸二甲酯使邻位香兰醛甲基化制备甲基香兰醛的反应：

$$\text{(CHO, OH, }OCH_3\text{-benzene)} + (CH_3)_2SO_4 \xrightarrow{NaOH} \text{(CHO, }OCH_3\text{, }OCH_3\text{-benzene)} + CH_3OSO_3Na$$

中试放大过程中用小试时的操作方法，将邻位香兰醛及水加入反应釜中，升温至回流，而后交替加入18%的氢氧化钠溶液及硫酸二甲酯。反应完毕，降温冷却，使充分结晶，过滤、水洗，将滤饼自然干燥，然后将其加入蒸馏釜内，减压蒸出邻位甲基香兰醛。

这种操作方法非常复杂，且在蒸馏时还需防止蒸出物凝固堵塞管道而引起爆炸。曾一度改用提取的后处理方法，但因易发生乳化，损失很大，小试收率83%，中试只有78%。

后来采用相转移催化，简化了工艺，提高了收率。即在反应釜内一次全部加入邻位香兰醛、水、硫酸二甲酯，加入苯使反应物成为两相，再加入相转移催化剂。在搅拌下升温至65～70℃，滴入40%的氢氧化钠溶液，滴入时温度控制在65～70℃。反应机理为：碱与邻位香兰醛先生成钠盐，再与硫酸二甲酯反应，产物即转入苯层，而甲基硫酸钠则留在水层，反应完毕后分出苯层，蒸去苯后即得甲基香兰醛，收率在95%以上。

5. 反应条件的进一步研究

实验室阶段获得的最佳反应条件不一定完全符合中试放大的要求，为此，应就其中主要的影响因素，如放热反应中的加料速率、搅拌效率、反应釜的传热面积与传热系数以及制冷剂等因素，进行深入的研究，以便掌握其在中间装置中的变化规律，得到更适合的工艺。

6. 进行物料衡算

当各步反应条件和操作方法确定之后，要进行物料衡算。通过物料衡算，掌握各反应原料消耗和收率，找出影响收率的关键点，以便解决薄弱环节，挖掘潜力，提高效率，为副产物的回收与综合利用和“三废”的防治提供数据等。

7. 根据原辅料的物理、化学性质进行安全生产

要充分掌握原辅料的物理性质和化学性质，树立安全防范意识，特别是在接触剧毒物品时，应穿戴好防护用品。对出现的意外应有解救措施，对易燃易爆的低沸点溶剂应做到对其性质充分掌握。如乙醚，易燃易爆沸点低，长期储存会产生过氧化物，在生产中应掌握过氧化物鉴别和除去，以及蒸馏时不要蒸干，以防爆炸。

8. “三废”防治措施的研究

中试放大阶段因处理物料量的增大，“三废”问题暴露出来，在此阶段应研究各种废水来源、减少“三废”排放的方法和“三废”的处理方法。

9. 原辅材料、中间体质量标准的制定

根据中试放大阶段的实践经验进行修改或制定原料和中间体的质量标准。

10. 消耗定额、原料成本、操作工时与生产周期等的计算

消耗定额、原料成本、操作工时与生产周期等技术经济指标是药品生产管理和技术管理极为重要的部分，通过技术经济指标的计算，可以了解生产技术水平，指导实际生产，提高经济效益。

消耗定额是指生产1kg成品所消耗的各种原材料的质量(kg)；原料成本一般是指生产1kg成品所消耗各种物料价值的总和；操作工时是指完成各步单元操作所需的时间(以小时计)，包括工艺操作时间和辅助时间；生产周期是指从本产品(成品或中间体)的第一个岗位备料起到成品(中间体)入库(交下工段)的各个单元操作工时的总和(以工作天数计)。

例如，一产品分三步反应，其操作工时分别如下：

反应（工段）	操作时间/min	反应（工段）	操作时间/min
缩合	3035	精制	2330
环合	1755	合计	7120

产品生产周期为：4d 22h 40min。

其中缩合反应（工段）的操作工时如表3-2所示。

中试放大阶段的研究任务完成以后，在中试研究总结报告的基础上，进行基建设计，制订定型设备的选购计划，进行非定型设备的设计、制造，然后按照施工图进行生产车间的厂房建筑和设备安装。在全部生产设备和辅助设备安装完成后，如果试车合格和短期试生产稳定，即可制定生产工艺规程，交付生产。

表 3-2 不同操作阶段的操作工时

操 作	设 备 名 称	单 元 操 作	操作时间/min
缩合	缩合反应釜	检查与干燥	120
		加甲醇钠	20
		加乙酸乙酯	5
		皂化反应	30
		冷却	150
		加丙烯腈	60
		投醛	15
		保温	600
		冷却	120
甩滤	离心机	甩母液	60
		水洗	40
		甩干	60
		出料进烘房	45
干燥	烘房	干燥	1440
		收粉	30
合计操作时间			2795

三、中试放大试验中应注意的问题

此外，在中试阶段考察工艺条件时，还应注意和解决以下问题。

(1) 原辅材料规格的过渡试验　在对所设计的或选择的工艺路线以及各步反应条件进行试验研究时，开始要使用试剂规格的原辅材料(原料、试剂、溶剂等)，这是为了排除原辅料中所含杂质的不良影响，从而保证试验结果的准确性。但是当工艺路线确定之后，在进一步考察工艺条件时，就应尽量改用以后生产上所能得到供应的原辅材料。为此，应考察某些工业规格的原辅材料所含杂质对反应收率和产品质量的影响，制定原辅材料的规格标准，规定各种杂质的允许限度。

(2) 设备材质和腐蚀试验　在实验室研究阶段，大部分反应是在玻璃仪器中进行的，但在工业生产中，反应物料要接触到各种设备材质，有时某种材质对某一化学反应有极大的影响，甚至使整个反应失败。例如将对二甲苯、对硝基甲苯等苯环上的甲基经空气氧化成羧基(以冰醋酸为溶剂，以溴化钴为催化剂)时，必须在玻璃或钛质的容器中进行，如有不锈钢存在，可使反应遭到破坏。因此，必要时可先在玻璃容器中加入某种材料，以试验其对反应的影响。另外，在研究某些腐蚀性物料对设备材质的腐蚀情况时，需要进行腐蚀性实验，以便为选择生产设备提供数据。

(3) 反应条件限度试验　通过上述工艺研究，可以找到最适宜的工艺条件(如温度、压强、pH 等)，它们往往不是一个单一的点，而是一个许可范围。有些反应对工艺条件要求很严，超过一定限度以后，就要造成重大损失，甚至发生安全事故。在这种情况下，应该进行工艺条件的限度试验，有意识地安排一些破坏性实验，以便更全面地掌握该反应的规律，为确保安全和正常生产提供数据。

(4) 原辅材料、中间体及新产品质量的分析方法研究　在药物的工艺研究中，有许多原辅材料，特别是中间体和新产品，均无现成的分析方法。为此，必须开展这方面的分析方法研究，以便制订出准确可靠而又简便易行的检验方法。

(5) 反应后处理方法的研究　一般来说，反应的后处理是指从化学反应结束直到取得本步反应产物的整个过程而言，这里不仅包括从反应混合物中分离得到目的物，而且也包括母液的处理等。在合成药物生产中，有的合成步骤与化学反应不多，然而后处理的步骤与工序却很多，而且较为复杂。搞好反应的后处理对于提高反应的收率、保证药品质量、减轻劳动强度和提高劳动生产率都具有非常重要的意义。为此，必须重视后处理方法的研究。

后处理方法随反应的性质不同而异，但在研究此问题时，首先应摸清反应产物系统中可能存在的物质种类、组成和数量等(这可通过反应产物的分离和分析化验等工作加以解决)，在此基础上，找出它们性质之间的差异，尤其是主产物或反应目的物区别于其他物质的特征，然后，通过实验拟订反应产物的后处理方法。在研究与制订后处理方法时，还必须考虑简化工艺操作的可能性，并尽量采用新工艺、新技术和新设备，以提高劳动生产率，降低成本。还必须指出，在对整个工艺条件的试验研究中，应注意培养工人熟练的操作技术和严谨细致的工作作风，操作误差不能超过一定范围(一般在±1.5%)，以保证实验数据和结果的准确性。

第四节　药品生产中工艺条件的确定

一、合成药物产品技术经济指标的计算

1. 计算的内容

中国医药工业公司制定的“医药工业工艺技术管理办法”中规定需要计算的内容有：分步收率、总收率、回收率、原料成本。

2. 计算方法

(1) 分步收率计算方法　分步收率是指合成药物产品生产全过程中的某一可独立分割的过程，即可分离出中间体并可计算收率的过程。此过程可能是一个或几个单元反应，或称工段。分步收率计算法即根据这一过程的投入和产出计算理论得量和实际收率。其计算公式为：

$$产品理论得量=\frac{生成物相对分子质量}{反应物相对分子质量}\times 纯反应物量(kg)$$

$$产品实际收率=\frac{实际得量}{理论得量}\times 100\%$$

或者用单耗计算实际收率：

$$产品理论单耗=\frac{反应物相对分子质量}{生成物相对分子质量}$$

$$产品实际单耗=\frac{纯反应物量}{纯生成物量}$$

$$产品实际收率=\frac{理论单耗}{实际单耗}\times 100\%$$

【例 3-1】 20kg 纯环己醇和硫酸一起加热，脱水得 12kg 纯环己烯，试计算理论得量和实际收率。

解　环己醇和环己烯的相对分子质量分别为 100 和 82。

$$产品理论得量=\frac{生成物相对分子质量}{反应物相对分子质量}\times 纯反应物量=\frac{82}{100}\times 20=16.4(kg)$$

$$产品实际收率=\frac{实际得量}{理论得量}\times 100\%=\frac{12}{16.4}\times 100\%=73.17\%$$

或者：

$$产品理论单耗=\frac{反应物相对分子质量}{生成物相对分子质量}=\frac{100}{82}=1.22$$

$$产品实际单耗=\frac{纯反应物量}{纯生成物量}=\frac{20}{12}=1.67$$

$$产品实际收率=\frac{理论单耗}{实际单耗}\times100\%=\frac{1.22}{1.67}\times100\%=73.05\%$$

(2) 总收率计算方法　总收率是指整个产品的总收率，即从起始原料到成品的收得率。其计算方法有以下两种。

① 由起始原料到成品法

$$总收率=\frac{起始原料相对分子质量\times成品量}{成品相对分子质量\times起始纯原料量}\times100\%$$

② 分步收率连乘法

$$总收率=第一步收率\times第二步收率\times\cdots$$

【例 3-2】 由 300kg 纯三甲氧基苯甲醛(TMB)经缩合、环合、精制得甲氧苄氨嘧啶(TMP)283.2kg，各步收率分别是：缩合 83.5%，环合 80%，精制 95.5%，计算其总收率。

解　由起始原料到成品法：

$$总收率=\frac{起始原料相对分子质量\times成品量}{成品相对分子质量\times起始纯原料量}\times100\%=\frac{196.20\times283.2}{290.33\times300}\times100\%=63.79\%$$

分步收率连乘法：

$$总收率=83.5\%\times80\%\times95.5\%=63.79\%$$

(3) 原料成本计算方法　原料成本是企业技术管理的一种重要的指标，它与原料消耗有关，特别是价格高的原料消耗尤为明显。

$$原料成本=\sum_{i=1}^{n}原料单耗\times原料单价$$

(4) 回收率计算方法　回收率是指回收套用的原料(中间体)占投入量的百分比。

$$回收率=\frac{回收纯量}{投料纯量}\times100\%$$

二、原辅材料、中间体的质量监控

1. 原料的质量对化学反应及产品质量的影响及其确定方法

原料的质量可直接影响化学反应的收率和产品的质量，从而影响产品的各项技术经济指标和效益。

确定原料影响的方法大致有以下两种。

① 全面对比试验法：以高纯度(CP 以上)的化学试剂为原料，用现行的工艺条件进行同条件对比试验，以确定整个原料对化学反应及产品质量的影响。

② 选择性对比试验：在对现有工艺的反应机理及生产工艺较熟悉，并有较长的生产实践和经验时，可直接排出试验原料，分主次分别进行选择性试验，以较短的时间得出原料品种对化学反应及产品质量的影响。

2. 原辅材料、中间体的质量监控

原料、中间体的质量对下一步反应和产品质量关系很密切，若不加控制，并规定杂质含量的最高限度，不仅影响反应的正常进行和收率的高低，更严重的是影响药品质量和疗效，甚至危害患者的健康和生命。因此，先要制定生产中可用的原料、中间体最低质量标准。一

般药物生产中常遇到下列几种情况，也必须予以解决。

① 由于原料或中间体含量的变化，若按原配比投料，就会造成原料的配比不符合要求，从而影响中间体或产品的质量或收率。特别是原辅材料更换时，必须严格检验后，才能投料。

② 由于原辅材料或中间体所含杂质或水分超过限量，致使反应异常或影响收率。在催化氢化的反应中，若原料中带进少量的催化毒物，会使催化剂中毒而失去催化活性。

③ 由于副反应的存在，许多有机反应往往有两个或两个以上的反应同时进行，生成的副产物混杂在主产物中，致使产品质量不合格，有时需要反复精制，才能合格。

三、实验室条件与工业生产条件的异同

即小样试验和大量生产的异同点，大致情况如表 3-3 所示。

表 3-3 小样试验和大量生产的异同点

编号	项目名称	异同点		编号	项目名称	异同点	
		实验室(小样)	生产(大样)			实验室(小样)	生产(大样)
1	投料量	小	大	11	中间体纯度	高	低
2	投料时间	短	长	12	设备容量	小	大
3	瞬间配比	差距小	差距大	13	均匀搅拌	好	差
4	加料次序影响	小	大	14	副反应发生概率	小	大
5	反应温度	改变快	改变慢	15	出料时间	短	长
6	瞬间温度变化	快	慢	16	后处理时间	短	长
7	反应时间	一般较短	一般较长	17	空气中水分影响	大	小
8	反应系统受热时间	短	长	18	观察反应	易	难
9	散热速率	快	慢	19	人员水平	高	低
10	使用原料纯度	高	低	20	操作控制	容易	较难

四、由实验室放大到大批量生产时可能发生的问题和处理方法

① 整个路线行不通，每步反应都得不到合乎要求的产物。其原因除第一步反应失败影响以下各步反应外，还可能是反应极不稳定或工艺条件研究尚不成熟，应退回实验室重做部分或全部的改进。

② 部分反应成功，部分反应失败。这可能是部分反应放大投料量后控制条件不当，应将成功部分保留，分析失败部分的原因，对症处理。

③ 所得产品不合格。应仔细列出不合格的具体项目和与标准的差距，进行分析。如生成物中杂质过多，精制方法不能适应时，首先应改进反应条件，使粗品质量提高，减少杂质。如仍不能取得合格品，则应改进精制方法或针对不合格项目采取相应的改进措施。

④ 反应收率低。这说明反应基本上是成功的，分离方法基本上也是成功的。收率低的原因主要是操作控制条件不当，应着重分析实验室条件和工业生产条件的差异，找出问题，采取措施。

⑤ 发生事故(包括安全和生产两方面)。除操作失误外，可能是操作工人尚不熟练，制定的操作法不完善，反应热太快不易控制或安全装置不配套等原因，应根据具体情况采取相应的有效措施，特别是在传热和劳动防护方面进行改进。

⑥ 后处理反常。这说明反应有问题，主要是副反应或反应率太低所致。生成物中的杂质超过主要物质，就会使后处理反常，应在反应上找原因，提高主反应的得率。如仍不能解

决，就应研究改进后处理方法。

第五节　生产工艺规程和岗位操作法

中试放大(中间试验)阶段的研究任务完成后，在其研究总结报告的基础上，便可根据国家下达的该药品的生产任务书进行基建设计，制订定型设备的选购计划，进行非定型设备的设计、制造，然后按照施工图进行生产车间的厂房建筑和设备安装。在全部生产设备和辅助设备安装完成后，如试车合格和短期试生产达到稳定之后，即可制定生产工艺规程，交付生产。

生产工艺规程是产品设计、质量标准和生产、技术、质量管理的汇总，它是企业组织与指导生产的主要依据和技术管理工作的基础。制定生产工艺规程的目的，是为药品生产各部门提供必须共同遵守的技术准则，以保证生产的批与批之间，尽可能与原设计吻合，保证每一药品在整个有效期内保持预定的质量。

岗位操作规则包括岗位操作法和岗位标准操作规程(SOP)两个部分。

岗位操作法是对各具体生产操作岗位的生产操作、技术、质量管理等方面所作的进一步详细要求。

岗位标准操作规程是对某项具体操作所做的书面说明并经批准的，它是组成岗位操作法的基础单元。

生产工艺规程和岗位操作规则之间有着广度和深度的关系，前者体现了标准化，后者反映的则是具体化。

一、生产工艺规程

产品工艺技术规程是产品技术指导性文件，凡正式生产的产品均须制定，否则不准生产。其内容是规定该产品的制造(工艺过程及条件、原料、设备、人员、工时、周期及环境等)，包装质量监控等各个方面，并作为“岗位操作”编制的技术依据。

根据GMP规范和工业标准化的要求，生产工艺规程的内容可分为三个部分。其内容叙述工艺沿革、技术依据、投产日期、采用过的各种合成路线及各路线的简要比较、收率和质量配比及各种反应条件、投产后的重大改进摘录等。

1. 封面与首页

封面上应明确本工艺是某一产品的生产工艺规程。首页内容相当于企业通知各下属部门执行的文件，包括批准人签章及批准执行日期等。

2. 目次

工艺规程内容可划分为若干单元，目次中注明标题及所在页码。

3. 原料药生产工艺规程正文

(1) 名称、化学结构、理化性质

① 产品名称

a. 法定药名。即药典名称（相应的拉丁名称与英文名称）。如盐酸普鲁卡因相应的英文名称为Procaine Hydrochloride。

b. 法定化工原料名。即国家标准及部颁标准中的名称。

c. 法定化学名。按国家规定化学命名法书写，如盐酸普鲁卡因的化学名是：对氨基苯甲酸-2-二乙氨基乙酯盐酸盐，相应的英文名是：*p*-aminobenzayldiethyl-aminoethanol-hydro chloride。

d. 其他名称。指国内外商品名、俗名、别名。如盐酸普鲁卡因也可称为奴佛卡因(别名)；Neocaine(Fougera 公司商品名，美国)；Novocaine(Hoechst 公司商品名，德国)；Sevicaine(Glaxo 公司商品名，英国)。

② 化学结构式。以最新版药典、国标、部标为准，标明形态、结晶水、盐等。如盐酸普鲁卡因的结构式为：

$$\left[NH_2-C\begin{matrix}CH-CH\\ \\ CH=CH\end{matrix}C-COOCH_2CH_2N^+H(C_2H_5)_2\right]Cl^-$$

$C_{13}H_{20}O_2N_2 \cdot HCl=272.78$

③ 理化性质。即药典中的“性状”项内容。

(2) 质量标准、临床用途和包装规格要求及储藏

① 质量标准。写明质量标准的编号及依据，如“** 药典 ** 版”或写“企业现行标准”。

a. 国家药品标准(法定标准)。国家药品标准为国务院药品监督管理部门颁布的《中华人民共和国药典》和药品标准。

b. 厂定标准(企业内部标准)。内部标准是建立在药典标准基础之上而制定的，高于药典标准的标准，并且根据内标可把产品分为优等品和合格品。

c. 出口标准。依据国外客商要求制定的标准。

② 临床用途。按药典或临床鉴定的用途定。

③ 包装规格要求及储藏。指成品包装规格、内衬材料、密闭、防潮、防热、避光等方面的储藏要求。

(3) 原辅料、包装材料质量标准及规格(包括水质)

① 质量标准。指本厂现行的质量标准，要列出具体控制项目和控制指标。

② 规格。包括包装材料、说明书，装箱单等的材质规格、形状等。

③ 制定原辅料的质量标准。对特殊要求的个别原辅料应注明化验方法及产地等。

(4) 化学反应过程及生产流程图(工艺及设备流程图)

① 化学反应式

a. 化学反应式要平衡；

b. 写出主反应式；

c. 写出副反应式和辅助反应式；

d. 在反应式下标出名称，产物注明相对分子质量(以最新国际原子量表为准)。

② 工艺流程图——以符号表示。

符号：“○”表示物料名称，如水；“□”表示过程名称，如中和；“→”表示走向连接。

③ 设备流程图要求

a. 设备相互之间的相对比例应接近实际；

b. 设备相互之间的垂直位置应接近实际；

c. 走向“→”以实线表示；

d. 个别设备需表示内部结构的可在轮廓图上作部分剖视；

e. 并列的设备只画一个即可。

(5) 工艺过程

① 原料配比。摩尔比和质量比。

② 工艺过程

a. 写出所有工序的工艺过程;

b. 写出涉及的主要工艺条件和工艺参数终点控制;

c. 写出波动范围(允许比岗位操作法规定大些);

d. 要有定量概念(必须要标出数字);

e. 要涉及所有物料(包括副产物、回收品)的走向;

f. 有中间体及成品的返工方法;

g. 注意事项。

③ 重点工艺控制点

a. 要用表格叙述;

b. 指工艺过程中的关键控制点;

c. 处理方法:只要标明名称,具体方法见岗位操作法。

(6) 中间体、半成品的质量标准和检验方法

① 写出所有中间体(半成品即粗品)的检验标准和检验方法。

② 检验方法只说明具体的名称,如酸碱滴定法、气相法等。

(7) 技术安全与防火(包括劳动保护、环境卫生)

① 防中毒

a. 毒物的毒性介绍;

b. 各种毒物的防护措施;

c. 中毒及化学灼伤的现场救护;

d. 了解毒物的最高允许浓度,辐射波的最高允许强度及中毒症状等;

e. 有毒物料泄漏的现场处理法;

f. 其他必须说明的防中毒、防化学灼伤、防化学刺激及防辐射危害的事项。

② 防火、防爆

a. 了解易燃易爆物品的级别、分类、沸点、自燃点、闪点、爆炸极限;

b. 易燃易爆物料所要求的防火、防爆措施及制度,包括安全防火距离等;

c. 各种物料、电气设备及静电着火的灭火方法和必备的灭火器材;

d. 容器、设备要专用,以防混装后发生意外;

e. 其他必须说明的防火、防爆事项。

(8) 综合利用(包括副产品、回收品的处理)与“三废”治理(包括“三废”排放标准)

① 列表说明副产物及废物的名称、岗位、排放量主要成分、主要有害物含量、处理方法、处理后的排放量及其中有害物质的含量、副产品的回收量、回收率、岗位排放标准等。

② 凡有综合利用及回收、处理装置的车间或岗位,必须另编写回收处理操作规程。其回收率要与物料平衡相一致。

(9) 操作工时与生产周期

① 操作工时。指完成各步单元操作所需的时间,包括工艺时间和辅助时间。

② 生产周期。指本产品第一个岗位备料开始到入库的各单元操作工时的总和。

③ 要求列表表示

a. 操作工时表(各步反应的操作时间)。

操作名称	设备名称	操作单元	操作时间		
			工艺时间	核定时间	全部时间

b. 生产周期表（整个产品的生产时间）。

工　段	操作时间	干燥时间	化验时间	生产周期

（10）劳动组织与岗位定员

① 劳动组织。包括岗位班次、车间组织和辅助班组（试验、化验和检修）。

② 岗位定员。指直接生产人员、备员、辅助人员（化验、试验、检修）及该产品的直接管理人员数。

③ 列表说明。

车间人员	工艺员	操作人员				化验员	检修	其他	总计
		工段	人/班	班次	人数				

（11）设备一览表及主要设备生产能力（包括仪表的规格、型号）

① 设备一览表的内容列表。

设备编号	设备名称	材　质	规　格	型　号	台　数	备　注

② 主要设备生产能力。

主要设备生产的中间体折算到成品的年生产能力。

$$日生产能力=\frac{投料量\times收率\times每批操作时间\ (h)}{24h}$$

$$年生产能力=\frac{投料量\times收率\times每批操作时间\ (h)}{24h}\times(365-停产日)$$

岗　位	设备名称	容　量	装料系数	单批作业时间	批产量中间体	年　产　量

③ 反应锅的体积计算

a. 高度。以夹套高度为准。

b. 体积。液体与液体的体积可以相加，固体加入液体要实测。

c. 装料。不得超过设备的负荷。

（12）原材料、能源消耗定额和技术经济指标

① 原材料能源消耗定额的确定原则。根据工艺过程中的收率、回收率，按企业前期的生产水平，参考企业历史平均先进水平计算消耗定额。

② 技术经济指标的确定原则。根据分步收率、总收率、原料成本的计算和原料相同，制定出技术经济指标的上下限。

③ 计算公式。收率、总收率的计算公式见本章第四节。

（13）物料平衡（包括原料利用率的计算）

① 按单元工艺进行物料平衡计算，写出以下内容。

a. 反应或工段名称。

b. 反应方程式。标出投入物及生成物的相对分子质量、投料量、理论得量、实得量、理论收率、实际收率。

c. 副反应方程式。

d. 母液回收平衡。

② 原料利用率。折纯计算：

$$原料利用率=\frac{产品产量+回收品量+副产品量}{原料投入量}\times 100\%$$

（14）附录 有关理化常数、曲线、图表、计算公式、换算表等。

（15）附页 供修改时登记批准日期、文号和内容等。

二、原料药岗位操作法

岗位操作法是工人上岗操作的法规，它为现场操作提供直接依据，并把产品岗位的生产工艺、原料，设备等每一关键点具体化，主要内容如下。

1. 封面与首页

以工序名称定名，如缩合、环合等反应或蒸馏、干燥工段等。由车间主任、车间工艺员签字后生效。在岗位前冠以产品名称定名，如“××产品××岗位技术安全操作法”，岗位的定名要和工艺规程中的岗位名称相一致。

2. 目次

岗位操作法可分几个单元，并注明标题和页码。

3. 正文

（1）原材料标准、规格、性能

① 书写要求。以表格形式表示，内容包括：原料名称、规格、外观、理化常数、工业用途、安全事项、防毒防火、急救办法等。

② 实例。

原料名称	规格	外观	理化常数	工业用途	安全事项	防毒防火	急救办法

（2）生产操作方法与要点(包括停、开车注意事项)

① 书写要求。按照本岗位的操作程序写出每一步骤的具体操作方法，并列出注意事项。在时间、速率等方面要有量的概念。

② 写出反应方程式。

③ 写出原料投料配比。

④ 操作方法书写程序

a. 投料过程；

b. 反应条件控制及终点控制；

c. 后处理操作；

d. 设备正确使用方法；

e. 收率计算法。计算公式见本章第四节。

⑤ 操作要点与注意事项书写

a. 写出本反应的操作关键地方；

b. 加料程序方面应注意的问题；

c. 观察反应情况的方法和要点；

d. 影响反应好坏的各种因素；

e. 操作过程中的条件控制要点及突发事故的处理规定与方法。

(3) 安全防火和劳动保护

① 书写要求。参照工艺规程中有关岗位的说明书写。

② 书写程序与内容

a. 有毒物及易燃、易爆原料的正确使用及防护措施；

b. 正确使用设备及安全操作的要点；

c. 劳防用品的正确使用及配套；

d. 事故的急救方法及紧急措施等。

(4) 重点操作的复核制度

① 书写要求。重点操作，包括计算、称量、投料、安全控制、测 pH 等各步骤，都必须要进行复核。

② 书写内容。对上述重点操作的步骤要明确规定复核制度、检查方法和程序，并要求双方签字，以明确责任。

(5) 异常现象处理

① 书写要求。记录在工艺过程中，如水、电、气突然中断及操作失误等情况下所引起的不正常现象的应急措施。

② 书写内容

a. 突然停电、水、气等情况下采取的措施；

b. 在设备突然损坏的情况下采取的处理措施；

c. 对投错料或配比称错的处理措施；

d. 对反应不正常、冲料等异常情况的处理措施。

(6) 中间体(本岗位的制成品)的管理及质量标准

① 书写要求。中间体的批号、标签等应正确填写，中间体应规定存数，并制定中间体质量标准(包括合格品、优级品的标准)。

② 书写内容。根据下工序的要求制定标准，并规定管理内容程序及方法。

(7) 主要设备的维护使用与清洗

① 书写要求。设备及容器的清洗方法及定期保养的规定。

② 书写内容

a. 主要设备的正确使用规定；

b. 主要设备的定期检修规定及日常保养(加油、清洁、调整、更换零件等)的程序及规定；

c. 设备及容器的清洗规定、要求与方法等。

(8) 度量衡器、仪表的检查与校正

① 书写要求。写出一般衡器、仪表及计量部门控制的衡器、仪表的调试与要求。

② 书写内容

a. 衡器的名称、型号、规格、检查与调试的步骤及要求；

b. 列出计量部门控制的衡器、仪表的检查与校正的规定及允许的误差范围。

(9) 综合利用与“三废”治理

① 书写要求。按照工艺规程的内容，制定更详细、具体的“三废”处理操作方法。

② 书写内容

a. 写出本岗位“三废”处理措施(自行处理或统一处理)；

b. 本岗位“三废”排放标准(按厂部要求)；

c. 自行处理的要写明操作方法及分析测定方法。

(10) 工艺卫生和环境卫生

① 书写要求。按照三区(一般生产区、控制区、清洁区)的不同要求，结合本岗位实际，按程序编写。

② 书写内容

a. 使用设备的清洁和卫生标准；

b. 三区的卫生要求及清洁卫生包干范围及时间；

c. 环境绿化要求与规定；

d. 废物堆放规定及对随意乱放的处理等；

e. 本岗位对个人卫生的要求。

(11) 附录　有关理化数据、换算表等。

(12) 附页　供修改时登记批准日期、文号和内容等。

三、工艺规程与岗位操作的区别

工艺规程与岗位操作的区别如表 3-4 所示。

表 3-4　工艺规程与岗位操作的区别

项　目	工艺规程	岗位操作
定义	产品指导文件	工人上岗操作法规
组织编写	车间技术主任	车间工艺员
专业审查	总工程师	—
定稿	技术科	—
批准	总工程师	车间技术主任
执行(颁布)	厂部	车间技术主任(同时报技术科备案)
签字生效	车间技术主任、技术科长、总工签字	车间工艺员、车间技术主任签字
修订期限	2～3 年	1～2 年
内容	有关整个产品的原则规定，有工艺、设备流程图、工时、定员、设备一览表、技术经济指标、消耗定额等整个产品的综合项目	有关一个岗位的具体操作，无综合性项目，增加复核及设备清洗、异常情况处理等具体操作内容
编写范围	整个产品(包括岗位操作)	只是产品中一个岗位的操作法，是工艺规程的一部分

四、工艺规程与岗位操作的编制

生产工艺规程和岗位操作法的制定和修改应履行起草、审查、批准程序，不得任意更改。

编写生产工艺规程，首先要做好工艺文件的标准化工作，即按照上级有关部门规定和本单位实际情况，做好工艺文件种类、格式、内容填写方法，工艺文件中常用名词、术语、符号的统一、简化等方面的工作，做到以最少的文件格式，统一的工程语言，正确地传递有关信息。

1. 生产工艺规程的编制程序

（1）准备阶段　由技术部门组织有关人员学习上级颁发的技术管理办法等有关内容，拟订编写大纲，统一格式与要求。

（2）组织编写　由车间主任组织产品工艺员、设备员、质量员、技术员等编写。

（3）讨论初审　由车间技术主任召集有关人员充分讨论，广泛征求班组意见，然后拟初稿，参加编写人员签字，技术主任初审签署意见后报技术科。

（4）专业审查　由企业技术部门组织质量、设备、车间等专业部门，对各类数据、参数、工艺、标准、安全措施、综合平衡等方面进行全面审核。

（5）修改定稿　由技术科复核结果、修改内容、精简文字、统一写法。

（6）审定批准　修改定稿的材料报企业总工程师或厂技术负责人审定批准，车间技术主任、技术科长、总工程师三级签章生效，打印成册，颁发各有关部门执行。

批准生效的生产工艺规程，应建立编号，确定保密级别、打印数量及发放部门，并填写生产工艺规程发放登记表。初稿及正式件交技术档案室存档。

2. 工艺规程的制定和修改

对于新产品的生产，一般先制定临时工艺规程，因为在试车阶段有时不免要做些设备上的调整，待经过一段时间生产稳定后，再制定正式的工艺规程。

工艺规程是现阶段药物生产技术水平和群众生产实践经验的总结。按规定执行可保证安全生产并得到规定的技术经济指标和合乎质量标准的成品。因此，在生产过程中应遵照工艺规程的规定严格执行，不经批准，不得擅自更改。但是我们又必须认识到，生产力是不断发展的，现行的工艺规程绝不是尽善尽美的。必须积极开展科学实验，研究采用新工艺、新技术。为了保证生产正常进行，新工艺、新技术也必须像新产品投产时一样，要经过一系列的试验，试验成熟后编写新的工艺规程以代替旧的工艺规程。因此，随着生产的不断发展，定期修订工艺规程。

3. 岗位操作法的编制程序

岗位操作法由车间技术员组织编写，经车间技术主任审定批准后，报企业技术部门备案。岗位操作法应有车间技术员、技术主任二级签章和批准执行日期。

4. 编制工艺规程和岗位操作规则应注意的问题

① 药品名称应按《中华人民共和国药典》或药品监督管理部门批准的法定名称，而不能用商品名、代号等。无法定名称的，一律采用通用的化学名称，可附注商品名。

② 各种工艺技术参数和技术经济定额中所用的计量单位均使用国家规定的计量单位。

③ 生产工艺规程和岗位操作规则所用专业术语要一致，以避免使用中造成误解。

复习与思考题

1. 影响反应的因素有哪些？
2. 温度对反应有何影响？
3. 什么是溶剂？溶剂如何影响反应？
4. 什么是转化率、收率、选择性？

5. 催化剂的作用和基本特征是什么？
6. 中试放大的研究任务有哪些？
7. 生产工艺规程和岗位操作法有何异同？如何编制生产工艺路线？

【阅读材料】

我国新药的分类和研发战略

目前，我国将新药分成中药、西药、生物制品和药用辅料等系列，再按照每个系列各自不同的成熟程度而分类。以下主要介绍西药的分类。

第一类：我国创制的原料药品及其制剂(包括从天然药物中提取的及合成的有效单体及其制剂)；国外未批准生产，仅有文献报道的原料药品及其制剂。

第二类：国外已批准生产，但未列入一国药典的原料药品及其制剂；按照现代医学理论体系研究的从天然药物中提取的有效部位及其制剂。

第三类：西药复方制剂、中西药复方制剂。

第四类：天然药物中的有效单体用合成或半合成方法制取者；国外已批准生产，并已列入一国药典的原料药及其制剂(包括复方制剂中所含成分)；盐类药物，为改变其溶解度、提高稳定性等而改变其酸根或碱基者，或改变金属元素形成的金属化合物，但不改变其治疗作用的药物；已批准的药物、属光学结构改变的(如消旋体改变为光学活性体)，或由多组分提纯为较少的组分，以提高疗效、降低毒性，但都不改变原始治疗作用的药物。

第五类：增加适应证的药品。

现阶段我国新药研发战略定位包含三个层次：化学药与国外先进水平差距很大，基本以仿制为主；生物药与国外发展同步，要迎头赶上、力求创新；中医药具有传承与创新优势，要做到引领世界。

第四章 化学制药反应器

【知识目标】

1. 了解各种反应器的结构、特点及工业应用。
2. 了解各种搅拌器型式及特点。
3. 了解各种加热剂和冷却剂。
4. 了解釜式反应器的操作与维护要点。
5. 掌握间歇操作釜式反应器的结构和基本计算。

【能力目标】

1. 能根据化学反应的特点合理选择反应器的型式和操作方式。
2. 能合理选择搅拌器。
3. 能合理选择换热剂。

第一节 反应器类型及应用

制药工业的生产过程是由一系列化学反应过程与物理处理过程有机地组合而成的。以生产非那西丁为例：用对硝基氯苯为原料，要经过烃氧化、还原、乙酰化三步反应才能制得非那西丁。生产过程中化学反应器往往是生产的关键设备，反应器设计选型是否合理关系到产品生产的成败。工业反应器中进行的反应较复杂，在进行反应的同时，兼有动量、热量和质量的传递发生。例如，为了进行反应，必须搅拌，使物料混合均匀；为了控制反应温度，必须加热或冷却；在非均相反应当中，反应组分还必须从一相扩散到另一相中才能进行反应。这里，传递过程和化学反应同时进行。

一、反应器类型

由于各单元反应特点各异，所以对反应器的要求各不相同。工业反应过程不仅与反应本身的特性有关，而且与反应设备的特性有关。反应器可以按照反应的特性分类，也可以按照设备的特性分类。

1. 按反应物系相态分类

按反应物系相态可以把反应器分为均相与非均相两种类型。均相反应器又可分为气相反应器和液相反应器两种，其特点是没有相界面，反应速率只与温度、浓度（压力）有关；非均相反应器中有气-固、气-液、液-液、液-固、气-液-固五种类型，在非均相反应器中存在相界面，总反应速率不但与化学反应本身的速率有关，而且与物质的传递速率有关，因而受相界面积的大小和传质系数大小的影响。

2. 按反应器结构分类

按反应器结构可以把反应器分为釜式（槽式）、管式、塔式、固定床、流化床、移动床等各种反应器。釜式反应器应用十分广泛，除气相反应外适用于其他各类反应。常见的是用于液相的均相或非均相反应；管式反应器大多用于气相和液相均相反应过程，以及气-固、气-液非均相反应过程；固定床、流化床、移动床大多用于气-固相反应过程。

釜式反应器

管式反应器

鼓泡塔反应器

填料塔反应器

固定床反应器

流化床反应器

3. 按操作方式分类

按操作方式可以把反应器分为间歇式、半间歇式和连续式。

间歇式又叫批量式，一般都是在釜式反应器中进行。其操作特点是将反应物料一次加入反应器中，按一定条件进行反应，在反应期间不加入或取出物料。当反应物达到所要求的转化率时停止反应，将物料全部放出，进行后续处理，清洗反应器进行下一批生产。此类反应器适用于小批量、多品种以及反应速率慢，不宜于采用连续操作的场合，在制药、染料和聚合物生产中应用广泛。间歇式反应器的操作简单，但体力劳动量大、设备利用率低，不宜自动控制。

连续式反应器，物料连续地进入反应器，产物连续排出，当达到稳定操作时，反应器内各点的温度、压力及浓度均不随时间而变化。此类反应器设备利用率高、处理量大，产品质量均匀，需要较少的体力劳动，便于实现自动化操作，适用于大规模的生产场合。常用于气相、液相和气-固相反应体系。

介于间歇式和连续式两者之间的半间歇式(或称半连续式)反应器，其特点是先在反应器中加入一种或几种反应物(但不是全部反应物)，其他反应物在反应过程中连续加入，反应结束后物料一次全部排出。此类反应器适用于反应激烈的场合，或者要求一种反应物浓度高、另一种反应物浓度低的场合。例如，反应 $A+B \longrightarrow P$ 和 $B+P \longrightarrow F$ 的两个反应同时在反应器中进行，为了多产 P 而少产 F，则 B 的浓度低较有利，在此种情况下先在反应器中加入 A，而后边反应边加入 B 较为合适。另外当用气体来处理液体时(氯化反应和氢化反应)也常采用此类半间歇式反应器。第二种半间歇式反应器，各种反应物一次加入，但产物连续采出(例如连续蒸出)，此种反应器适用于需要抑制逆反应的场合，可以使转化率不受平衡的限制，并降低逆反应的速率，提高反应的净速率。此种反应器还可适用于控制连串副反应的场合。采用将反应与分离结合在一起的膜式反应器，在连续操作的情况下，也可以达到抑制逆反应，提高转化率的目的。第三种半间歇操作的反应器，先将一种反应物全部加入，然后连续加入另一种反应物，在反应过程中将产物连续采出。

4. 按操作温度分类

按操作温度可以把反应器分为恒温式(等温式)反应器和非恒温式反应器。恒温式反应器是反应器内各点温度相等且不随时间变化的反应器，此类反应器多用于实验室中，工业上多用非恒温式反应器。

5. 按反应器与外界有无热量交换分类

按反应器与外界有无热量交换，可以把反应器分为绝热式反应器和外部换热式反应器。绝热式反应器在反应进行过程中，不向反应区加入或取出热量，当反应吸热或放热强度较大时，常把绝热式反应器做成多段，在段间进行加热或冷却，此类反应器中温度与转化率之间呈直线关系；外部换热式有直接换热式(混合式、蓄热式)和间接换热式两种，此类反应器应用甚广。此外还有自热式反应器，利用反应本身的热量来预热原料，以达到反应所需的温度，此类反应器开工时需要外部热源。

图 4-1 中列出了反应器的分类情况，其中所列的部分型式反应器如图 4-2 所示。

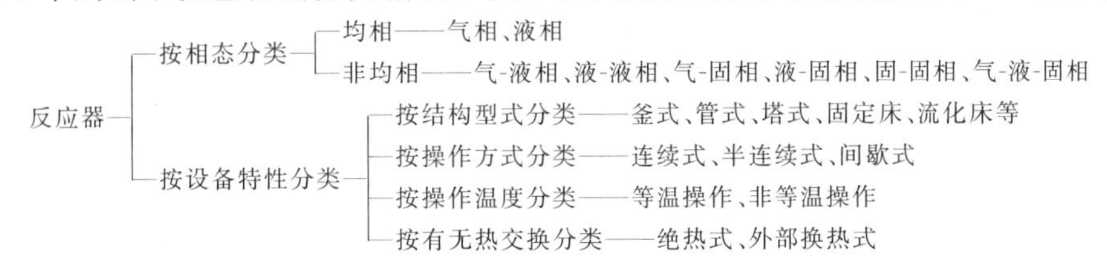

图 4-1　反应器的分类

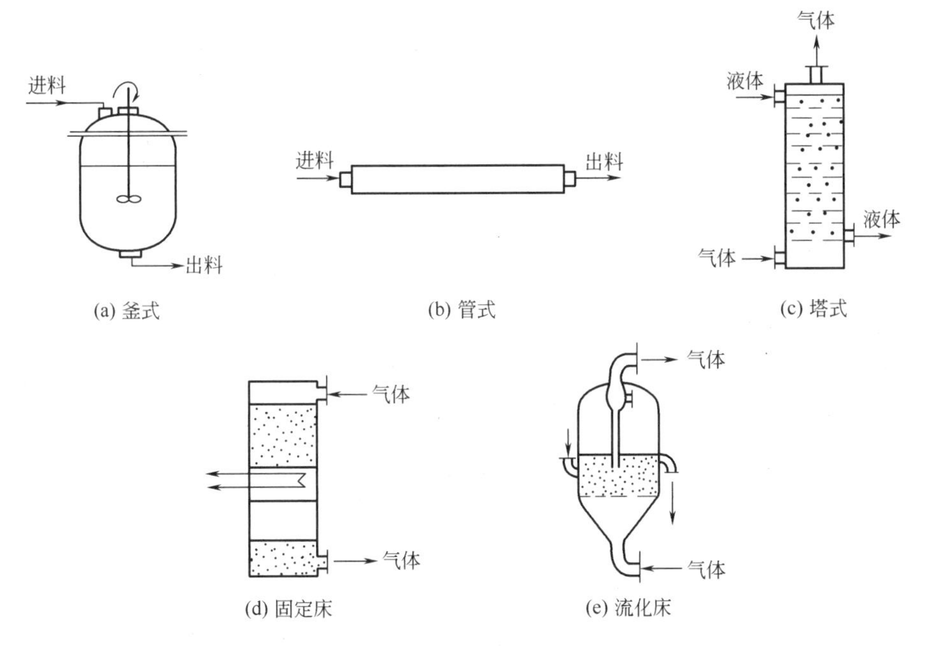

图 4-2　不同类型反应器示意图

二、反应器在制药工业中的应用

各种型式反应器在制药工业中的应用举例见表 4-1。

表 4-1　各种型式反应器在制药工业中的应用举例

型　式	适用的反应	反 应 举 例	相　态	生产药品
釜式	液相、气-液相、液-液相、液-固相、气-液-固相	乌洛托品在氯苯中与对硝基溴代苯乙酮生成亚甲基四胺盐	液-固相	氯霉素
		水杨酸乙酰化	液相	乙酰水杨酸
管式	气相、液相	醋酸高温裂解生成乙烯酮 5-甲异噁唑-3-碳酰胺	气相	吡唑酮类药
		Hofmann 降解制 3-氨基-5-甲基异噁唑	液相	新诺明
填料塔	气-液相	水吸收氯磺化反应的 HCl 与 SO_2	气-液相	磺胺

续表

型式	适用的反应	反应举例	相态	生产药品
板式塔	气-液相	尿素与甲胺加热甲基化制二甲脲	气-液相	咖啡因
鼓泡塔	气-液相	糠醛用氯气氯化制糠氯酸甲苯氯化制氯苄	气-液相	磺胺嘧啶 苯巴比妥
搅拌鼓泡釜	气-液相 气-液-固(催化剂)相	α-甲基吡啶氯化制 α-氯甲基吡啶	气-液-固(催化剂)相	扑尔敏
固定床	气-固相	癸酸与醋酸在催化下缩合生成壬甲酮	气-固相	鱼腥草素
流化床	气-固相	硝基苯气相催化氢化制苯胺 甲基吡啶空气氧化制异烟酸	气-固相	磺胺类药 异烟肼

第二节 釜式反应器的分类及结构

装有搅拌器的釜式设备(或称槽、罐)是化学工业中广泛采用的反应器之一，它可用来进行液-液均相反应，也可用于非均相反应，如非均相液相、液-固相、气-液相、气-液-固相等。普遍应用于石油化工、橡胶、农药、染料、医药等工业，用来完成磺化、硝化、氢化、烃化、聚合、缩合等工艺过程。在制药工业的生产中，几乎所有的单元操作都可以在釜式反应器内进行。

釜式反应器的应用范围之所以广泛是因为这类反应器的结构简单，加工方便，传质效率高，温度分布均匀，操作条件(如温度、浓度、停留时间等)的可控范围较广，操作灵活性大，便于更换品种，能适应多样化的生产。

一、釜式反应器的分类

间歇釜

半间歇釜

连续釜

多釜串联

1. 按操作方式分类

按操作方式分为间歇（分批）式、半连续（半间歇）式和连续式操作。

搅拌釜式反应器可以进行间歇式操作，如图 4-3（a）所示。间歇式操作设备利用率不高，劳动强度大，只适用于小批量、多品种生产，在制药工业中广泛采用这种操作。

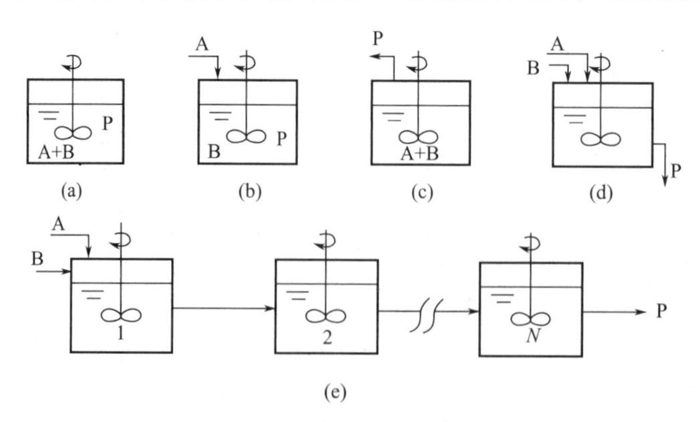

图 4-3 反应釜的操作方式

(a) 间歇；(b)、(c) 半间歇；(d) 连续；(e) 多釜串联

搅拌釜式反应器可以单釜或多釜串联进行连续操作，连续加入反应物和取出产物，如图 4-3（d）、（e）所示。连续操作设备利用率高，产品质量稳定，易于自动控制，适用于大规模生产。

搅拌釜式反应器也可以进行半间歇操作，如图 4-3（b）、（c）所示。特别适用于要求一种反应物的浓度高而另一种反应物的浓度低的化学反应，适用于可以通过调节加料速率来控制所要求的反应温度的反应。

2. 按材质分类

按材质分为钢制（或衬瓷板）反应釜、铸铁反应釜及搪玻璃反应釜。

（1）钢制反应釜　最常见的钢制反应釜的材料为 Q235A（或容器钢）。钢制反应釜的特点是制造工艺简单、造价费用较低、维护检修方便、使用范围广泛，因此，化工生产普遍采用。由于材料 Q235A 不耐酸性介质腐蚀，常用的还有不锈钢材料制的反应釜，可以耐一般酸性介质。经过镜面抛光的不锈钢制反应釜还特别适用于高黏度体系聚合反应。

（2）铸铁反应釜　在氯化、磺化、硝化、缩合、硫酸增浓等反应过程中使用较多。

（3）搪玻璃反应釜　俗称搪瓷锅。在碳钢锅的内表面涂上含有二氧化硅玻璃釉，经900℃左右的高温焙烧，形成玻璃搪层。由于搪玻璃反应锅对许多介质具有良好的抗腐蚀性，所以被广泛用于精细化工生产中的卤化反应及有盐酸、硫酸、硝酸等存在时的各种反应。搪玻璃反应釜的性能如下。

① 耐腐蚀性。它能耐大多数无机酸、有机酸、有机溶剂等介质的腐蚀，尤其在盐酸、硝酸、王水等介质中具有良好的耐腐蚀性能。搪玻璃设备不宜用于下列介质的储存和反应，否则将会因腐蚀较快地损坏：任何浓度和温度的氢氟酸；pH＞12 且温度大于 100℃的碱性介质；温度大于 180℃、浓度大于 30%的磷酸；酸碱交替的反应过程；含氟离子的其他介质。

② 耐热性。允许在 －30～240℃ 范围内使用，耐热温差小于 120℃，耐冷温差小于 110℃。

③ 耐冲击性。耐冲击性较小，为 $2.5kgf/cm^2$❶，因而使用时应避免硬物冲击碰撞。搪玻璃反应釜在运输和安装时，要防止碰撞。加料时严防重物掉入容器内，使用时要缓慢加压升温，防止剧变。

我国标准搪玻璃反应釜有 K 型和 F 型两种。K 型反应釜是锅盖和锅体分开，可以装置尺寸大的锚式、框式和桨式等各种形式的搅拌器，反应锅容积有 50～10000L 的不同规格，因而适用范围广。F 型是盖体不分的结构，盖上都装置人孔，搅拌器为尺寸较小的锚式或桨式，适用于低黏度、容易混合的液-液相、气-液相等反应。F 型反应锅的密封面比 K 型小很多，所以对一些气液相卤化反应以及带有真空和压力下的操作更为适宜。

搪玻璃反应釜的夹套用 Q235A 等普通钢材制造。若使用低于 0℃的冷却剂时则需改用合适的夹套材料。

3. 按反应釜所能承受的操作压力分类

按反应釜所能承受的操作压力可分为低压釜和高压釜。

低压釜就是最常见的搅拌釜式反应器。在搅拌轴与壳体之间采用动密封结构，在低压（1.6MPa 以下）条件下能够防止物料的泄漏。

高压条件下，动密封往往难以保证不泄漏，目前高压釜常采用磁力搅拌釜。磁力釜的主要特点是以静密封代替了传统的填料密封或机械密封，从而实现整台反应釜在全密封状态下

---

❶ $1kgf/cm^2 = 98.0665kPa$。

工作，保证无泄漏。因此，更适合于各种极毒、易燃、易爆以及其他渗透力极强的化工工艺过程，是合成制药工艺中进行硫化、氟化、氢化、氧化等反应的理想设备。

二、釜式反应器的结构

釜式反应器主要由壳体、搅拌装置、轴封和换热装置四大部分组成。其构成形式如图 4-4 所示。

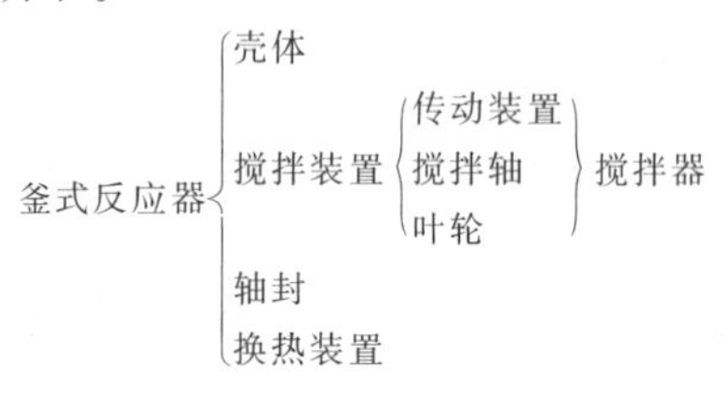

图 4-4 釜式反应器的构成形式

釜式反应器的基本结构如图 4-5 所示。

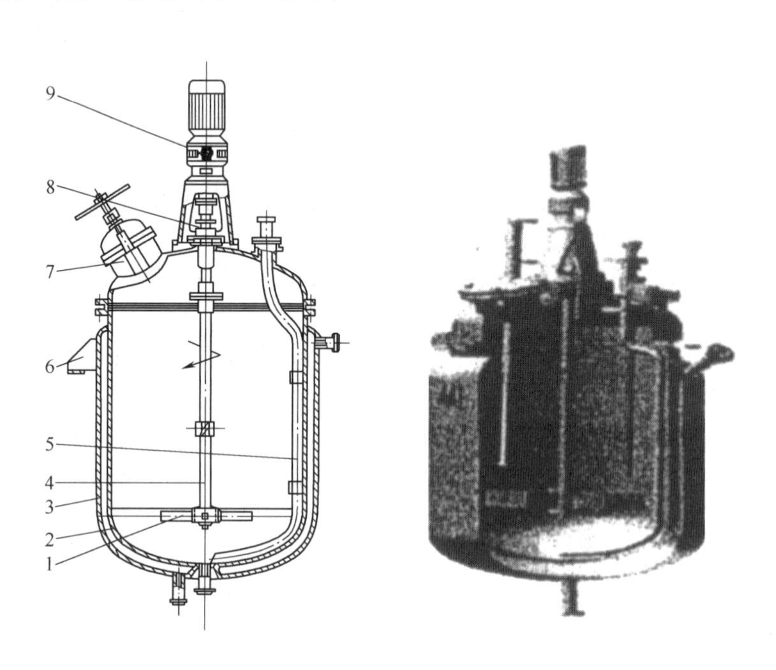

图 4-5 釜式反应器的基本结构

1—搅拌器；2—釜体；3—夹套；4—搅拌轴；
5—压料管；6—支座；7—人孔；8—轴封；9—传动装置

（一）壳体

壳体提供反应器有效体积以保证完成生产任务，并且有足够的强度和耐腐蚀能力以保证运行可靠。它由圆形筒体、上盖、下封头构成。上盖与筒体连接有两种方法，一种是盖子与筒体直接焊死构成一个整体；另一种形式是考虑拆卸方便用法兰连接。上盖开有人孔、手孔和工艺接孔等。壳体材料根据工艺要求来确定，最常用的是铸铁和钢板，有的也采用合金钢或复合钢板。当用来处理有腐蚀性介质时，则需用耐腐蚀材料来制造反应釜，或者将反应釜内表搪瓷、衬瓷板或橡胶。

釜底常用的形状有平面形、碟形、椭圆形和球形，如图 4-6 所示。平面结构简单，容易制造，一般在釜体直径小、常压（或压力不大）条件下操作时采用；椭圆形或碟形应用较多；球形多用于高压反应器；当反应后物料需用分层法使其分离时可用锥形底。

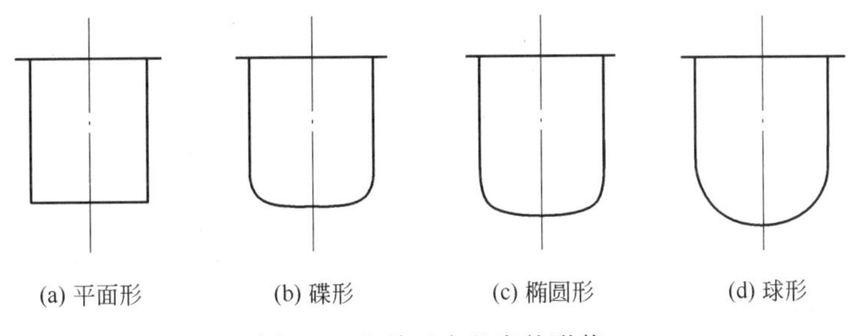

图 4-6　几种反应釜底的形状

（二）搅拌器

搅拌器是搅拌反应釜的一个关键部件。搅拌器的选型及计算是否正确，直接关系到搅拌反应釜的操作和反应的结果。如果搅拌器不能使物料混合均匀，可能会导致某些副反应的发生，使产品质量恶化，收率下降，反应结果严重偏离小试结果，即产生所谓的放大效应。另外，不良的搅拌还可能会造成生产事故。例如某些硝化反应，如果搅拌效果不好，可能使某些反应区域的反应非常剧烈，严重时会发生爆炸。由于搅拌的存在，使釜式反应器物料侧的给热系数增大，因此搅拌对传热过程也有影响。

1. 搅拌的目的

在搅拌釜式反应器中，搅拌的目的大致有以下几种。

（1）均相液体的混合　通过搅拌使反应釜中的互溶液体达到分子规模的均匀程度。

（2）液-液分散　把不互溶的两种液体混合起来，使其中的一相液体以微小的液滴均匀分散到另一相液体中。被分散的一相为分散相，另一相为连续相。被分散的液滴越小，两相接触面积越大。

（3）气-液分散　在气液接触过程中，搅拌器把大气泡打碎成微小气泡并使之均匀分散到整个液相中，以增大气液接触面积。另一方面，搅拌还造成液相的剧烈湍动，以降低液膜的传质阻力。

（4）固-液分散　即让固体颗粒悬浮于液体中。例如硝基物的液相加氢还原反应，一般以骨架镍为固体催化剂，反应时需要把固体颗粒催化剂悬浮于液体中，才能使反应顺利进行。

（5）固体溶解　当反应物之一为固体而溶于液体时，固体颗粒需要悬浮于液体之中。搅拌可加强固-液间的传质，以促进固体溶解。

（6）强化传热　有些物理或化学过程对传热有很高的要求，或需要消除釜内的温度差，或需要提高釜内壁的给热系数，搅拌可以达到上述强化传热的要求。

2. 搅拌的要求

① 加入反应釜中的物料能很快地分布到反应釜中的整个物料之中。

② 反应釜中的物料混合要充分，没有死角，任何一处的浓度均应相等。对于某些快速复杂反应，可以防止局部浓度过高，使副反应增加，从而导致选择性降低。

③ 反应釜内物料侧的给热系数要求足够大，从而使反应热可以及时移出或使反应需要的热量及时传入。

④ 如果反应受传质速率的控制，通过搅拌的作用可以使传质速率达到合适的数值。

3. 搅拌液体的流型

液体在设备范围内做循环流动的途径称作液体的“流动模型”，简称“流型”。在搅拌设备中起主要作用的是循环流和涡流，不同的搅拌器所产生的循环流的方向和涡流的程度不同，因此搅拌设备内流体的流型可以归纳成三种。

（1）轴向流　物料沿搅拌轴的方向循环流动，如图 4-7(a)所示。凡是叶轮与旋转平面的夹角小于 90°的搅拌器转速较快时所产生的流型主要是轴向流。轴向流的循环速度大，有利于宏观混合，适合于均相液体的混合、沉降速度低的固体悬浮。

（2）径向流　物料沿着反应釜的半径方向在搅拌器和釜内壁之间的流动，如图 4-7(b)所示。径向流的液体剪切作用大，造成的局部涡流运动剧烈。因此，它特别适合需要高剪切作用的搅拌过程，如气液分散、液液分散和固体溶解。

（3）切线流　物料围绕搅拌轴做圆周运动，如图 4-7(c)所示。平桨式搅拌器在转速不大且没有挡板时所产生的主要是切线流。切线流的存在除了可以提高釜内壁的对流给热系数外，对其他的搅拌过程是不利的。切线流严重时，液体在离心力的作用下涌向器壁，使器壁周围的液面上升，而中心部分液面下降，形成一个大漩涡，这种现象称为“打漩”，如图 4-8 所示。液体打漩时几乎不产生轴向混合作用，所以一般情况下，应防止打漩。

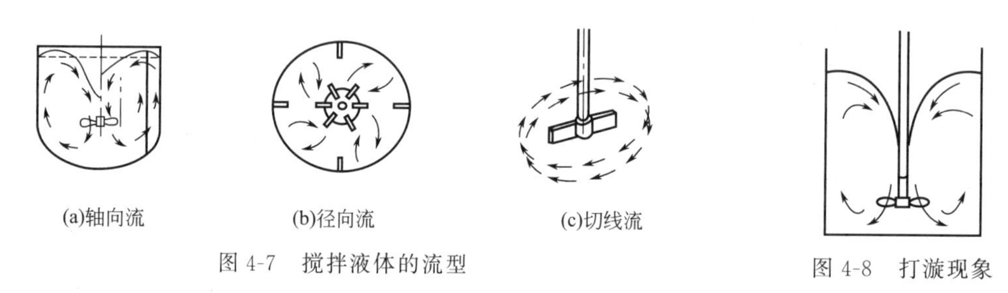

(a)轴向流　(b)径向流　(c)切线流

图 4-7　搅拌液体的流型

图 4-8　打漩现象

这三种流型不是孤立的，常常同时存在两种或三种流型。

4. 常用搅拌器的型式及性能特征

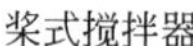

桨式搅拌器

框式搅拌器

螺带式搅拌器

锚式搅拌器

推进式搅拌器

涡轮式搅拌器

在化学工业中常用的搅拌装置是机械搅拌装置，典型的机械搅拌装置如图 4-9 所示。它包括下列主要部分。

① 搅拌器，包括旋转的轴和装在轴上的叶轮。

② 辅助部件和附件，包括密封装置、减速箱、搅拌电机、支架、挡板和导流筒等。

搅拌器是实现搅拌操作的主要部件，其主要的组成部分是叶轮，它随旋转轴的运动将机械能施加给液体，并促使液体运动。针对不同的物料系统和不同的搅拌目的出现了许多类型的搅拌器。

（1）制药工业中常用的搅拌器

制药工业中较为常用的搅拌器型式如下。

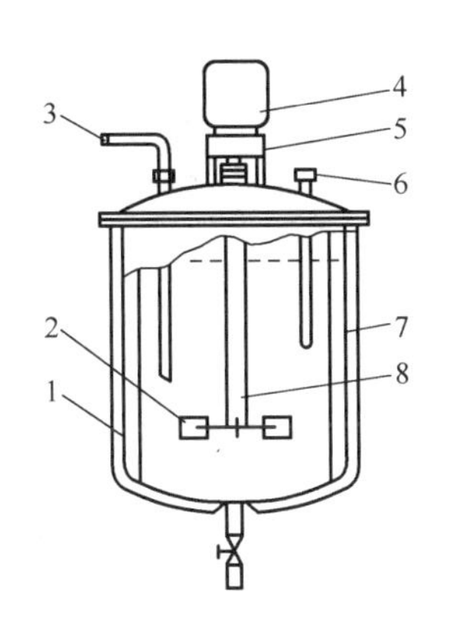

图 4-9　典型的机械搅拌装置

1—釜体；2—搅拌器；
3—加料管；4—搅拌电机；
5—减速箱；6—温度计套；
7—挡板；8—轴

① 高转速式搅拌器

a. 推进式搅拌器。推进式搅拌器又名螺旋桨式搅拌器，实质上是一个无外壳的轴流泵，其结构示意如图 4-10（d）所示。推进式搅拌器的循环速度高，叶端圆周速度一般为 5～15m/s，适用于黏度小于 2Pa・s 液体的搅拌。当转速高时，剪切作用也很大，能产生很强的轴向流。因此适用于以宏观混合为目的的搅拌过程，尤其适用于要求容器上下均匀的场合，如制备固体悬浮液的情况。推进式搅拌器直径 d 与搅拌釜内径 d_t 之比为 0.2～0.5，搅拌转速为 100～500r/min。

b. 涡轮式搅拌器。涡轮式搅拌器实质上是一个无泵壳的离心泵，按照有无圆盘可分为圆盘涡轮搅拌器和开启涡轮搅拌器；按照叶轮可分为：平直叶、折叶和后弯叶涡轮搅拌器，如图 4-10（b）、（c）、（g）所示。涡轮搅拌器直径 d 与釜内径 d_t 之比为 0.2～0.5，以 0.33 居多。转速较高，一般为 10～300r/min。适用于低黏度或中等黏度液体的搅拌(黏度小于 50Pa・s)。

涡轮式搅拌器的循环速度高，剪切作用也大。它既产生很

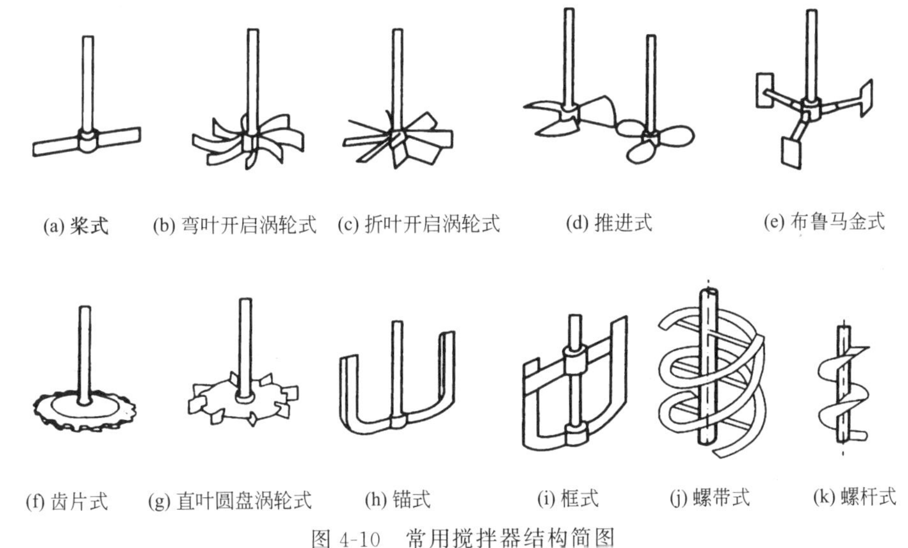

(a) 桨式　(b) 弯叶开启涡轮式　(c) 折叶开启涡轮式　(d) 推进式　(e) 布鲁马金式

(f) 齿片式　(g) 直叶圆盘涡轮式　(h) 锚式　(i) 框式　(j) 螺带式　(k) 螺杆式

图 4-10　常用搅拌器结构简图

强的径向流，又产生较强的轴向流。圆盘涡轮式搅拌器与开启涡轮式搅拌器比较，由于圆盘的存在使得圆盘涡轮搅拌器的循环速度低于开启涡轮搅拌器。折叶涡轮搅拌器与平直涡轮搅拌器比较，由于折叶涡轮搅拌器轴向流强而剪切作用相对较小。弯叶涡轮与平直涡轮搅拌器比较，主要在于弯叶涡轮搅拌器叶轮不易磨损，且功率消耗低。

② 低转速大叶片搅拌器　推进式和涡轮式搅拌器都具有直径小、转速高的特点，对黏度不大的液体很有效。对黏度大的液体，搅拌器提供的机械能会因巨大的黏性阻力而被很快地消耗掉。不仅湍动程度随出口距离急剧下降，而且总体流动的范围也大为缩小。例如，对与水相近的低黏度液体，涡轮式搅拌器的所及范围在轴向上下可达釜径的 4 倍；但当液体黏度为 50Pa・s 时，其所及范围将缩小为釜径的一半。此时，釜内距搅拌器较远的液体流速缓慢，甚至接近静止。因此对于高黏度液体应采用低转速大叶片搅拌器为合适。

a. 桨式搅拌器。桨式搅拌器结构简单，一般由两块平桨叶组成，如图 4-10（a）所示。

搅拌器直径 d 与釜内径 d_t 之比为 0.35～0.8；转速一般为 10～100r/min，可以在较宽的黏度范围内使用，黏度高的可达 100Pa·s，也可用于黏度小于 2Pa·s 的液体的搅拌。

平直叶桨式搅拌器在低速运转时，产生的主要是切线流；转速高时以径向流为主。对于折叶桨式搅拌器，由于叶片与旋转平面的夹角小于 90°，因此会产生轴向流，宏观混合效果较好。

b. 锚式和框式搅拌器。当液体黏度更大时，可按釜的形状，把浆式搅拌器做成锚式和框式，如图 4-10（h）、（i）所示。这种搅拌器的旋转直径 d 与搅拌釜的内径 d_t 接近相等，其比值为 0.9～0.98，间隙很小，转速很低，叶端圆周速度为 0.5～1.5m/s。其所产生的剪切作用很小，但搅动范围很大，不会产生死区，适用于高黏度液体的搅拌。在某些生产过程（如结晶）中，可用来防止器壁沉积现象。这种搅拌器基本上不产生轴向流动，故难以保证轴向的混合均匀。

c. 螺带式搅拌器和螺杆式搅拌器。螺带式搅拌器和螺杆式搅拌器的结构示意如图 4-10（j）、（k）所示。这两种搅拌器主要产生轴向流，加上导流筒后，可形成筒内外的上下循环流动。它们的转速都较低，通常不超过 50r/min，主要用于高黏度液体的搅拌。

（2）搅拌附件

① 挡板。如前所述，平桨式搅拌器在转速低时以切线流为主，即使是推进式或涡轮式搅拌器也会产生一定的切线流。当切线流严重时，会出现“打漩”现象，致使不互溶的液体分层，固体颗粒沉降。当漩涡达到叶轮以后，叶轮会吸入大量气体，使搅拌物料密度下降，还会加剧搅拌器的振动，严重时搅拌器无法正常运转。因此，一般情况下，都必须制止切线流和“打漩”现象。消除切线流和“打漩”现象的最有效、也是最简单的方法就是在釜内安装挡板。

挡板一般是指竖向固定在釜内壁上的长条形板，沿釜内壁周向均匀分布，其安装方式如图 4-11 所示。挡板宽度 W 为$(1/10～1/12)d_t$。做圆周运动的液体碰到挡板后改变 90°方向，或顺着挡板做轴向运动或垂直于挡板做径向运动。因此，挡板可把切线流转变为轴向流和径向流，提高了宏观混合速率和剪切性能，从而改善了搅拌效果。

挡板的数目视釜径而定，一般为 2～4 块。实验表明，具有一定数目挡板的搅拌釜，当再增加挡板也不会进一步改善搅拌效果时，此一定数目的挡板称作“全挡板条件”。除非特别说明，“全挡板条件”一般是 4 块。

应该指出的是，在层流状态，挡板不起作用。因为层流下挡板并不影响流体的流动。所以，对于低速搅拌高黏度液体的锚式和框式搅拌器来说，安装挡板是毫无意义的。

② 导流筒。搅拌操作中有时需要控制流体的流型，就要用导流筒。对于涡轮式搅拌器，如图 4-12（a）所示。导流筒安置在叶轮的上方，使叶轮上方的轴向流得到加强。对于推进式搅拌器，如图 4-12（b）所示，导流筒安置在叶轮的外面，使推进式搅拌器所产生的轴向流得到进一步加强。导流筒除了能控制流型以外，还能使釜内液体均通过导流筒内的强烈混合区，提高混合效果。

③ 叶轮的位置及层数。搅拌叶轮一般总是对中安装在釜的中心线上，叶轮到釜底的距离一般为一倍叶轮直径，但在搅拌快速沉降的固体悬浮液时，常将叶轮更靠近釜底。

叶轮的层数视液体的深度而定。由于推进式和涡轮式搅拌器在垂直方向上的有效搅拌距离一般为$(3～4)d$，亦即一倍釜内径 d_t。所以，同一搅拌轴上安装的叶轮数目可由下式决定：

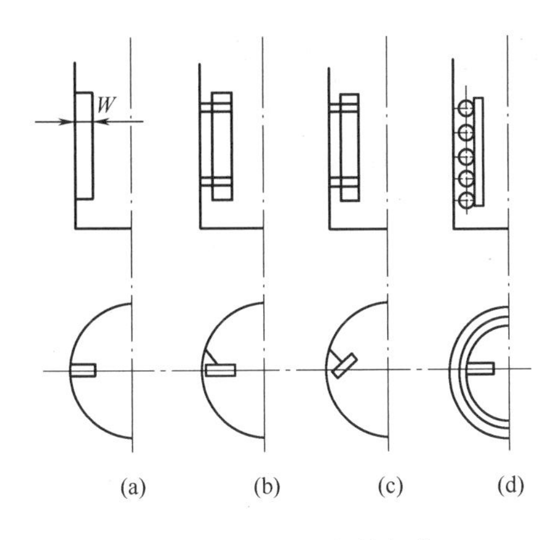

图 4-11 挡板的安装方式

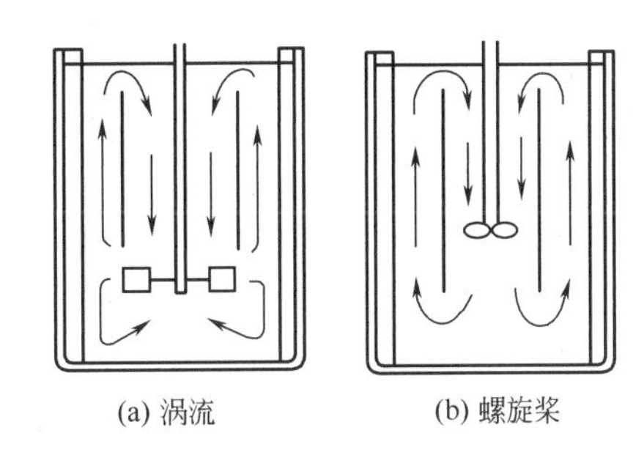

图 4-12 导流筒的安装方式

$$\text{叶轮层数}=\frac{\text{液体的当量深度}}{\text{搅拌釜内径}} \tag{4-1}$$

液体的当量深度是釜内实际液体深度与其平均密度的乘积。若式(4-1)的结果不是整数，则圆整取较大的整数值。

5. 搅拌器的选型

搅拌器的选型主要根据物料性质、搅拌目的及各种搅拌器的性能特征来进行。

(1) 按物料黏度选型 在影响搅拌状态的各种物理性质中，液体黏度的影响最大。所以，可根据液体黏度来选型(图 4-13)。对于低黏度液体，应选用小直径、高转速搅拌器，如推进式、涡轮式；对于高黏度液体，应选用大直径、低转速搅拌器，如锚式、框式和桨式。

(2) 按搅拌目的选型

搅拌目的、工艺过程对搅拌的要求是选型的关键。

① 低黏度均相液体混合，要求达到微观混合程度，已知均相液体的分子扩散速率很快，控制因素是宏观混合速率，亦即循环流量。各种搅拌器的循环流量从大到小的顺序排列为：推进式、涡轮式、桨式。因此，应优先选择推进式搅拌器。

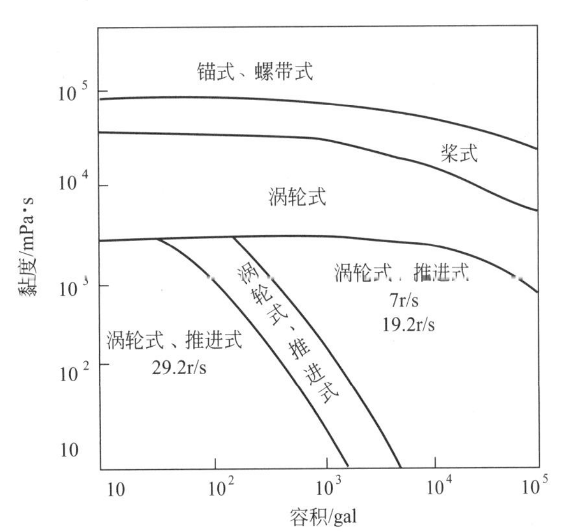

图 4-13 根据黏度选型（1gal=0.00455m³）

② 非均相液-液分散过程，要求被分散的“微团”越小越好，以增大两相接触表面积；还要求液体涡流湍动剧烈，以降低两相传质阻力。因此，该类过程的控制因素为剪切作用，同时也要求有较大的循环流量。各种搅拌器的剪切作用从大到小的顺序排列为：涡轮式、推进式、桨式。所以，应优先选择涡轮式搅拌器。特别是平直叶涡轮搅拌器，其剪切作用比折叶和弯叶涡轮搅拌器都大，且循环流量也较大，更适合于液-液分散过程。

③ 气-液分散过程，要求得到高分散度的“气泡”。从这一点来说，与液-液分散相似，控制因素为剪切作用，其次是循环流量。所以，可优先选择涡轮式搅拌器。但气体的密度远远小于液体，一般情况下，气体由液相的底部导入，如何使导入的气体均匀分散，不出现短路跑空现象，就显得非常重要。开启式涡轮搅拌器由于无中间圆盘，极易使气体分散不均，导入的气体容易从涡轮中心沿轴向跑空。而圆盘式涡轮搅拌器由于圆盘的阻碍作用，圆盘下面可以积存一些气体，使气体分散很均匀，也不会出现气体跑空现象。因此，平直叶圆盘涡轮搅拌器最适合气-液分散过程。

④ 固体悬浮操作，必须让固体颗粒均匀悬浮于液体之中，主要控制因素是总体循环流量。但固体悬浮操作情况复杂，要具体分析。如固-液密度差小，固体颗粒不易沉降的固体悬浮，应优先选择推进式搅拌器。当固-液密度差大，固体颗粒沉降速度大时，应选用开启式涡轮搅拌器。因为推进式搅拌器会把固体颗粒推向釜底，不易浮起来，而开启式涡轮搅拌器可以把固体颗粒抬举起来。在釜底呈锥形或半圆形时更应注意选用开启式涡轮搅拌器。当固体颗粒对叶轮的磨蚀性较大时，应选用开启弯叶涡轮搅拌器。因弯叶可减小叶轮的磨损，还可降低功率消耗。

⑤ 固体溶解，除了要有较大的循环流量外，还要有较强的剪切作用，以促使固体溶解。因此，开启式涡轮搅拌最适合。在实际生产中，对一些易溶的块状固体则常用桨式或框式等搅拌器。

⑥ 以传热为主的搅拌操作，控制因素为总体循环流量和换热面上的高速流动。因此，可选用涡轮式搅拌器。

（3）搅拌器选型实例

① 铁粉还原岗位多数采用框式搅拌器加铁链，推动沉淀在罐底的铁粉翻动，使其充分与还原物接触，从而达到还原的目的，这种搅拌器转速不高，一般在 60r/min。

② 环合反应岗多数采用推进式搅拌器，因为反应是在液相中进行，而环合却是在瞬间完成的，所以要求搅拌器的转速快，一般在 300r/min 左右，一旦环合物（固体）生成，会阻止搅拌转动，此时应注意及时停止搅拌，反应数小时后再进行处理。

③ 在硝化反应中，搅拌是为了使反应物成乳化状态，增加乳化物和混酸的接触，以利于正反应。硝化要求搅拌转速均匀，不宜过快。但若转速过慢或中途停止，很容易因局部过热而造成冲料或发生重大安全事故。

④ 在结晶岗位，晶体不同，对搅拌器的型式和转速的要求也不同。一般说来，希望晶体大的，搅拌器采用框式或锚式，转速 20～60r/min，希望晶体小的，则搅拌器采用推进式，转速可根据需要来确定。

（三）轴封

用来防止釜的主体与搅拌轴之间的泄漏，为动密封结构。主要有填料密封和机械密封两种。

1. 填料密封

填料密封结构如图 4-14 所示，填料箱由箱体、填料、油环、衬套、压盖和螺栓等零件组成，旋转压紧螺栓时，压盖压紧填料，使填料变形并紧贴在轴表面上，达到密封目的。在化工生产中，轴封容易泄漏，一旦有毒气体逸出会污染环境，因而需控制好压紧力。压紧力过大，轴旋转时轴与填料间摩擦增大，会使磨损加快，在填料处定期加润滑剂，可减少摩擦，并能减少因螺栓压紧力过大而产生的摩擦发热。填料要富于弹性，有良好的耐磨性和导

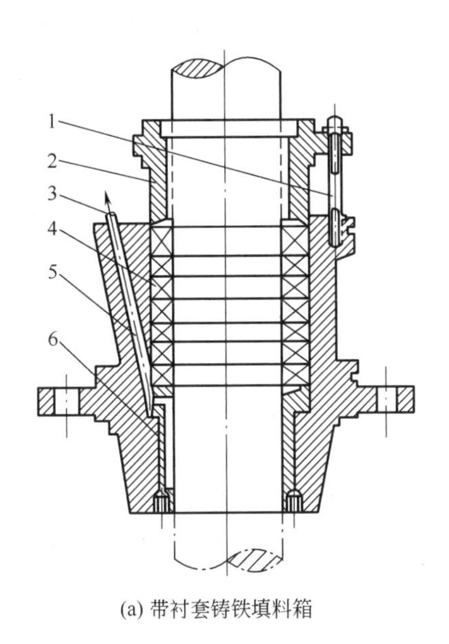

(a) 带衬套铸铁填料箱

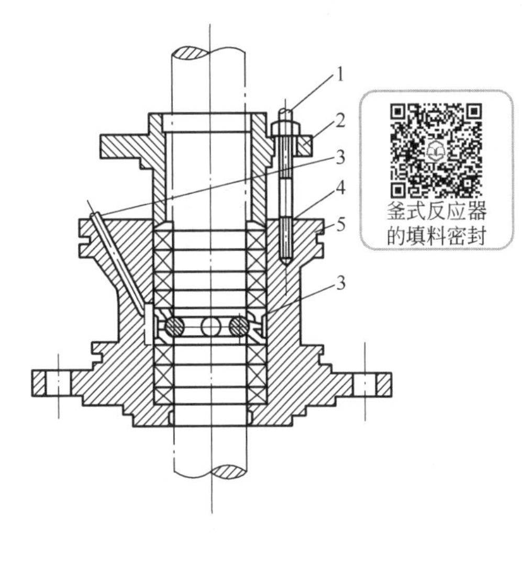

(b) 带油环铸铁填料箱

图 4-14　填料密封结构

1—螺栓；2—压盖；3—油环；4—填料；5—箱体；6—衬套

热性。填料的弹性变形要大，使填料紧贴转轴，对转轴产生收缩力，同时还要求填料有足够的圈数。使用中由于磨损应适当增补填料，调节螺栓的压紧力，以达到密封效果。填料压盖要防止歪斜。有的设备在填料箱处设有冷却夹套，可防止填料摩擦发热。

釜式反应器
的机械密封

2. 机械密封

机械密封在反应釜上已广泛应用，它的结构和类型繁多，但它们的工作原理和基本结构都是相同的。图 4-15 所示是一种结构比较简单的釜用机械密封装置。

机械密封由动环、静环、弹簧加荷装置（弹簧、螺栓、螺母、弹簧座、弹簧压板）及辅助密封圈四个部分组成。由于弹簧力的作用使动环紧紧压在静环上，当轴旋转时，弹簧座、弹簧、弹簧压板、动环等零件随轴一起旋转，而静环则固定在座架上静止不动，动环与静环相接触的环形密封端面阻止了物料的泄漏。机械密封结构较复杂，但密封效果甚佳。

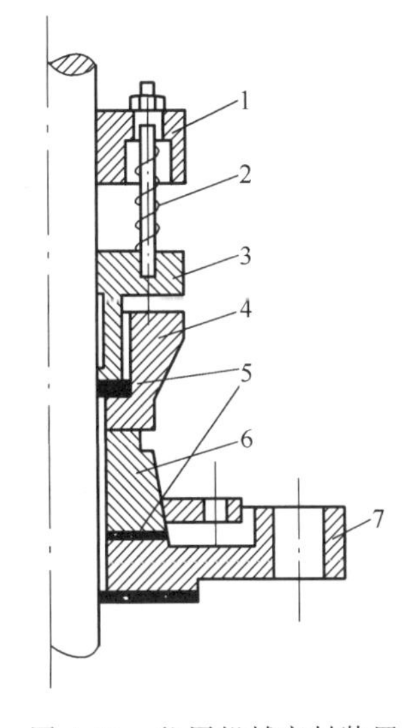

图 4-15　釜用机械密封装置

1—弹簧座；2—弹簧；3—弹簧压板；4—动环；5—密封圈；6—静环；7—静环座

（四）传热装置

化学反应需要维持在一定的温度下进行，在反应过程中常伴随着热效应的产生（放热或吸热），因此搅拌釜式反应器需要配有传热装置。对于间歇反应过程，在反应未开始时，由于料液的初始温度与反应温度有较大的差别，应先对它进行加热或冷却，使之达到反应所需的温度。当反应开始后，由于反应热效应的存在需要调整传热量的大小使反应仍然能够维持一定的反应温度。釜式反应器的传热，对于维持最佳的反应条件，取得最好的反应效果是很重要的。不良的传热不仅会影响反应效果，有时甚至引起爆炸。因此，反应器的传热操作对于维持化学反应顺利进行是极其重要的。

1. 反应釜的传热装置

反应釜的传热装置主要是夹套和蛇管。

(1) 夹套　传热夹套是一个套在反应器筒体外面能形成密封空间的容器，一般由钢板焊接而成，既简单又方便。夹套上设有水蒸气、冷却水或其他加热、冷却介质的进出口。如果加热介质是水蒸气，进口管应靠近夹套上端，冷凝液从底部排出；如果传热介质是液体，则进口管应安置在底部，液体从底部进入、上部流出，使传热介质能充满整个夹套的空间。夹套内通蒸汽时，其蒸汽压力一般不超过0.6MPa。当反应器的直径大或者加热蒸汽压力较高时，夹套必须采取加强措施，图4-16为几种加强的夹套传热结构。

图4-16(a)为一种支撑短管加强的“蜂窝夹套”，可用1MPa的饱和水蒸气加热至180℃；图4-16 (b) 为冲压式蜂窝夹套，可耐更高的压力；图4-16 (c) 和 (d) 为角钢焊在釜的外壁上的结构，耐压可达到5～6MPa。

夹套与反应釜内壁的间距视反应釜直径的大小采用不同的数值，一般取25～100mm。夹套的高度取决于传热面积，而传热面积由工艺要求确定。但须注意夹套高度一般应高于料液的高度，应比釜内液面高出50～100mm，以保证充分传热。

有时，对于较大型的搅拌釜，为了提高传热效果，在夹套空间装设螺旋导流板如图4-17所示，以缩小夹套中流体的流通面积，提高流速并避免短路。螺旋导流板一般焊在釜壁上，与夹套壁有小于3mm的间隙。加设螺旋导流板后，夹套侧的传热膜系数一般可由500W/(m^2·K) 增大到1500～2000W/(m^2·K)。

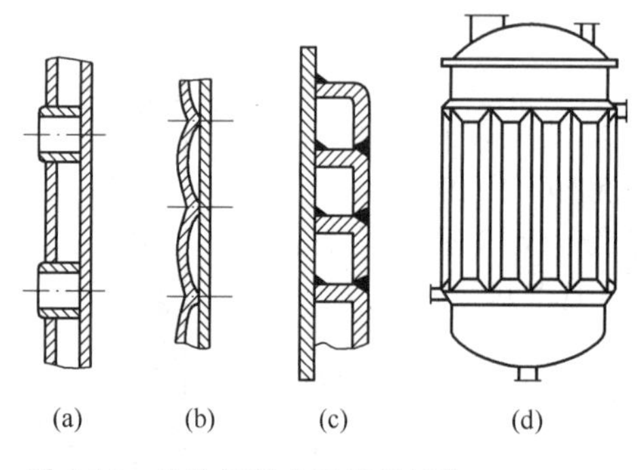

图4-16　几种加强夹套传热结构

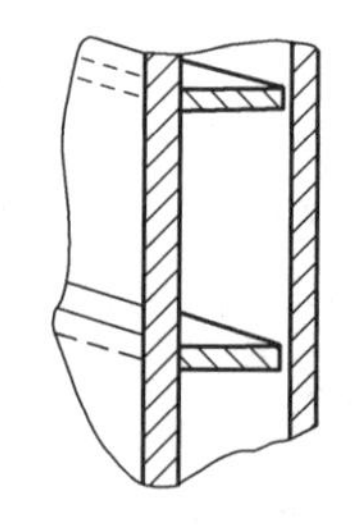

图4-17　螺旋导流板

(2) 蛇管　当工艺需要的传热面积大，单靠夹套传热不能满足要求时，或者是反应器内壁衬有橡胶、瓷砖等非金属材料时，可采用蛇管、插入套管、插入D形管等传热。

工业上常用的蛇管有两种：水平式蛇管（图4-18）和直立式蛇管（图4-19）。排列紧密的水平式蛇管能同时起到导流筒的作用，排列紧密的直立式蛇管同时可以起到挡板的作用，它们对于改善流体的流动状况和搅拌的效果起积极的作用。

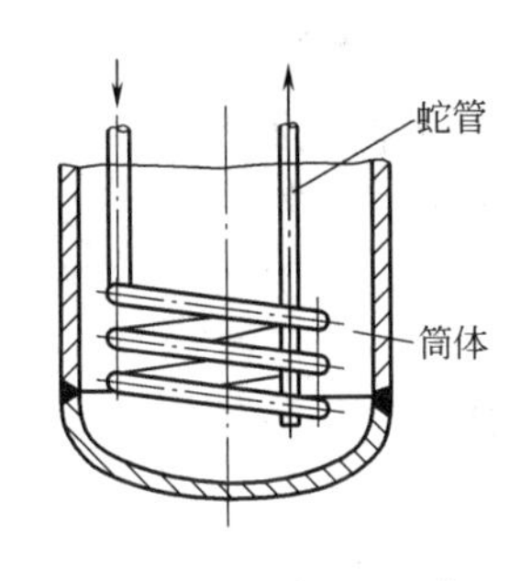

图 4-18 水平式蛇管

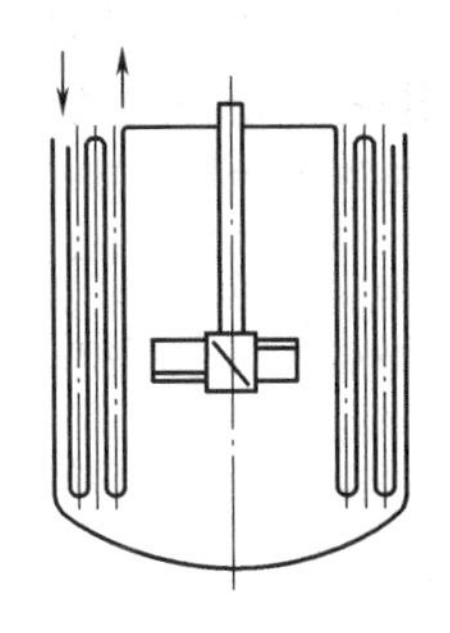
图 4-19 直立式蛇管

蛇管浸没在物料中，热量损失少，且由于蛇管内传热介质流速高，它的给热系数比夹套大得多。但对于含有固体颗粒的物料及黏稠的物料，容易引起物料堆积和挂料，影响传热效果。

工业上常用的几种插入式传热构件如图 4-20 所示。这些插入式结构适用于反应物料容易在传热壁上结垢的场合，检修、除垢都比较方便。

对于大型反应釜，需高速传热时，可在釜内安装列管式换热器，如图 4-21 所示。

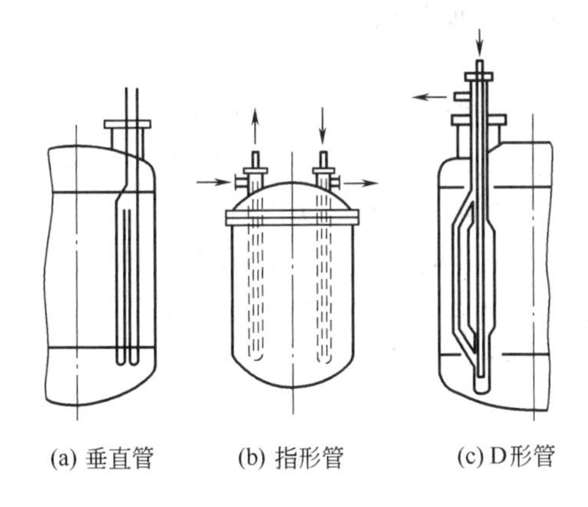

图 4-20 几种插入式传热构件

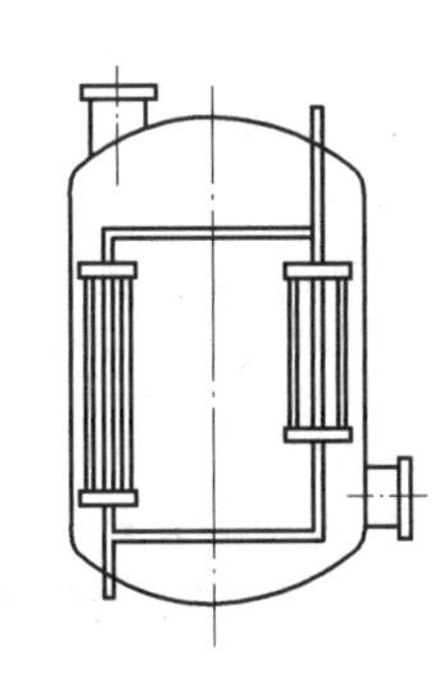
图 4-21 内装列管式换热器的反应釜

（3）其他型式传热装置　除了采用夹套和蛇管等内插传热构件使反应物料在反应器内进行换热之外，还可以采用各种形式的换热器使反应物料在反应器外进行换热，即将反应器内的物料移出反应器换热后再循环回反应器。当反应器的夹套和蛇管传热面积仍不能满足工艺要求，或由于工艺的特殊要求无法在反应器内安装蛇管而夹套的传热面积又不能满足工艺要求时，可以通过泵将反应器内的料液抽出，经过外部换热器换热后再循环回反应器中。另外，当反应在沸腾温度下进行且反应热效应很大时，可以采用回流冷凝法进行换热，即：使反应器内产生的蒸汽通过外部的冷凝器加以冷凝，冷凝液返回反应器中。采用这种方法进行传热，由于蒸汽在冷凝器中以冷凝的方式散热，可以得到很高的给热系数。

2. 常用的加热剂

用一般的低压饱和水蒸气加热时温度最高只能达 150～160℃，需要更高加热温度时则应考虑加热剂的选择问题。常用的加热剂如下。

（1）高压饱和水蒸气　其来源于高压蒸汽锅炉、利用反应热的废热锅炉或热电站的蒸汽透平。蒸汽压力可达一至数兆帕。用高压蒸汽作为加热剂的缺点是需高压管道输送蒸汽，其建设投资费用大，尤其需远距离输送时热损失大，很不经济。

（2）有机载热体　利用某些有机物常压沸点高、熔点低、热稳定性好等特点可提供高温的热源。如联苯导热油、YD导热油、SD导热油等都是良好的高温载热体。联苯导热油是含联苯26.5%、二苯醚73.5%的低共沸点混合物，熔点12.3℃，沸点258℃。它的突出优点是能在较低的压力下得到较高的加热温度。在同样的温度下，它的饱和蒸气压力只有水蒸气压力的几十分之一。

（3）熔盐　反应温度在300℃以上可用熔盐作载热体。熔盐的组成为KNO_3 53%、$NaNO_3$ 7%、$NaNO_2$ 40%（质量分数，熔点142℃）。

（4）电加热法　这是一种操作方便、热效率高、便于实现自控和遥控的一种高温加热方法。常用的电加热方法可以分为以下三种类型。

① 电阻加热法。电流透过电阻产生热量实现加热。可采用以下几种结构型式。

a. 辐射加热，即把电阻丝暴露在空气中，借辐射和对流传热直接加热反应釜。此种型式只能适用于不易燃易爆的操作过程。

b. 电阻夹布加热，将电阻丝夹在用玻璃纤维织成的布中，包扎在被加热设备的外壁。这样可以避免电阻丝暴露在大气中，从而减少引起火灾的危险性。但必须注意的是电阻夹布不允许被水浸湿，否则将引起漏电和短路的危险事故。

c. 插入式加热法，将管式或棒状电热器插入被加热的介质中或夹套浴中实现加热。这种方法仅适用于小型设备的加热。

电阻加热可采用可控硅电压调节器自动调节加热温度，实现较为平稳的温度控制。

② 感应电流加热。这是利用交流电路所引起的磁通量变化在被加热体中感应产生的涡流损耗变为热能。感应电流在加热体中透入的深度与设备的形状以及电流的频率有关。在化工生产中应用较方便的是普通的工业交流电产生感应电流加热，称为工频感应电流加热法，其适用壁厚在5～8mm以上、圆筒形设备的加热（高径比最好在2～4以上），加热温度在500℃以下。其优点是施工简便，无明火，在易燃易爆环境中使用比其他加热方式安全，升温快，温度分布均匀。

③ 短路电流加热。将低电压，如36V的交流电直接通到被加热的设备上，利用短路电流产生的热量进行高温加热。这种电加热法适用于加热细长的反应器。

3. 常用的冷却剂

常用的冷却剂有如下几种。

① 冷却水。如河水、井水、城市水厂给水等，水温随地区和季节而变。深井水的水温较低而稳定，一般在15～20℃。水的冷却效果好，也最为常用。随水的硬度不同，对换热后的水出口温度有一定限制，一般不宜超过60℃，在不宜清洗的场合不宜超过50℃，以免水垢的迅速生成。

② 空气。在缺乏水资源的地方可采用空气冷却，其主要缺点是给热系数低、需要的传热面积大。

③ 低温冷却剂。有些化工生产过程需要在较低的温度下进行，这种低温采用一般冷却方法难以达到，必须采用特殊的制冷装置进行人工制冷。

在制冷装置中一般多采用直接冷却方式，即利用制冷剂的蒸发直接冷却冷间内的空气，或直接冷却被冷却物体。制冷剂一般有液氨、液氮等。由于需要额外的机械能量，故成本较高。

在有些情况下则采用间接冷却方式，即被冷却对象的热量是通过中间介质传送给在蒸发器中蒸发的制冷剂。这种中间介质起着传送和分配冷量的媒介作用，称为载冷剂。常用的载冷剂有盐水及有机物载冷剂。

① 盐水。氯化钠及氯化钙等盐的水溶液，通常称为冷冻盐水。盐水的起始凝固温度随浓度而变，如表4-2所示。氯化钙盐水的共晶温度（−55℃）比氯化钠盐水低，可用于较低温度，故应用较广。氯化钠盐水无毒，传热性能较氯化钙盐水好。

表4-2　冷冻盐水起始凝固温度与浓度的关系

相对密度（15℃）	氯化钠盐水			氯化钙盐水		
	浓度/%	100kg水加盐量/kg	起始凝固温度/℃	浓度/%	100kg水加盐量/kg	起始凝固温度/℃
1.05	7.0	7.5	−4.4	5.9	6.3	−3.0
1.10	13.6	15.7	−9.8	11.5	13.0	−7.1
1.15	20.0	25.0	−16.6	16.8	20.2	−12.7
1.175	23.1	30.1	−21.2			
1.20				21.9	28.0	−21.2
1.25				26.6	36.2	−34.4
1.286				29.9	42.7	−55.0

氯化钠盐水及氯化钙盐水均对金属材料有腐蚀性，使用时需加缓蚀剂重铬酸钠及氢氧化钠，以使盐水的pH达7.0～8.5，呈弱碱性。

② 有机物载冷剂。有机物载冷剂适用于比较低的温度，常用的有如下几种。

a. 乙二醇、丙二醇的水溶液。乙二醇无色无味，可全溶于水，对金属材料无腐蚀性。乙二醇水溶液使用温度可达−35℃（浓度为45%），但用于−10℃（35%）时效果最好。乙二醇黏度大，故传热性能较差，稍具毒性，不宜用于开式系统。

丙二醇是极稳定的化合物，全溶于水，对金属材料无腐蚀性。丙二醇的水溶液无毒；黏度较大，传热性能较差。丙二醇的使用温度通常为−10℃或−10℃以上。

乙二醇和丙二醇溶液的凝固温度随其浓度而变，如表4-3所示。

表4-3　乙二醇和丙二醇溶液的凝固温度与浓度关系

容积浓度/%		20	25	30	35	40	45	50
凝固温度/℃	乙二醇	−8.7	−12.0	−15.9	−20.0	−24.7	−30.0	−35.9
	丙二醇	−7.2	−9.7	−12.8	−16.4	−20.9	−26.1	−32.0

b. 乙醇的水溶液。在有机物载冷剂中甲醇是最便宜的，而且对金属材料不腐蚀，甲醇水溶液的使用温度范围是−35～0℃，相应的浓度是15%～40%，在−35～−20℃范围内具有较好的传热性能。甲醇用作载冷剂的缺点是有毒和可以燃烧，在运送、贮存和使用中应注意安全问题。

乙醇无毒，对金属不腐蚀，其水溶液常用于啤酒厂、化工厂及食品化工厂。乙醇也可燃，比甲醇贵，传热性能比甲醇差。

（五）无泄漏磁力釜

高压釜常采用磁力搅拌釜。磁力釜的主要特点是以静密封代替了传统的填料密封或机械密封，从而实现整台反应釜在全密封状态下工作，保证无泄漏。因此，更适合于各种极毒、易燃、易爆以及其他渗透力极强的化工工艺过程，是合成制药工艺中进行硫化、氟化、氢化、氧化等反应的理想设备。

无泄漏磁力釜的结构，如图4-22所示，作一简单的介绍。

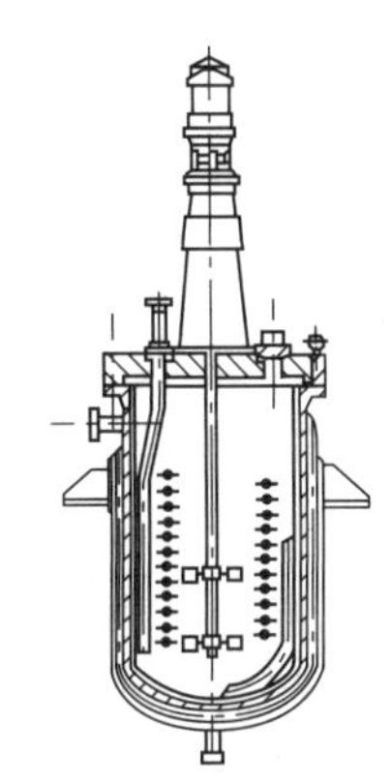

图4-22　无泄漏磁力釜结构示意图

1. 釜体

釜体主要由釜身与釜盖两大部件组成。釜身用高强度合金钢板卷制而成，其内侧一般衬以能承受介质腐蚀的耐用腐蚀材料，其中以 0Cr18Ni11Ti 或 $00Cr17Ni14Mo_2$ 等材料占多数，在内衬与釜身之间填充铅锑合金，以利导热和受力。也有直接用 0Cr18Ni11Ti 等材料单层制成。

釜盖为平板盖或凸形封头，它也由高强度合金钢制成，盖上设置按工艺要求的进气口，加料口，测压口及安全附件等不同口径接管。为了防止介质对釜盖的腐蚀，在与介质接触的一侧也可以衬填耐腐蚀材料。

釜身与釜盖之间装有密封垫片，通过主螺栓及主螺母使其密封成一体。

2. 搅拌转子

为了使釜内物料进行激烈搅拌，以利化学反应，在釜内垂直悬置一根搅拌转子，其上配置与釜体内径成比例的搅拌器（如涡轮式、推进式等），搅拌器离釜底较近，以利物料翻动。

3. 传热构件

釜内介质的热量传递，可在釜外焊制传热夹套，通入适当载热体进行热交换，也可以在釜内设置螺旋盘管，在管内通进载热体把釜内物料的热量带走或传入，以满足其化学反应需要。

4. 传动装置

搅拌转子的旋转运动是通过一个磁力驱动器来实现的，它位于釜盖中央，与搅拌转子连成一体，以同步转速旋转。

磁力驱动装置用高压法兰、螺钉与釜盖连接一体，中间由金属密封垫片实现与釜盖静密封。

传动装置用的电机与减速器安装有两种形式：一种为用三角皮带侧面传动，另一种为电机与减速器直接驱动。

磁力驱动器是一种非接触传动机械，它的驱动原理是磁的库仑定律。釜内介质被一个与釜盖密封成一体的护套隔开，从而构成一个全封闭式反应釜。

5. 安全与保护装置

隔爆型三相异步电动机可保护电机在易燃易爆工况下安全运转。釜盖上设置有安全阀或爆破片泄压安全附件。当釜内压力超过规定压力时，打开泄放装置，自行降压，以保证设备的安全。安全阀必须经过校准后才能使用，校正后加铅封。

釜盖与釜体法兰上均备有衬里夹层排气小孔，如有渗漏，首先在此发现，可及时采取措施。

密闭釜体内部转轴运转情况，可借助于装在磁力驱动器外部的转速传感器显示出来，如有异常情况，可及时采取停车检查措施。

第三节 釜式反应器选型实例

根据反应物料的性质和给定的生产能力，确定反应器的型式、结构和适宜的尺寸及操作条件。以氯霉素的生产为例，介绍如何进行反应器选型。

一、对硝基乙苯的制备（硝化）

硝化剂硝酸、硫酸和水混合（混酸），这些混合物中的溶解酸以及所得到的废酸，一般都含硫酸68%以上，对铸铁和不锈钢都具有一定的稳定性。随着生产能力的扩大，为了便于加工制造，设置足够的传热面积的结构，近年来越来越多用不锈钢代替了铸铁。当硝化废酸较稀或单纯用硝酸进行硝化时，为保证设备的使用期，则采用不锈钢为宜。所以混酸罐选用不锈钢罐。

使用混酸硝化，在温度40℃左右下操作，硝化废酸中含有68%以上的硫酸，所以硝化罐的罐体和罐盖都用铸铁材料制造，能具有良好的化学稳定性。罐体外设置普通碳钢造的冷却夹套，罐内物料具有腐蚀性，为减少对内部构件损坏维修，罐内构件全部用不锈钢材料制造。

硝化反应是强放热反应，为保证硝化过程的安全操作，必须有良好可靠的搅拌装置，尤其是在间歇硝化反应加料阶段，停止搅拌或搅拌叶脱落导致搅拌失效，将是非常危险的。因为两相很快分层而停止反应，当积累过量的硝化剂或被硝化物时，一旦重新搅拌，会突然发生剧烈反应，在瞬间放出大量热，使温度失控而导致安全事故。所以硝化时采用旋桨式搅拌器，混酸时采用推进式搅拌器。

二、对硝基苯乙酮的制备（氧化）

本步反应是对硝基乙苯在固相催化剂作用下与氧气进行反应，属于气-液非均相反应，而且是强烈的放热反应，宜采用鼓泡塔式氧化器，其中单段鼓泡氧化塔常用于半间歇操作，对强放热反应操作易于控制，其结构简单。通常采用夹套和塔内外设置的冷却蛇管或列管进行冷却移除热量。

三、对硝基-α-溴代苯乙酮（简称溴化物）的制备（溴化）

溴化反应中有溴化氢生成，与水生成相应的酸，对一般的金属材料都有很强的腐蚀性。因此，常用的反应器材质有搪玻璃、耐酸瓷砖等。必须注意的是在芳烃的侧链烷基氯化取代等卤化反应中，不能使用钢、铸铁等制造的反应器，因为微量的铁等金属卤化物存在即会造成大量的环上取代反应。所以本步反应采用搪玻璃溴代罐。

溴化反应是中等放热反应，采用锚式或桨式搅拌器便可满足传质需要。

卤化剂、被卤化物及其产物许多情况下为易燃易爆品或有毒物品，对人体有害。因此在操作中必须严格密封防止泄漏和采用防火防爆电器设备等安全设施。

四、对硝基-α-氨基苯乙酮盐酸盐（简称水解物）的制备（水解）

本步反应要求在强酸下进行，水解产物才稳定。酸对金属有腐蚀性，所以采用搪玻璃反应罐。搅拌器采用锚式或桨式搅拌器。

中国标准搪玻璃反应罐有K型和F型两种。K型反应罐是罐盖和罐体分开，可以装置尺寸大的锚式、框式和桨式搅拌器。F型是盖体不分的结构，盖上都装置人孔，搅拌器为尺寸较小的锚式或桨式，F型反应釜的密封面比K型小得多，对一些液相卤化反应以及带有真空和压力下的操作更为适宜。

五、DL-苏型-对硝基苯基-2-氨基-1,3-丙二醇（简称混旋氨基物）的制备（还原）

本步反应在催化剂存在下有HCl存在，需用铸铁或钢衬耐酸瓷砖等耐腐蚀材料制造的反应器。还原反应是较强的放热反应，为保持在工艺条件下顺利操作，可采用桨式搅拌器，通过夹套及时移除反应热。

第四节 釜式反应器容积数量计算

一、间歇操作釜式反应器的容积和数量计算

当设计一个车间或一套装置时，需要求算需用反应器的容积和数量。由物料衡算求出每小时需处理的物料体积后，即可进行反应釜的体积和数量的计算。计算时，在反应釜体积 V 和数量 n 这两个变量中必须先确定一个。由于数量一般不会很多，通常可以用几个不同的 n 值来算出相应的 V 值，然后再决定采用哪一组 n 和 V 值比较合适。

从提高劳动生产率和降低设备投资来考虑，选用体积大而只数少的设备，比选用体积小而只数多的设备有利，但是还要考虑其他因素做全面比较。例如大体积设备的加工和检修条件是否具备，厂房建筑条件（如厂房的高度、大型设备的支撑构件等）是否具备。有时还要考虑大型设备的操作工艺和生产控制方法是否成熟。从近年来国内外化工生产的发展趋势来看，搅拌釜的大型化是一个趋势。在国外化工厂里体积达 50～100m^3 的反应釜已不罕见，在中国体积为 30m^3 的大型聚合釜已成功投入生产。

1. 给定V，求n

每天需操作的批次为：

$$\alpha=\frac{24V_0}{V_R}=\frac{24V_0}{V\varphi} \tag{4-2}$$

式中 α——每天操作批次；

V_0——每小时处理的物料体积，m^3/h；

V_R——反应器有效容积，即反应区域，m^3；

V——反应器容积，m^3；

φ——装料系数。

实际生产中，由于搅拌、发生泡沫等原因，物料不能装满，所以间歇反应釜的容积要较有效容积大。反应器有效容积 V_R 与实际容积 V 之比称为设备装料系数，以符号 φ 表示。其具体数值根据实际情况而变化，可参考表 4-4。

表 4-4 设备装料系数

条　件	装料系数 φ 范围
不带搅拌或搅拌缓慢的反应釜	0.8～0.85
带搅拌的反应釜	0.7～0.8
易起泡沫和在沸腾下操作的设备	0.4～0.6
储槽和计量槽(液面平静)	0.85～0.9

每天每只反应釜可操作的批次为：

$$\beta=\frac{24}{t}=\frac{24}{\tau+\tau'} \tag{4-3}$$

式中 β——每天每只釜操作批次；

t——操作周期，h；

τ——反应时间，h；

τ'——辅助时间，h。

操作周期 t 又称工时定额，是指生产每一批物料的全部操作时间。由于间歇反应器是分批操作，其操作时间由两部分构成：一是反应时间，用 τ 表示；二是辅助时间，即装料、卸料、检查及清洗设备等所需时间，用 τ' 表示。如果 τ 很小，而 τ' 相对来说较大，则反应器大部分时间不是在进行化学反应，而是为加料、出料、清洗等辅助操作所占据。因此，间歇釜用于快速反应是不合适的。实际生产中，液相反应的反应时间一般比较长（τ 为 τ' 的几倍乃至几十倍）。这就是间歇反应釜在制药生产中获得广泛应用的原因之一。

生产过程需用的反应釜数量 n' 可按下式计算：

$$n'=\frac{\alpha}{\beta}=\frac{V_0(\tau+\tau')}{\varphi V} \tag{4-4}$$

式中 n'——反应釜数量，只。

由式（4-4）计算得到的 n' 值通常不是整数，需圆整成整数 n。这样反应釜的生产能力较计算要求提高了，其提高程度称为生产能力的后备系数，以 δ 表示，即：

$$\delta=\frac{n}{n'} \tag{4-5}$$

式中 δ——后备系数；

n——圆整后的反应釜数量，只。

后备系数一般在 1.1～1.15 较为合适。

反应器有效容积 V_R 按下式计算：

$$V_R=\varphi V=V_0(\tau+\tau') \tag{4-6}$$

2. 给定 n，求 V

有时由于受生产厂房面积的限制或工艺过程的要求，先确定了反应的数量 n，此时每台反应釜的容积可按下式求得：

$$V=\frac{V_0(\tau+\tau')\delta}{\varphi n} \tag{4-7}$$

计算出的 V 的确定需圆整成标准的反应釜容积，详见《化工工艺设计手册》的有关内容。

【例 4-1】 苯醌（A）与环戊二烯（B）合成 5,8-桥亚甲基-5,8,9,10-四氢-α-萘醌（R），反应在良好搅拌的间歇反应釜中进行，容积变化可忽略，每小时出料（R）0.83m^3，操作周期为 13h（τ 为 11h，τ' 为 2h）。求所用反应器的容积。设备装料系数取 0.75。

解 需要设备总体积为：$nV=\dfrac{V_0\tau}{\varphi}=\dfrac{0.83\times13}{0.75}=14.39\ (m^3)$

可取 2 只釜，即 $n=2$，每只釜的体积为：

$$V=\frac{14.39}{2}=7.2\ (m^3)$$

【例 4-2】 西维因农药中试车间用 200L 搪瓷釜做试验，每批操作可得西维因成品 12.5kg，操作周期为 17h。今需设计年产 1000t 的西维因车间，求需用搪瓷釜的数量与容积。年开工天数为 300d。

解 每台釜每天操作的批数：$\beta=\dfrac{24}{17}=1.41$

每天生产西维因的数量：$\dfrac{1000\times1000}{300}=3330$（kg）

需要设备总容积：$nV=\dfrac{3330}{12.5}\times200\times\dfrac{10^{-3}}{1.41}=37.8$（$m^3$）

取 V 为 $10m^3$ 的最大搪瓷釜 4 台。

二、间歇操作釜式反应器直径和高度的计算

一般搅拌反应釜的高度与直径之比 $H/D=1.2$ 左右，如图 4-23 所示。釜盖与釜底采用椭圆形封头，如图 4-24 所示，图中注明的封头体积（$V=0.131D^3$）不包括直边高度（25～50mm）的体积在内。

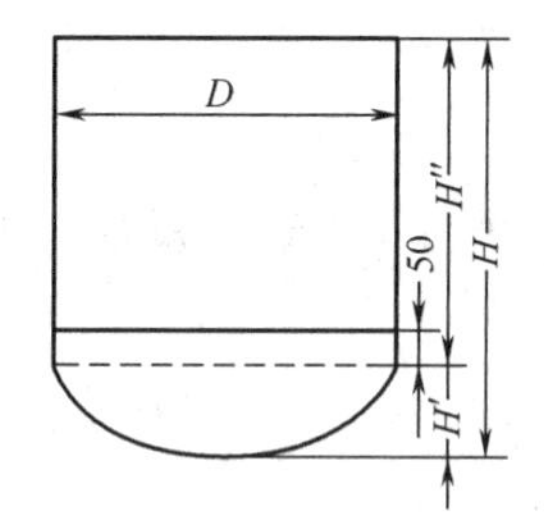

图 4-23 反应釜的主要尺寸

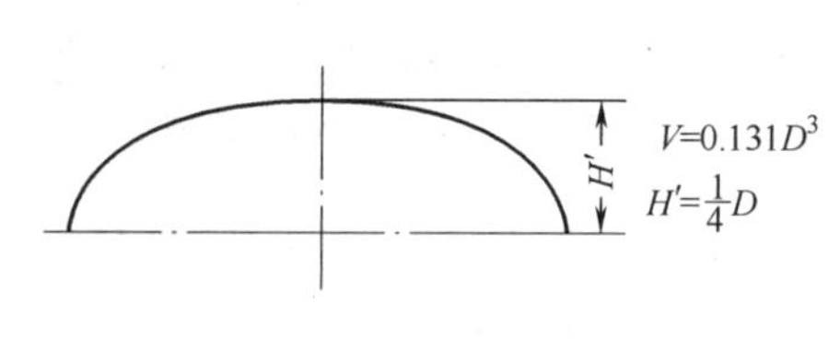

图 4-24 椭圆形封头

由工艺计算决定了反应器的体积后，即可按下式求得其直径与高度：

$$V=\frac{\pi}{4}D^2H''+0.131D^3 \tag{4-8}$$

所求得的圆筒高度及直径需要圆整，并检验装料系数是否合适。

确定了的反应釜的主要尺寸后，其壁厚、法兰尺寸以及手孔、视镜、工艺接管口等均可按工艺条件由标准中选择。

三、设备之间的平衡

制药生产为多工序反应，且都为间歇操作，设计时必须考虑到各道工序之间在操作上的前后协调。比如前一道工序操作终了准备出料时，下道工序应保证接受来料。而当前后工序设备之间不平衡时，就会出现前工序操作完了要出料，后工序却不能接受来料；或者，后工序待接受来料，而前工序尚未反应完毕的情况。这样将大大延长辅助操作的时间。

关于设备之间的平衡，大致有下列几种情况。

1. 多工序反应器之间的平衡

一种药品的生产一般需经过许多道工序，为了便于生产的组织管理和产品的质量检验，通常要求不同批号的物料不相混，这样就应保证各道工序每天操作总批数 α 都相等。

$$\alpha_1=\alpha_2=\cdots=\alpha_n \tag{4-9}$$

这样做有利于生产的组织管理和产品质量检查，不同批号的物料不会相混。在某些情况下，也可以设置中间储存设备，则前后两道工序的 α 可以不相等。

总操作批数相等的条件是：

$$n_1\beta_1=n_2\beta_2=\cdots=n_n\beta_n \tag{4-10}$$

或

$$\frac{n_1}{\tau_1}=\frac{n_2}{\tau_2}=\cdots=\frac{n_n}{\tau_n} \tag{4-11}$$

即各工序的设备个数与其操作周期之比相等。

同时还要使各工序的设备容积之间保持互相平衡，即：

$$\frac{V_{D1}}{V_1\varphi_1}=\frac{V_{D2}}{V_2\varphi_2}=\cdots=\frac{V_{Dn}}{V_n\varphi_n} \tag{4-12}$$

式中　V_D——每天处理物料总体积，$V_D=24V_0$。

设计一般先确定主要反应工序的设备容积与个数及其每天总操作次数 α_1，然后使其他各工序的 α 值都等于 α_1。再确定各道工序的设备容积与数量。

【例 4-3】 2-萘酚车间的磺化工段有四道工序：磺化、水解、吹萘及中和。现有铸铁磺化釜的规格 $2m^3$、$2.5m^3$ 及 $3m^3$ 三种。试设计各工序的设备容积与数量。已知各工序的 V_D、φ 及 τ 如下表：

工　序	V_D/m^3	τ/h	φ
磺化	20.0	4.0	0.8
水解	21.25	1.5	0.85
吹萘	30.0	3.0	0.6
中和	113.5	5.0	0.6

解　(1) 先作磺化工序的计算

取三种不同容积的磺化釜分别计算：

$$V=2m^3 \text{ 时}$$

每天操作批次
$$\alpha=\frac{V_D}{V\varphi}=\frac{20}{0.8\times2}=12.5$$

每台设备每天操作批次
$$\beta=\frac{24}{\tau}=\frac{24}{4}=6$$

所需设备数量
$$n'=\frac{\alpha}{\beta}=\frac{12.5}{6}=2.08$$

圆整取
$$n=3$$

设备后备系数
$$\delta=\frac{n}{n'}=\frac{3}{2.08}=1.44$$

再取 $V=2.5m^3$ 与 $3.0m^3$ 作同样计算，结果列于下表：

V/m^3	φ	α	β	n'	n	δ
2.0	0.8	12.5	6	2.08	3	1.44
2.5	0.8	10.0	6	1.67	2	1.20
3.0	0.8	8.34	6	1.38	2	1.44

比较三种方案，选用 2 个 $2.5m^3$ 磺化釜较为符合设计任务。

(2) 水解及其他工序的计算

取水解工序
$$\alpha=10$$

$$\beta=\frac{24}{1.5}=16$$

$$n'=\frac{10}{16}=0.625$$

取
$$n=1$$

$$\delta=\frac{1}{0.625}=1.6$$

水解釜容积

$$V=\frac{V_D}{\alpha\varphi}=\frac{21.25}{10\times 0.85}=2.5\text{m}^3$$

同样方法计算吹萘及中和两个工序，将各工序计算结果列于下表：

工　序	V_D/m^3	α	β	n'	n	δ	φ	V/m^3
磺化	20.0	10	6	1.67	2	1.2	0.8	2.5
水解	21.25	10	16	0.625	1	1.6	0.85	2.5
吹萘	30.0	10	8	1.25	2	1.6	0.6	5.0
中和	113.5	10	4.8	2.08	3	1.44	0.6	19

2. 反应釜与物理过程设备之间的平衡

当反应后需要过滤或离心脱水时，通常每只反应釜配置一台过滤机或离心机比较方便。若过滤需要的时间很短，也可以两只或几只反应釜合用一台过滤机。若过滤需要时间较长，则可以按反应工序的 α 值取其整数倍来确定过滤机的台数，也可以每只反应釜配两台或更多的过滤机（此时可考虑采用一个较大规格的过滤机）。

当反应后需要浓缩或蒸馏时，因为它们的操作时间较长，通常需要设置中间储槽，将反应完成液先储入储槽中，以避免两个工序之间因操作上不协调而耽误时间。

3. 反应釜与计量槽、储槽之间的平衡

通常液体原料都要经过计量后加入反应釜，每只反应釜单独配置专用的计量槽，操作方便。计量槽的体积通常按一批操作需要的原料用量来决定（φ 取 0.8～0.85）。储槽的体积则可按一天的需用量来决定。当每天的用量较少时，也可按储备 2～3d 的量来计算（φ 取 0.8～0.9）。

第五节　釜式反应器的操作与维护

一、釜式反应器的操作

下面以一种治疗血吸虫病的药物中间体的生产为例介绍高压间歇釜式反应器的操作与控制。

（一）原理及流程简述

1. 反应原理

（反应式：1-氰基-2-苯甲酰基-1,2-二氢异喹啉 $+3H_2$ $\xrightarrow[4\sim5\text{MPa}]{\text{雷尼镍}}$ 1-(苯甲酰氨基甲基)-1,2,3,4-四氢异喹啉，图中标注：O，N—C，H，CN，NH，CH_2NH—C，O）

2. 流程简述

高压氢化反应生产工艺流程如图 4-25 所示，将原料环化物、溶剂醋酸乙酯、催化剂雷尼镍加入高压釜中，用氮气置换，然后通入 4～5MPa 的氢气，水浴加热，反应 8～9h 后，降温、卸压，含氢化物的上层清液去后处理，真空抽滤下层雷尼镍，滤液与上层清液合并，雷尼镍洗涤后回用。

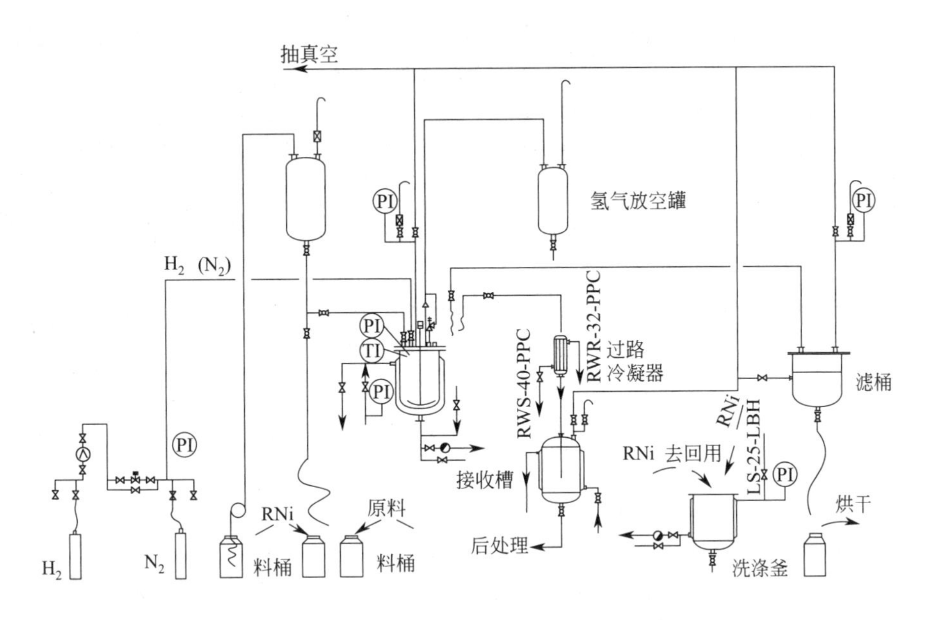

图 4-25　高压氢化反应工艺流程图

（二）高压间歇釜式反应器的操作与控制

1. 开车前的准备

（1）雷尼镍的制备

① 在搪瓷桶内投入称量好的片碱及称量好的蒸馏水沉淀 30min。

② 往反应釜中小心地抽入配好的碱液，同时夹套开水冷却，搅拌 15min 左右。

③ 夹套水浴加热，当温度升至 45℃时，缓慢均匀地加 60～80 目铝镍合金，加料温度维持 48～54℃之间，5h 左右加完铝镍合金。

④ 加料毕，水浴升温至 75～80℃，保温 4h。

⑤ 保温毕，水冷却至 65～70℃放料。

⑥ 将反应好的料放入搪瓷桶内，用倾泻法分出上层废液，再用温水递降洗涤，直至 pH 呈中性为止。

⑦ 用冷水洗涤计量装入塑料桶，盖紧，水封。

（2）雷尼镍的制备操作要点

① 碱度、温度及铝镍合金目数与雷尼镍的活性和安全密切有关，故对配料量、操作温度等均应严格按规定控制。

② 铝镍合金与碱的反应是剧烈的放热反应，加料时应严格遵守缓慢、均匀、逐渐，不可一下子加入过多，以防冲料。

③ 加铝镍合金的后阶段，放热量会随之减少，应适当关小冷却水，以防反应温度过低。

④ 热水洗的水温不能低于规定温度，否则将会使铝酸钠盐析出，造成洗涤困难。

⑤ 干燥的雷尼镍遇空气会立即自燃，故在放料水时，要注意将釜壁上及桶壁上沾有的雷尼镍冲洗干净，以防雷尼镍干燥后自燃产生明火。

⑥ 雷尼镍存放时间不能过长（在＜20℃下，可储存 1 周)，否则将影响雷尼镍的活性。

（3）雷尼镍的活化操作

① 将配好的2%NaOH溶液盛于搪瓷桶内，再将配好的纯化水放入含有雷尼镍的桶内（先倒出料桶中上层浸泡水），一起真空抽入搪玻璃反应釜。

② 搅拌下夹套蒸汽缓慢加热，待内温升至75～80℃，停止升温，搅拌下保温2h。

③ 保温毕，搅拌下趁热将雷尼镍和碱溶液放入搪瓷桶内，待分层沉淀后（约10min）上层溶液倾斜倒出。

④ 把预先在釜中已加热到65～70℃的蒸馏水，以1∶3配比放入盛雷尼镍搪瓷桶内进行梯降洗涤数次，洗涤时必须充分搅拌。

⑤ 经数次温洗后，再以蒸馏水洗涤，重复上述操作多次至pH呈中性。每次洗涤沉淀时间约10min，必须洗涤至蒸馏水澄清，切勿把雷尼镍带出。

⑥ 工业乙醇处理：纯化洗涤后的雷尼镍倒出水分，用工业乙醇以1∶2配比洗涤交换出水分。应充分搅和，不使雷尼镍沉于底部。搅和后进行沉淀，再倾斜倒出含水乙醇。

按上法用工业乙醇洗涤三次。

⑦ 无水乙醇洗涤：按工业乙醇处理方法进行，分三次以上洗涤，经洗涤后乙醇含量要达96%以上，以确保雷尼镍中水分含量达到最低限度。

⑧ 处理完毕的雷尼镍，按配比投料量配好盛于搪瓷桶内。投料前必须转移到醋酸乙酯溶剂中，待投料用。

2. 开车

（1）投料

① 将称量好的加成物倒入一定量的醋酸乙酯中搅和后，真空抽入高压釜中。

② 以真空吸入法将浸泡在醋酸乙酯中雷尼镍抽进釜中，边抽边以少量醋酸乙酯浇洗粘在搪瓷桶壁上的雷尼镍直至抽尽，再以醋酸乙酯抽洗投料管道，防止雷尼镍残留而燃烧。

③ 封进料口，用精白纱蘸上醋酸乙酯仔细抹净球面的杂质，再拧紧封口。

（2）排除空气

① 先开N_2进气阀，然后开釜盖上排气阀，充N_2 1MPa连续两次洗涤空气。

② N_2洗涤空气两次后，关闭控制室N_2进气阀，打开H_2进气阀，用H_2洗涤空气四次，每次也以1MPa。

（3）复查检漏与启动搅拌

① H_2洗涤空气四次后，充入4～5MPa氢气于釜中，关闭排气阀，用肥皂水进行捉漏，检查釜盖上各部接触点是否漏气，包括轴封、排气口等接触部分。

② 检查完毕，开启搅拌轴封冷却水，开启搅拌。

3. 正常操作

（1）升温

① 搅拌下，夹套水浴加热（应先放去存水），水浴加热时应做到缓慢加热逐渐上升。

② 当外温升到100℃左右，内温到70℃左右，开始吸H_2反应。

③ 在吸H_2反应过程中，有放热现象，温度上升较快，注意调小或关闭蒸汽加热。

（2）保温

① 当内温升到90℃时，开始保温反应。

② 氢气压力自保温开始应保持4～5MPa，温度严格控制在（96±2）℃，严禁超过100℃。

③ 自保温始每批反应时间控制在8～9h，注意观察吸H_2情况，特殊情况及时采取措施。

4. 正常停车

（1）降温

① 保温反应结束后，关闭蒸汽阀与釜底出气阀。

② 夹套改用自来水冷却，外温在60～65℃之间，关自来水，待内温和外温冷热交换均匀后，内温在60～65℃之间，停止搅拌，静置30min分层。

③ 若外温过低，内温未达到出料温度，外温应稍加热，使外温回升，保持在60～65℃之间，防止过冷析出结晶体。

（2）放气出料

① 内温保持在60～65℃之间，小心打开釜盖上放气阀，关 H_2 进气阀，排除釜内余氢压力，放光为止。

② 再充入1MPa N_2 洗涤两次。注意放气时切勿过快，以防压力过高，冲出加成物和液体，其中还残留有雷尼镍粉，会堵塞针形阀与通气管道。

（3）松盖排气

① 小心稍开釜上出料口，让釜内少量余压跑尽，切勿过快。

② 压力跑尽后，打开料口。

（4）通 N_2 吸料

① 料口打开后，立即通入小流量 N_2，防止空气进入而燃烧。

② 打开过路冷凝器中的冷冻盐水，以防吸料时醋酸乙酯被抽入缓冲罐中。

③ 滤缸用蒸汽预热，防止过滤时结出固体，同时在滤缸内铺好滤袋。

④ 插入塑料管，真空吸出釜内经沉淀后的上层氢化液入滤桶内过滤。

（5）过滤防燃

① 过滤时密切注意切不可抽干，让溶剂保持湿润状态，滤袋壁上的雷尼镍粉末用料液冲洗下去，防止雷尼镍自燃而引起溶剂燃烧。

② 料液出尽后，关 N_2。真空吸入法抽进下批反应物料时滤缸内可充入小流量的 N_2 以防燃烧。

（6）出活性镍操作　待一轮雷尼镍反应完毕（即氢化20批），需将雷尼镍全部出清，其操作过程可用两种方法。

第一种方法如下。

① 抽料加热。第20批反应氢化液抽出过滤后，关 N_2；真空下将醋酸乙酯抽入釜内，盖料口，开搅拌（此时釜内开进少量 N_2），夹套水浴加热，内温达60℃左右，搅拌数分钟。

② 通 N_2 出料。放去 N_2，打开料口，再充入微量 N_2 保护下，真空下将液体与镍粉一并抽出，倾泻于搪瓷桶内；沉淀后上层液再抽入釜内，洗涤尚未全部抽出的镍粉末（在出洗涤液时也必须开少流量 N_2），防止空气进入而燃烧，尽量将釜内镍出尽。

③ 过滤防燃。在出镍过滤时，切勿滤干，保持湿润状态，滤袋壁用料液冲洗至液体中，滤饼将近干时，以少量醋酸乙酯洗一次。

镍经过滤或沉淀后置于搪瓷桶内，放入水中。

第二种方法如下。

① 在出第20批料液时，继续搅拌。

② 做好一切抽料准备后，开启釜盖盖头，再停搅拌。

③ 通小流量 N_2，立即伸入抽料管到底部同时进行出料液及出镍粉的操作，将镍一并抽入滤缸内。

④ 待氢化液滤干后，及时将滤袋放入预先准备好的搪瓷桶内，覆上盖子，随即将其倒入水缸之中，过滤防燃措施同前。

二、釜式反应器的维护

（一）反应釜完好标准

1. 运行正常，效能良好

① 设备生产能力能达到设计规定的90%以上。

② 带压釜需取得压力容器使用许可证。

③ 机械传动无杂音，搅拌器与设备内加热蛇管、压料管内部件应无碰撞并按规定留有间隙。

④ 设备运转正常，无异常振动。

⑤ 减速机温度正常，轴承温度应符合规定。

⑥ 润滑良好，油质符合规定，油位正常。

⑦ 主轴密封及减速机、管线、管件、阀门、人（手）孔、法兰等无泄漏。

2. 内部机件无损坏，质量符合要求

① 釜体、轴封、搅拌器、内外蛇管等主要机件材质选用符合图纸要求。

② 釜体、轴封、搅拌器、内外蛇管等主要机件安装配合、磨损、腐蚀极限应符合检修规程规定。

③ 釜内衬里不渗漏，不鼓包，内蛇管装置紧固可靠。

3. 主体整洁，零附件齐全好用

① 主体及附件整洁，基础坚固，保温油漆完整美观。

② 减压阀、安全阀、疏水器、控制阀、自控仪表、通风、防爆、安全防护等设施齐全，灵敏好用，并应定期检查校验。

③ 管件、管线、阀门、支架等安装合理，横平竖直，涂色明显。

④ 所有螺栓均应满扣、齐整、紧固。

4. 技术资料齐全准确，应具有以下几项

① 设备档案，并符合总公司设备管理制度要求。

② 属压力容器设备应取得压力容器使用许可证。

③ 设备结构图及易损配件图。

（二）维护要点

① 反应釜在运行中，严格执行操作规程，禁止超温、超压。

② 按工艺指标控制夹套（或蛇管）及反应器的温度。

③ 避免温差应力与内压应力叠加，使设备产生应变。

④ 要严格控制配料比，防止剧烈反应。

⑤ 要注意反应釜有无异常振动和声响，如发现故障，应检查修理并及时消除。

（三）搪玻璃反应釜在正常使用中应注意以下几点

① 加料要严防金属硬物掉入设备内，运转时要防止设备振动，检修时按化工厂搪玻璃反应釜维护检修规程执行。

② 尽量避免冷罐加热料和热罐加冷料，严防温度骤冷骤热。搪玻璃耐温剧变小于120℃。

③ 尽量避免酸碱液介质交替使用，否则将会使搪玻璃表面失去光泽而腐蚀。

④ 严防夹套内进入酸液（如果清洗夹套一定要用酸液时，不能用pH<2的酸液），酸液进入夹套会产生氢效应，引起搪玻璃表面像鱼鳞片一样大面积脱落。一般清洗夹套可用2%的次氯酸钠溶液，最后用水清洗夹套。

⑤ 出料釜底堵塞时，可用非金属棒轻轻疏通，禁止用金属工具铲打。对黏在罐内表面上的反应物料要及时清洗，不宜用金属工具，以防损坏搪玻璃衬里。

第六节　鼓泡塔反应器

塔设备除了广泛应用于精馏、吸收、解吸、萃取等方面外，也作为反应器广泛应用于气-液相反应。气-液相反应是一个非均相反应过程。气体反应物可能是一种或多种，液体可能是反应物或者只是催化剂的载体。反应速度的快慢除取决于化学反应速率外，很大程度上取决于气相和液相两相界面上各组分分子的扩散速度，所以如何使气、液两相充分接触是增加反应速度的关键因素之一。对于塔设备的应用与改进，增加反应相的接触面积正是主要考虑因素。在化学工业中，塔式反应器广泛地应用于加氢、磺化、卤化、氧化等化学加工过程。除此以外，气体产品的净化过程和废气及污水的处理过程，以及好氧性微生物发酵过程均应用气液相反应过程。

一、鼓泡塔反应器的特点

鼓泡塔反应器是常见的塔式反应器，广泛应用于液体相也参与反应的中速、慢速反应和放热量大的反应。各种有机化合物的氧化反应、各种石蜡和芳烃的氯化反应、各种生物化学反应、污水处理曝气氧化和氨水碳化生成固体碳酸氢铵等反应，都采用这种鼓泡塔反应器。例如，在氯霉素的生产中，中间产物对硝基苯乙酮的制备，是利用对硝基乙苯在固相催化剂作用下与氧气进行氧化反应，属于气液非均相反应，而且是强烈的放热反应，宜采用鼓泡塔式氧化器，其中单段鼓泡氧化塔常用于半间歇操作，对强放热反应操作易于控制，其结构简单。通常采用夹套和塔内外设置的冷却蛇管或列管进行冷却移除热量。

鼓泡塔反应器在实际使用中具有以下优点。

① 气体以小的气泡形式均匀分布，连续不断地通过气液反应层，保证了气液接触面，使气液充分混合，反应良好。

② 结构简单，容易清理，操作稳定，投资和维修费用低。

③ 鼓泡反应器具有极高的储液量和相际接触面积，传质和传热效率较高，适用于缓慢化学反应和高度放热的情况。

④ 在塔的内、外都可以安装换热装置。

⑤ 和填料塔相比较，鼓泡塔能处理悬浮液体。

鼓泡塔在使用时也有一些很难克服的缺点，主要表现在如下几点。

① 为了保证气体沿截面的均匀分布，鼓泡塔的直径不宜过大，一般在2～3m以内。

② 鼓泡反应器液相轴向返混很严重，在不太大的高径比情况下，可认为液相处于理想混合状态，因此较难在单一连续反应器中达到较高的液相转化率。

③ 鼓泡反应器在鼓泡时所耗压降较大。

二、鼓泡塔反应器的分类及应用

简单鼓泡塔反应器

图 4-26 所示为简单鼓泡塔反应器型式。

鼓泡塔反应器按其结构可分为：空心式、多段式、气提式和液体喷射式。空心式鼓泡塔（图 4-27）在工业上得到了广泛的应用。这类反应器最适用于缓慢化学反应系统或伴有大量热效应的反应系统。若热效应较大时，可在塔内或塔外装备热交换单元，图 4-28 为具有塔内热交换单元的鼓泡塔示意图。

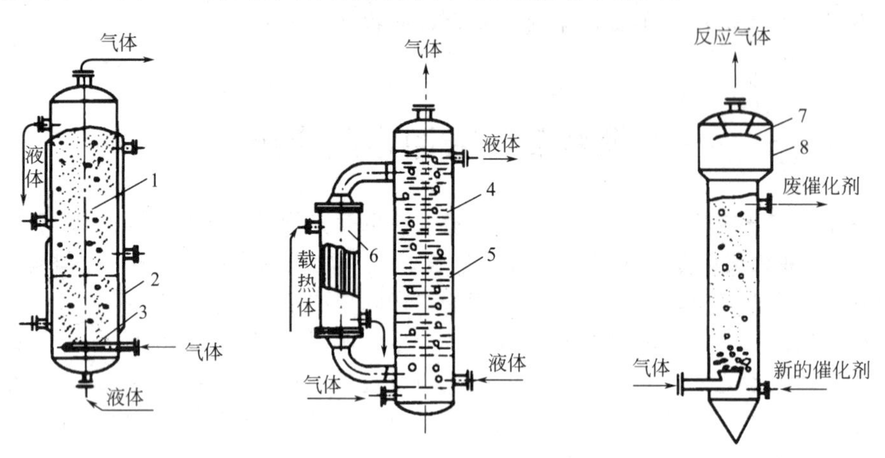

图 4-26　简单鼓泡塔反应器型式

1,4—塔体；2—夹套；3—气体分布器；5—挡板；6—塔外换热器；7—液体捕集器；8—扩大段

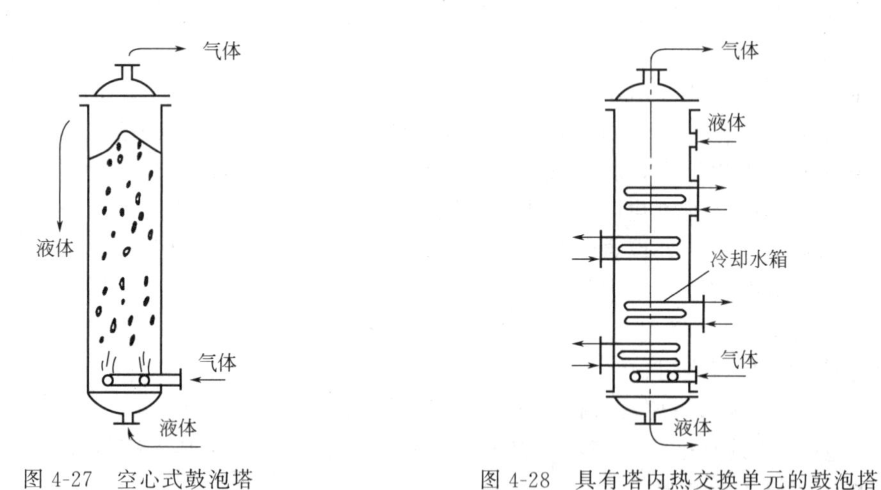

图 4-27　空心式鼓泡塔

图 4-28　具有塔内热交换单元的鼓泡塔

为克服鼓泡塔中的液相返混现象，当高径比较大时，亦常采用多段式鼓泡塔反应器，以提高反应效果，见图 4-29。当高黏性物系，例如生化工程的发酵、环境工程中活性污泥的处理、有机化工中催化加氢（含固体催化剂）等情况，常采用气体提升式鼓泡塔反应器（图 4-30）或液体喷射式鼓泡塔反应器（图 4-31），此种利用气体提升和液体喷射形成有规则的循环流动，可以强化反应器传质效果，并有利于固体催化剂的悬浮。此类又统称为环流式鼓泡反应器，它具有径向气液流动速度均匀，轴向弥散系数较低，传热、传质系数较大，液体循环速度可调节等优点。

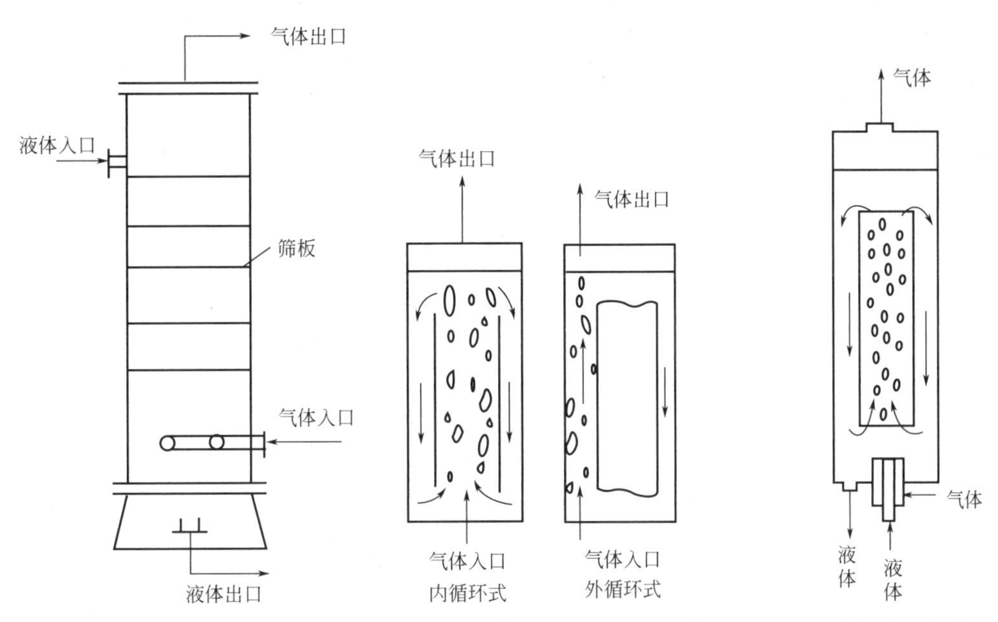

图 4-29　多段式鼓泡塔反应器　图 4-30　气体提升式鼓泡反应器　图 4-31　液体喷射式鼓泡塔反应器

三、鼓泡塔反应器的结构

鼓泡塔反应器的基本组成部分如下。

鼓泡塔反应器的基本结构

1. 塔底部的气体分布器

分布器的结构要求使气体均匀地分布在液层中；分布器鼓气管端的直径大小，要使气体鼓出来的泡小，使液相层中含气率增加，液层内搅动激烈，有利于气液相传质过程。常见气体分布器结构如图 4-32 所示。

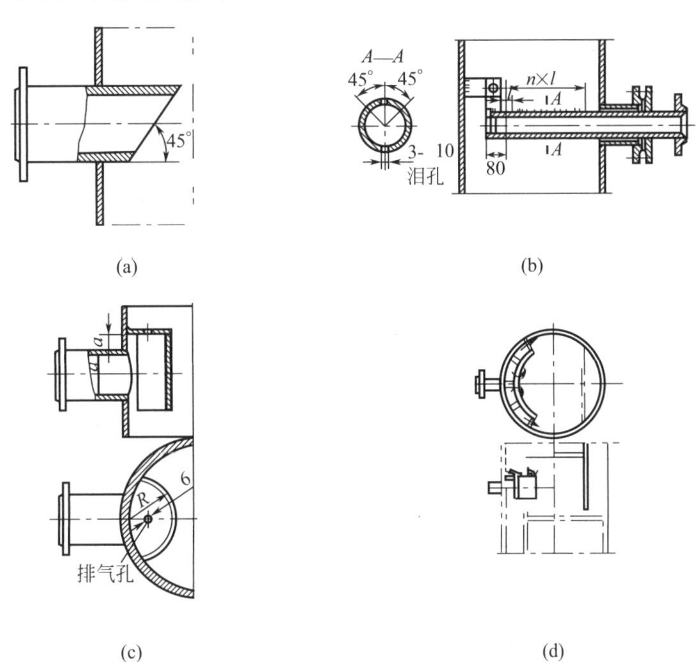

图 4-32　常见气体分布器

2. 塔筒体部分

这部分主要是气液鼓泡层，是反应物进行化学反应和物质传递的气液层。如果需要加热或冷却时，可在筒体外部加上夹套，或在气液层中加上蛇管均可。

3. 塔顶部的气液分离器

塔顶的扩大部分，内装一些液滴捕集装置，以分离从塔顶出来气体中夹带的液滴，达到净化气体和回收反应液的作用。常见的气液分离器如图 4-33 所示。

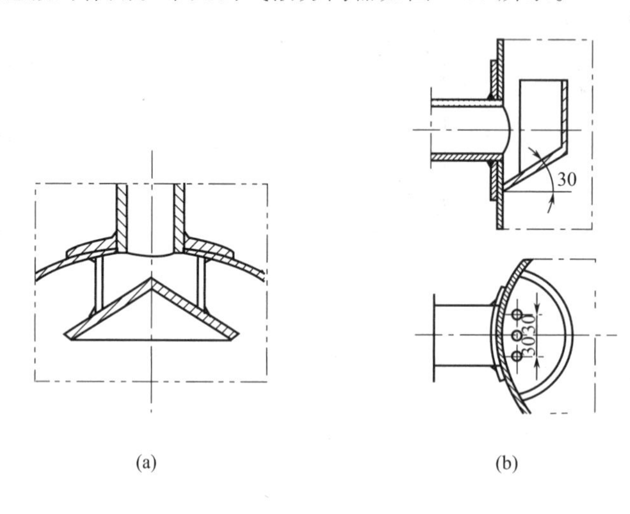

图 4-33 常见的气液分离器

复习与思考题

1. 化学反应器的分类有哪些？各有哪些特点和应用？
2. 化学反应器的操作方式有哪几种？各有何特点？
3. 搅拌器的作用是什么？有哪些类型？
4. 搅拌釜式反应器的传热装置有哪些？各有什么特点？
5. 反应器加热用的高温热源有哪些？各适用于怎样的场合？
6. 怎样选择反应器型式和操作方式？
7. 工艺计算求得氯磺化反应釜的有效体积为 $4m^3$，要求装料系数不大于 0.8，计算釜的直径与高度。(1.8m、2.2m)
8. 对硝基氯苯经磺化、盐析制造 1-氯-4-硝基苯磺酸钠，磺化时物料总量为每天 $5m^3$，生产周期为 12h；盐析时物料总量为每天 $20m^3$，生产周期为 20h。若每个磺化器容积为 $2m^3$，$\varphi=0.75$，求：(1) 磺化器个数与后备系数；(2) 盐析器个数、容积 ($\varphi=0.8$) 及后备系数。(2 个、1.2；3 个、$7.5m^3$、1.079)

【阅读材料】

间歇生产的计算机控制

由于间歇、半间歇生产用于多种化学反应具有灵活性，因此间歇式生产仍较多地在使用。但对于间歇式生产厂，无论怎样实行标准化生产，培养熟练工，也都要靠操作人员灵活掌握，期望对质量的微细调整完全没有失败和操作无误是不可能的。所以从经济上来看，间歇式设备生产最好使用计算机控制，使之自动化。

半间歇工艺过程的自动化使用计算机控制系统后，计算机对原来复杂的参数计算做到了高速度的自动处理，并按照一定的顺序遥控操作和运转。一般半间歇装备可以进行不同的反应，在同一釜内反复重复操作，为了在复杂的反应中不致造成错误的操作，必须先按顺序输入程序，为了预防电源异常等意外事故，机内装有自诊断电路。

按照顺序给出信号，半间歇反应釜启动时，用 PID（比例-积分-微分）调节，控制冷或热载体的流量，保持适当的温度。按反应进行的程度加料时，从反应量计算温差和热载体的流量，通过程序对反应进行调节，然后通过 CPU（主机）按预定的时间和地点开关进料阀门。如果操作偶然发生意外干扰，使用前馈控制系统，可以抑制外界的干扰，使之降到最小的程度。

当半间歇反应终止排出产物后，准备投入下一批原料时，开动自动清洗系统，进行清洗、除垢、干燥等操作，同时大多使用电视摄像机确认清洗效果。

第五章 安全生产和“三废”防治

【知识目标】

1. 了解“三废”防治的重要性和主要措施。
2. 理解安全生产的重要性和各种安全措施。
3. 掌握药厂“三废”的处理方法。

【能力目标】

1. 能看懂生产中采取的各种安全措施。
2. 能设计简单的废水处理方案。

第一节 安 全 生 产

一、化学制药工业安全生产的重要性和基本要求

生产必须安全，安全为了生产。安全生产、保障职工在生产过程中的安全与健康，是实现制药工业迅速发展、提高经济效益的唯一保证。在化学制药过程中，存在着起火、爆炸、中毒、化学灼伤、机械损伤等许多潜在的不安全因素，如果管理和操作稍有疏忽，就有可能造成伤亡事故和重大损失。因此在生产工艺路线中，既要考虑到生产的合理性，又要同时考虑到生产和操作的安全，保证生产的安全。

化学制药生产工艺过程安全的基本要求如下。

1. 工艺的安全性

工艺的安全性包括：①在设计条件下能够安全运转；②偏离设计条件时也能安全处理并能恢复到原来的状态；③确立安全的启动或停车方法。

2. 防止运转中的事故

应尽力防止由运转中所产生的事故而引起的次生灾害，如废物的处理、杂质混入、误操作、动力供应停止等。

3. 防止受灾范围扩大

万一发生灾害时，应防止其扩大。尽可能减少生产区危险物料的储存量；在工艺流程布置、建筑结构、防火分割、阻火和防爆装置等方面采取相应的安全措施。

二、火灾爆炸危险及安全措施

化学制药工业使用的大部分物料为易燃易爆物质，在化学反应和单元操作过程中具有燃

烧和爆炸的危险，因此，在生产各环节中要采取相应的安全措施防止火灾、爆炸事故的发生。

1. 原材料性质及安全措施

（1）易燃液体　指闭杯闪点等于或低于61℃的液体、液体混合物或含固体物质的液体。具有易挥发性、受热膨胀性、流动扩散性、静电性、毒害性，其危险程度由沸点和闪点衡量。当易燃液体闪点小于28℃、沸点小于38℃时，储存易燃液体的储罐必须按压力容器设计，并应考虑设置安全装置和夹套或蛇管冷却设施，如乙醚、乙醛、二氯甲烷、二甲胺等。当易燃液体闪点小于28℃、沸点38～85℃时，储存易燃液体的地上储罐应考虑设置冷却喷淋或其他降温设施。有些易燃液体具有较低的熔点，如二甲基亚砜熔点为18.54℃，叔丁醇熔点为25.5℃，环己烷熔点为6.5℃，苯熔点为5.5℃。当温度较低时，它们很容易凝结成固体，因此这些易燃液体的储存容器要设置蒸汽或热水保温设施。当其蒸气需要冷凝、冷却时，不应采用冷冻盐水作为冷却介质。工业醋酸的凝固点为13.5～14℃，因此，为防止冬季受冻结冰，储存醋酸的容器应设置保温设施。

（2）易燃固体和遇湿易燃物品　常见的易燃固体有二硝基甲苯、二硝基萘、红磷、白磷、黄磷、硫化铁、烷基铝等。这些物质应采取封闭设备储存，隔绝空气，远离火源、热源、电源，无产生火花的条件，对于与空气接触会燃烧的应采取特殊措施存放，例如，磷存于水中，二硫化碳用水封闭存放等。其次要加强场所的通风、散热与降温，并注意与其他物质分开存放。

常见的遇湿易燃物品有钾、钠、铝粉、锌粉、金属氢化物、硼氢化物、三氯化铝、三氯氧磷、五氯化磷、酰氯、保险粉等。这些物质应避免与水或潮湿空气接触，并与酸、氧化剂等隔离，比如将金属钠存于煤油中，储存这些物质的仓库应设在地势较高处，保持室内干燥，并有防止雨雪、洪水侵袭的措施。

（3）可燃气体和加压气体　可燃性气体如氢气、乙烯、丙烷等输送管道应采用接地的金属管，保持正压，并应设缓冲罐、止逆阀等，防止气体断流或压力减小时引起倒流发生爆炸。

在化学制药生产中，气体需加压储存、输送、使用，主要有压力容器、气瓶、锅炉等。这些特种压力容器具有爆炸危险，是必须严加管理的特种设备。要做到压力容器的安全使用，必须严格执行《压力容器安全监察规程》《蒸汽锅炉安全监察规程》《锅炉压力容器安全监察暂行条例》等安全法律、标准。同时，还应抓好设计制造、竣工验收、立卡建档、培训教育、精心操作、维护保养、定期检验、科学检修、事故调查和报废处理十个环节。

2. 化学反应安全操作与控制

由于化学反应过程物质变化多样，反应条件要求严格，反应设备结构复杂，所以其安全技术要求较高。化学制药过程有硝化、磺化、重氮化、氯化、烷基化、氧化、还原等多种反应，工业生产中化学反应的转化率和选择性的影响因素比较复杂，受流体流动、传质、传热等因素的综合影响，反应条件需高温、高压，加上大量使用危险物料，使得反应都具有一定的危险性。如苯的一硝化反应热为142kJ/mol，如不及时移除反应热，必然会使反应温度迅速升高，引起副反应及硝酸大量分解，将导致严重后果，甚至发生爆炸事故。又如在邻硝基苯甲醚还原为邻氨基苯甲醚的过程中，产生氧化偶氮苯甲醚，该中间体受热到150℃能自燃。如氧化反应的原料气均为可燃气体，与空气或氧气的配比控制不当可能引起爆炸；还原反应中所使用的催化剂雷尼镍吸潮后在空气中有自燃危险，即使没有火源存在，也能使氢气和空气的混合物引燃着火爆炸。催化加氢通常都要在加热加压条件下进行反应，操作过程中往往容易形成爆炸性混合物。另外操作不当和突发事故也可能造成严重后果，如硝化反应中途搅拌停止、冷却水供应不良、加料速度过快等，都会使温度猛增、混酸氧化能力加强，并有多硝基物生成，容易引起着火和爆炸事故。如烷基化反应加料次序颠倒会引起溢料，导致燃烧或爆炸。

为保证反应过程安全，工艺参数的控制是一个重要手段。生产系统中，工艺参数主要包括温度、压力、流量、投料比等。工艺参数的安全控制方案主要是严格控制温度、压力、投料速度和配比、搅拌速率。

反应温度是影响反应结果的最重要因素，化学反应在升温过快、过高或冷却降温设施发生故障时，可能引起剧烈反应而冲料或爆炸；也有由于反应过程温度下降后再次恢复正常时，突发剧烈反应而爆炸；还有由于温度下降使物料冻结，堵塞管道甚至造成设备、管道破裂，易燃易爆物料泄露而发生火灾爆炸。因此化学反应过程必须严格控制温度。化学反应常用夹套、内盘管或夹套内盘管通热源或冷源，采用温度自动控制系统保证温度的控制。

严格控制压力，生产用的反应设备只能承受一定的压力，如果压力过高，可能造成设备爆裂或化学反应剧烈而发生爆炸。高压设备应定期进行检查，并安装安全阀、爆破片等。

物料配比和加料速度需严格控制，注意投料顺序。对于能形成爆炸性混合物的生产，物料配比应严格控制在爆炸极限以外。如果工艺条件允许，可以添加水蒸气、氮气等惰性气体稀释。催化剂对化学反应速率影响很大，如果催化剂过量，就有可能发生危险。可燃或易燃物料与氧化剂的反应，要严格控制氧化剂的投料速率和投料量。对于放热反应，投料速率不能超过设备的传热能力，否则，物料温度将会急剧升高，引起物料的分解、突沸，造成事故。在投料过程中，注意投料顺序的问题。例如三氯化磷合成应先投磷后加氯；磷酸酯与甲胺反应时，应先投磷酸酯，再滴加甲胺等，反之就有可能发生爆炸。

3. 单元操作的安全措施

化学制药的生产过程，都是由若干单元操作及化学反应过程组合而成的。每个单元操作，都是在一定的设备中进行的。单元操作用于物料输送、传热、分离、纯化等，主要过程与设备因处理目的不同多种多样，在操作中需注意安全。

单元操作中引起火灾、爆炸危险主要是在处理易燃易爆物质时处理方法选择不当或操作过程中控制不当产生的，如易燃易爆液体用离心泵输送或时流速超过安全流速时就会产生静电积累，产生爆炸；如冷凝、冷却设备失灵，会引起未经冷凝、冷却的气体或物料蒸气进入储罐内，造成储罐爆炸；如硝基甲苯在高温下易分解爆炸，苯乙烯高温下易聚合，采用常压蒸馏就会发生爆炸事故。

为保证单元操作的安全，应根据物料的性质选择合适的处理方式和操作条件，如蒸汽往复泵不用电和其他动力，不产生火花，特别适用于输送易燃易爆液体；对易燃易爆物质，采用水蒸气或热水加热，冷却水、低温水、冷冻盐水冷凝、冷却；油浴加热时，加热炉应设于车间的非防爆区；如硝基甲苯及苯乙烯应采用真空蒸馏来降低沸点，保证蒸馏安全；对于含干燥易燃易爆物料或含有机溶剂的物料，最好采用真空干燥；对操作过程中会散发有害或易燃易爆气体时，宜采用封闭式加压过滤机。

处理易燃易爆物质时应保证系统密闭、采用防爆型电机、设备管道有效接地、安装安全装置、规范操作、有保障应急措施。为防止静电引起的爆炸，易燃易爆液体用离心泵输送或时流速不得超过安全流速，处理易燃易爆物质的设备和管道要采用导电性良好材料并可靠接地。冷凝冷却器的冷却介质不能中断，必要时要考虑备用系统。处理有爆炸危险的气体时要采用惰性气体保护或真空操作，避开爆炸极限。为防止易燃液体、蒸气和可燃性粉尘与空气构成爆炸性混合物，应设法使设备密闭。对带压设备更需要保持其密闭性，以防止粉尘逸出；对于负压设备应防止空气进入而达到物质的爆炸极限。密闭设备应根据实际情况安装水封、阻火器等安全装置。

4. 火灾爆炸的防止措施

根据当前的科学技术条件，火灾和爆炸是可以防止的。一般采取以下五项措施。

① 开展防火教育，提高群众对防火意义的认识。建立健全群众性义务消防组织和防火安全制度，开展经常性的防火安全检查，消除火险隐患，并根据生产性质，配备适用和足够的消防器材。

② 认真执行建筑设计防火规范。厂房和库房必须符合防火等级要求。厂房和库房之间应有安全距离，并设置消防用水和消防通道。

③ 合理布置生产工艺。根据产品原材料火灾危险性质，安排、选用符合安全要求的设备和工艺流程。性质不同又能相互作用的物品应分开存放。具有火灾、爆炸危险的厂房，要采用局部通风或全面通风，降低易燃气体、蒸气、粉尘的浓度。

④ 易燃易爆物质的生产应在密闭设备中进行。对于特别危险的作业，可充装惰性气体或其他介质保护，隔绝空气。对于与空气接触会燃烧的应采取特殊措施存放，例如，将金属钠存于煤油中，磷存于水中，二硫化碳用水封闭存放等。

⑤ 从技术上采取安全措施，消除火源。为防止静电，设备和管道应可靠接地，往容器注入易燃液体时，注液管道要光滑、接地，管口要插到容器底部。为防止雷击，在易燃易爆生产场所和库房安装避雷设施。此外，设备管理符合防火防爆要求，厂房和库房地面采用不发火地面等。

5. 防止灾害扩大的安全措施

防静电防雷电

① 有毒或易燃易爆的生产过程，为防止物料泄漏，对重要阀门采用二级控制，对危险大或高毒、剧毒岗位，应考虑隔离操作或远距离操控。

② 根据工艺流程的具体特点确定各流程的分区，设计时应尽可能减少各分区之间的相互关联。

③ 设置安全设施，包括：a. 对有突然超压或瞬间分解爆炸的设备设置爆破膜；b. 液化可燃气体的容器上的安全阀应安装在气相部位；c. 工作介质为剧毒气体的生产装置必须安装爆破膜；d. 所有与易燃易爆装置连通的惰性气体、助燃气体的输送管道都应设置防止易燃易爆物质窜入的设施；e. 安全阀用于物理性防爆，爆破膜用于化学性防爆，对可能发生爆炸的一般性设备均应安装安全阀；f. 对于需要从液面下通入气体原料的反应过程，如果反应装置的压力大于气体压力，则应在二者之间设置缓冲罐和可靠的止逆装置；g. 对于反应物料发生剧烈反应，不能阻止超温、超压、爆聚或分解爆炸事故发生的设备，应设置自动或就地手动紧急泄压排放处理设施。

④ 系统安全装置。剧烈反应装置应采用系统安全装置，例如强放热反应产生的热量如

不及时移出，就可能发生事故，这时反应釜的温度控制应该采用系统安全装置（见图 5-1）。在温度调节装置中设置警报触点，并设置与冷却水流量调节阀并联的大口径应急电磁阀。在反应状态正常时，通过温度控制冷却水流量；当反应出现异常，温度急剧上升时，警报器发出声光讯号同时打开电磁阀，使冷却水量增加，当温度降低再自动关闭电磁阀进行正常温度调节。这样可以避免因调节阀流量太小，反应剧烈时来不及降温的危险。

⑤ 多层防护装置。对医药工艺过程中的特别危险因素或岗位需要可采用多层防护安全措施。如异氰酸甲酯（MIC）储罐防泄漏系统就采用多层防护安全装置（见图 5-2），当储罐内温度升高，洒水器即进行大量喷水以降低温度，同时还设有泡沫体覆盖、抽吸等安全装置，构成多层防护体系，防止事故发生和扩大。除了这些安全装置外，还装有自动监测报警系统，当空气中含 0.3×10^{-6} MIC 时即可报警。

弹簧式安全阀结构图

多层防护安全装置必须考虑以下安全装置的组合：a. 泄漏时的报警装置；b. 容器超压时的自动泄压装置；c. 防止超温的急冷装置；d. 自动泄压装置发生故障时，应设置事故放空阀及放空火炬自动点火装置；e. 当自动泄压装置、事故放空阀均失灵，反应抑制剂的自动加入装置等。

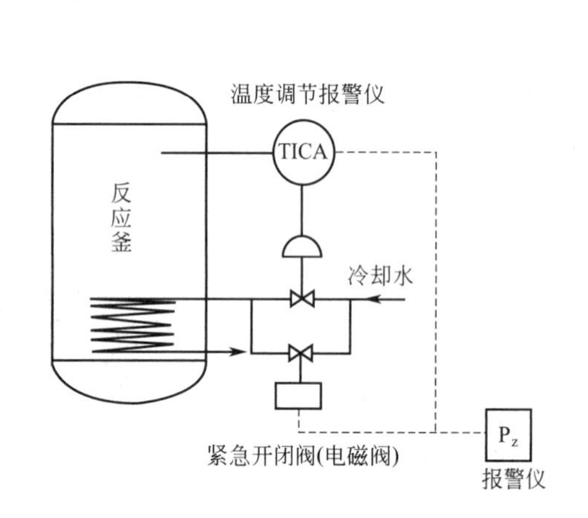

图 5-1 强放热反应釜温度调节系统

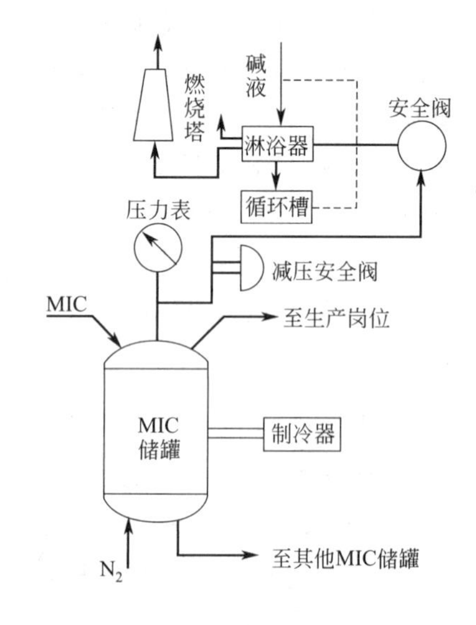

图 5-2 MIC 多层防护安全装置

三、毒害危害及安全措施

1. 有毒物质种类及危害

国标《职业性接触毒物危害程度分级》(GBZ 230—2010)，将职业性接触毒物分为极度危害、高度危害、中度危害、轻度危害、轻微危害 5 个等级。在《化学物质毒性全书》中，化学物质按急性毒性分为剧毒、高毒、中等毒、低毒、微毒 5 个级别。

化学制药工业常见的有毒原材料有无机与有机氰化物，汞、磷及其化合物，还有苯和苯胺类原材料。剧毒原材料少量进入人体就会引起死亡或造成身体局部损害而成残废，如氰化物、氢氰酸、亚砷酸、汞、铅等。有毒原材料侵入人体后，会使人发生急性或慢性中毒现象。如氟化钠、氧化铝、四氯化碳、碘、溴素、苯、甲苯、硫化性物品是通过呼吸道、口腔或皮肤接触吸收，使劳动者发生中毒现象。这些毒性对人体的危害情况，轻者一般是麻醉、昏迷，破坏造血机能，重者则造成死亡。

2. 防毒措施

（1）组织管理措施　企业及其主管部门在组织生产的同时，要加强对防毒工作的领导和管理，要有人分管这项工作，并列入议事日程，作为一项重要工作来抓。要认真贯彻国家“安全第一，预防为主”的安全生产方针，做到生产工作和安全工作“五同时”，即同时计划、布置、检查、总结、评比生产。对于新建、改建和扩建项目，防毒技术措施要执行“三同时”（即同时设计、施工、投产）的原则；加强防毒知识的宣传教育；建立健全有关防毒的管理制度。

（2）防毒的技术措施

① 以无毒、低毒的物料或工艺代替有毒、高毒的物料或工艺。在许多化学合成药物的生产中，经常遇到有毒的溶剂、原料和中间体，因此，为了确保安全生产和操作工人在劳动中的人身安全与健康，需要不断地改进工艺，从根本上来保证安全。例如，安眠镇静药安甲丙二酯（眠尔通），原来合成路线中有一步是以光气为原料制备的，光气剧毒，在安全措施上要求高，后来改为采用尿素和碳酸钠制成氰酸钠的路线，革除了光气，解决了安全生产，保障了操作工人的健康。

② 生产装置的密闭化、管道化和机械化，防止毒物逸散。

③ 通风排毒。通风是使车间空气中的毒物浓度不超过国家卫生标准的一项重要防毒措施，分局部通风和全面通风两种。局部通风，即把有害气体罩起来排出去。其排毒效率高，动力消耗低，比较经济合理，还便于有害气体的净化回收。全面通风又称稀释通风，是用大量新鲜空气将整个车间空气中的有毒气体冲淡到国家卫生标准以内。全面通风一般只适用于污染源不固定和局部通风不能将污染物排除的工作场所。

④ 有毒气体的净化回收。净化回收即把排出来的有毒气体加以净化处理或回收利用。气体净化的基本方法有洗涤吸收法、吸附法、催化氧化法、热力燃烧法和冷凝法等。

⑤ 隔离操作和自动控制。因生产设备条件有限，而无法将有毒气体浓度降低到国家卫生标准时，可采取隔离操作的措施，常用的方法是把生产设备隔在室内，用排风的方法使隔离室处于负压状态，杜绝毒物外逸。

自动化控制就是对工艺设备采用常规仪表或微机控制，使监视、操作地点离开生产设备。自动化控制按其功能分为四个系统：自动检查系统，自动操作系统，自动调节系统，自动讯号联锁和保护系统。

（3）个人防护措施　作业人员在正常生产活动或进行事故处理、抢救、检修等工作中，为保证安全与健康，防止意外事故发生，要采取个人防护措施。个人防护措施就其作用分为皮肤防护和呼吸防护两个方面。

① 皮肤防护。皮肤防护常采用穿防护服，戴防护手套、帽子，穿鞋等防护用品。除此之外，还应在外露皮肤上涂一些防护油膏来保护。

② 呼吸防护。保护呼吸器官的防毒用具，一般分为过滤式和隔离式两大类。过滤式防毒用具有简易防毒口罩、橡胶防毒口罩和过滤式防毒面具等。隔离式防毒面具又可分为氧气呼吸器、自吸式橡胶长管面具和送风式防毒面具等。

四、其他危害及防护

化学制药生产中还要防止腐蚀性化学品和热等的危害。腐蚀性化学品要注意其储存设备，如稀乙酸对金属有腐蚀性，宜用陶瓷、搪瓷；含水5%的DMSO对钢板有强烈的腐蚀性，宜用铝制设备。强酸强碱或其他强腐蚀性化学品如浓硫酸、磷酸、烧碱、苯酚等使用过程中应小心做好自我防护措施。

第二节　药厂“三废”防治

一、药厂“三废”的特点

制药厂尤其是化学制药厂常是污染较为严重的企业，从原料药到成品，整个生产过程都有可能造成环境污染。据不完全统计，全国药厂每年排放三废量为：废气10亿立方米，废水50万立方米，废渣10万吨。

药厂“三废”除具有其他工业“三废”的特点外，还具有以下特点：毒性、刺激性和腐蚀性；数量少、种类多、变动性大；间歇排放；化学耗氧量高；pH不稳定。

二、防治“三废”的主要措施

“三废”防治应从革新工艺着眼，尽量消除或减少“三废”的排出。对于必须排出的“三废”，则应考虑综合利用，化害为利，最后才考虑无害化处理。经适当处理的“三废”，还应继续注意综合利用。这种防治结合的处理方法，才是解决“三废”问题的正确途径。

1. 革新工艺

“三废”是在生产过程中产生的，因而改革工艺才是消除或减少“三废”危害的根本措施。通过工艺改革把“三废”消灭在生产过程中，既可提高原辅材料的利用率，又可减少处理费用。这与“三废”大量产生后再回收处理相比较，显然更为经济合理，具体办法大致有下列几种。

（1）更换原辅材料　这是常用的办法，它的基本要求如下。

① 以无毒、低毒的原辅材料代替有毒、高毒的原辅材料，降低或消除“三废”的毒性。如异丙醇铝制备中，用三氯化铝代替氯化汞作催化剂；同样，在多巴胺的氢化工序中应用锌粉，在青霉胺生产中应用羟胺也都是代替汞及氯化汞的，从而彻底地解决了棘手的汞污染问题。又如，许多药物合成中为了消除苯的毒害，有的用环己烷代替苯作溶液，也有采用以醇代苯、以水代苯或应用相转移催化剂等。

② 加强“三废”的综合利用，使副产物成为有更高使用价值的化工产品。如安乃近生产过程中以亚硫酸铵代替亚硫酸钠进行还原，然后以液氨代替碳酸钠进行中和，使钠盐废水变为有用的铵盐肥料。

③ 减少“三废”的种类和数量，以便减轻处理系统的负担。如对氨基水杨酸生产过程

中的磺化反应，原来用发烟硫酸作磺化剂，反应后磺酸混合物中存在大量废酸，需用石灰中和，结果生成大量硫酸钙废渣。后来适当改变条件，以三氧化硫作为磺化剂，节约了大量的硫酸和石灰，也彻底解决了硫酸钙废渣问题。

（2）改进操作方法 有时改进操作方法，也可以取得较好效果。例如安乃近生产中有一步酸水解反应，排出的废气含有甲酸、甲醇及水蒸气。如果加硫酸进行水解，不让反应生成的甲醇和甲酸蒸发，而于98～100℃回流10～30min，使反应罐中进行酯化反应生成甲酸甲酯，然后回收。这样既不影响水解的正常进行，又防治了“三废”，并回收了甲酸甲酯。

（3）调整不合理的配料比 药物生产中，为促使反应完全，提高收率兼作溶剂等原因，生产上常用过量的某种原料。这样往往就增加了后处理和“三废”处理的负担。因此必须统筹兼顾，注意调整不合理的配料比，减少“三废”污染。例如，血防-67的退热冰硝化反应，旧工艺要求将乙酰苯胺溶于硫酸中，再加混酸进行硝化反应。后经分析发现在乙酰苯硫酸液中的硫酸浓度已足够高，混酸中的硫酸可以省去。这样不但节省了大量的硫酸，而且大大减轻了“三废”处理的负担。

（4）采用新技术 采用新工艺、新技术不但能显著提高生产技术水平，而且有时十分有利于“三废”的防治和环境保护。例如某厂以往用电解法生产异烟酸，需用大量硫酸作电解液，电解时产生大量的酸雾污染环境，反应完毕还得进行中和处理，产生许多废水。后采用空气催化氧化法新工艺，在流化床中进行反应，革除了大量的酸碱原料，大大减少了污水，酸雾污染问题也彻底解决了。

有时在某些化学结构的改造中，微生物转化技术比化学合成法具有更大的优越性，不但可以大大简化工序，提高收得率，而且常可革除许多有毒“三废”，减少处理费用。例如维生素C采用两步发酵法后，革除了丙酮和有毒的苯等原料。其他新技术，如立体定向合成、固相酶技术等，都能减轻后处理和“三废”处理的负担。

2. 循环使用和合理套用

药物合成反应不能十分完全，产物的分离过程也很难彻底，因此母液中常含有一定数量的未反应原辅材料和主副产物。在某些药物合成中，反应母液常可直接套用或经适当处理后加以套用。这样既减少了“三废”，也降低了原辅材料的消耗。例如氯霉素合成中的乙酰化反应，旧工艺在反应后母液经蒸发浓缩回收醋酸钠，从而革除了蒸发、结晶、过滤等工序。此外由于母液中含有一些反应产物——乙酰化合物，套用后不仅提高了收率而且减少了废水的数量。除了母液可以套用外，溶剂、催化剂、活性炭等经过适当处理也可以考虑反复套用。

3. 回收利用和综合利用

循环使用和套用能减少“三废”，但不能消除“三废”。随着科学的发展、革新工艺以减少“三废”的措施也是不断发展的，但改革工艺往往需要较长的时间，而且也不可能把“三废”完全消除，因此，必须同时积极开展“三废”的回收利用和综合利用工作。

回收利用所采用的方法包括蒸馏、结晶、萃取、吸收、吸附等。有些“三废”直接回收有困难，则可适当地先进行化学反应处理。如氧化、还原、中和等，然后再加以回收利用。例如咳必清生产过程中排出的含腈废水，过去未回收利用而排放下水道。现将含腈废水用本车间制备二溴丁烷的废酸中和到pH为5～6，加活性炭脱色过滤，滤液浓缩至溴化钠浓度50%以上，然后再来代替溴氢酸以制备二溴丁烷。又如以苯酚为原料生产酚酞的过程中，产生高浓度含酚废水，采用碱中和薄膜蒸发，并实行闭路循环，解决了苯酚流失，也消除了对环境的污染。回收利用和综合利用尽量在本单位、本车间进行，这样可以降低原料消耗，节省运输费用。如本厂无法利用的，则可考虑在其他方面寻找出路。如血防-846生产过程中排出一种油状废液，成分比较复杂，主要是二甲苯的多种氯化衍生物。将它用溶剂稀释，加乳剂乳化后，再以水稀释到500倍，即可成为一种有效的防稻瘟病农药"056"。

在综合利用时应考虑利用其他工厂或行业的"废物"作为药物生产的原料，这不仅可以降低成本，而且也解决了其他厂的"三废"问题，同时对环境保护作出了贡献。如某工厂合成8-羟基喹啉所用的原料邻硝基苯酚，本来需专门进行合成，但由于香料厂生产邻硝基苯甲醚排出的废水中就含有大量的邻硝基苯酚，用200号溶剂萃取回收便可用于生产8-羟基喹啉。这种情况在化学制药工业中的应用是很普遍的。

4. 改进生产设备、加强设备管理

改进生产设备，加强设备管理是药品生产中控制污染源、减少环境污染的又一个重要途径。设备的选型是否合理、设计是否恰当，与污染物的数量和浓度有很大的关系。例如，甲苯磺化反应中，用连续式自动脱水器代替人工操作的间歇式脱水器，可显著提高甲苯的转化率，减少污染物的数量。又如，在直接冷凝器中用水进行间接冷却，可以显著减少废水的数量，废水中有机物的浓度也显著提高。数量少而有机物浓度高的废水有利于回收处理。再如，用水吸收含氯化氢的废气可以获得一定浓度的盐酸，但水吸收塔的排出尾气中常含有一定量的氯化氢气体，直接排放将对环境造成污染。实际设计时在水吸收塔后再增加一座碱液吸收塔，可使尾气中的氯化氢含量降至$4mg/m^3$以下，低于国家排放标准。

化学制药工业中，系统的"跑、冒、滴、漏"往往是造成环境污染的一个重要原因，必须引起足够的重视。在药品生产中，从原料、中间体到产品，以至排出的污染物，往往具有易燃易爆、有毒、有腐蚀等特点。就整个工艺过程而言，提高设备、管道的严密性，使系统少排或不排污染物，是防止产生污染物的一个重要措施。因此，无论是设备或管道，从设计、选材，到安装、操作和检修，以及生产管理的各个环节，都必须重视，以杜绝"跑、冒、滴、漏"现象，减少环境污染。

第三节 药厂废水的处理

一、废水来源和水质控制指标

1. 废水的来源

化学制药废水的来源很多，如废母液、反应残液、蒸馏残液、清洗液、废气吸收液、废渣稀释液、排入下水道的污水以及系统"跑、冒、滴、漏"的各种料液等。

2. 污染物分类

化学制药废水的污染物通常为有机物，有时还有悬浮物、油类和各种重金属等。在《国家污水综合排放标准》中，按污染物对人体健康的影响程度，将污染物分为两类。

(1) 第一类污染物 指能在环境或生物体内积累，对人体健康产生长远不良影响的污染物。《国家污水综合排放标准》(GB 8978—1996)中规定的此类污染物有13种，含有这一类污染物的废水，不分行业和排放方式，也不分受纳水体的功能差别，一律在车间或车间处理设施的排出口取样，其最高允许排放浓度必须符合表 5-1 的规定。

表 5-1　第一类污染物最高允许排放浓度　　单位：mg/L

序　号	污　染　物	最高允许排放浓度	序　号	污　染　物	最高允许排放浓度
1	总汞	0.05	8	总镍	1.0
2	烷基汞	不得检出	9	苯并(a)芘	0.00003
3	总镉	0.1	10	总铍	0.005
4	总铬	1.5	11	总银	0.5
5	六价铬	0.5	12	总 α 放射性	1Bq/L
6	总砷	0.5	13	总 β 放射性	10Bq/L
7	总铅	1.0	—	—	—

（2）第二类污染物　指其长远影响小于第一类的污染物。在《污水综合排放标准》(GB 8978—1996)中对 1998 年 1 月 1 日后建设的单位，规定的第二类污染物多达 56 项。含有第二类污染物的废水在排污单位排出口取样，根据受纳水体的不同，执行不同的排放标准。部分第二类污染物的最高允许排放浓度列于表 5-2 中。

表 5-2　部分第二类污染物最高允许排放浓度
(1998 年 1 月 1 日后建设的单位)　　单位：mg/L

序号	污染物	适用范围	一级标准	二级标准	三级标准
1	pH	一切排污单位	6～9	6～9	6～9
2	色度(稀释倍数)	染料工业以外的其他排污单位	50	80	—
3	悬浮物(SS)	城镇二级污水处理厂	20	30	—
4	五日生化需氧量(BOD_5)	城镇二级污水处理厂	20	30	—
5	化学需氧量(COD)	石油化工行业(包括石油炼制)	100	150	—
6	石油类	一切排污单位	10	10	30
7	挥发酚	一切排污单位	0.5	0.5	2.0
8	总氰化合物	除电影洗片(铁氰化合物)以外的其他排污单位	0.5	0.5	1.0
9	硫化物	一切排污单位	1.0	1.0	2.0
10	氨氮	医药原料药、染料、石油化工行业	15	50	—

国家按地面水域的使用功能要求和排放去向，对向地面水域和城市下水道排放的废水分别执行一、二、三级标准。对特殊保护水域及重点保护水域，如生活用水水源地、重点风景名胜和重点风景游览区水体、珍贵鱼类及一般经济渔业水域等执行一级标准；对一般保护水域，如一般工业用水区、景观用水区、农业用水区、港口和海洋开发作业区等执行二级标准；对排入城镇下水道并进入二级污水处理厂进行生物处理的污水执行三级标准；对排入未设置二级污水处理厂的城镇污水，必须根据下水道出水受纳水体的功能要求，分别执行一级或二级标准。

3. 水质控制指标

由于药品的种类很多，生产规模大小不一，生产过程多种多样，因此废水的水质和水量的变化范围很大，且十分复杂。目前体现水质污染情况的指标有许多项，其中生化需氧量（BOD）、化学需氧量（COD）、pH、悬浮物（SS）等几项指标最为重要。

① 生化需氧量（BOD）是指废水中有机物被微生物氧化分解时的耗氧量，用 BOD 表示，单位为 mg/L。

BOD 高，表示水中有机物含量多，污染程度高。一般情况下，洁净的河水 BOD 为 2mg/L 左右，高于 10mg/L 时，水就会发臭。中国规定工厂排放口废水的 BOD，最高为 60mg/L，地面水的 BOD 不得大于 4mg/L。

② 化学需氧量（COD）是指废水中的有机物用化学试剂氧化所测得的耗氧量，用 COD 表示，单位也为 mg/L。

COD 高，表示废水中污染物多。中国规定工厂排出口废水的 COD，最高允许浓度为 100mg/L，个别特殊行业放宽到 300mg/L。

③ pH 是指废水的酸碱程度，不论 pH 高或低的废水，必须中和到中性（pH＝7）或接近中性，才能排入。

二、废水处理级数

为表示处理的程度，常把废水处理划分为一级、二级、三级三个级别。

① 一级处理。主要是预处理，即用机械方法或简单化学方法，使废水中悬浮物或胶体物沉淀下来，并初步中和酸或碱。

② 二级处理。主要是生物处理，用来降低溶解性有机污染物，一般可去除 90%～95%的固体悬浮物，去除 90%左右的可被生物分解的有机物。二级处理可大大改善水质，使之达到排放标准。目前，一些技术先进的国家，其废水处理都还停留在二级处理水平。

③ 三级处理。又称深度处理，即将经过二级处理的废水再采用物理化学方法处理，以去除可溶性无机物、不能分解的有机物、各种病毒、磷、氮和其他物质，最后达到地面水或工业用水、生活用水的水质标准。

三、废水处理的基本方法

目前，医药工业的废水处理。主要分物理法、化学法、物理化学法和生物处理法四大类型。

1. 物理法

又称机械处理，主要用来分离水中大量的固状杂物杂质，从废水中回收有用物质。常用的方法有重力分离、离心分离、过滤沉淀物等。优点是简单、经济。

2. 化学法

主要是分离废水中的胶体物质和溶解物质，以回收其中有用物质、降低废水中的酸碱度、去除金属离子、氧化某些有机物等。常用的化学方法有混凝法、氧化还原法等。

3. 物理化学法

主要是分离废水中的溶解物质，回收其中有用成分，使废水得到深度处理。常用的物理化学法有浮选、吸附、萃取、离子交换和电渗析等。

4. 生物处理法

在自然界中存在着大量依靠有机物生活的微生物，它们有氧化分解有机物的巨大能力，利用这种微生物处理废水的方法，叫作生物处理法，也叫生化处理法。

生物处理根据微生物对氧的要求不同，可分为好氧生物处理和厌氧生物处理。

（1）好氧生物处理 又称需氧处理，是在充分供氧和适当温度培养下，使需氧微生物大量繁殖，利用它特有的生化代谢生命过程，将废水中的有机物氧化分解为二氧化碳、水、硝酸盐、磷酸盐、硫酸盐等物质，使水净化。分解过程如图5-3所示。

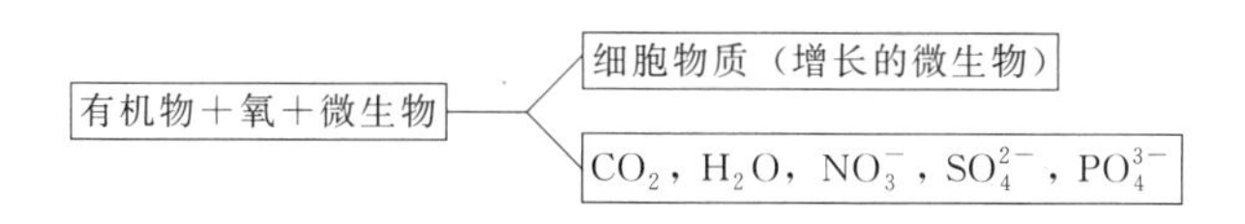

图5-3 好氧生物分解过程

大部分污水的生物处理都属于好氧生化处理，包括活性污泥法、生物膜法等。

活性污泥法是将污水置于通气或带搅拌的曝气池中，与活性污泥相接触，由于活性污泥中微生物的作用，可将污水中的有机物分解成CO_2、水及其他无机盐类。活性污泥具有吸附作用，可以吸附一些色素和有毒物质。活性污泥中的生物是原来存在于污水或土壤中的天然微生物和原生虫，当它们长期与某些污水接触后，即适应此环境而被驯化，并繁殖生长，不适应的被淘汰。

（2）厌氧生物处理 是在无氧条件下利用厌氧微生物的作用来进行。当有机物进行厌氧分解时，主要经历酸性发酵阶段和碱性发酵阶段。厌氧生物分解过程如图5-4所示。

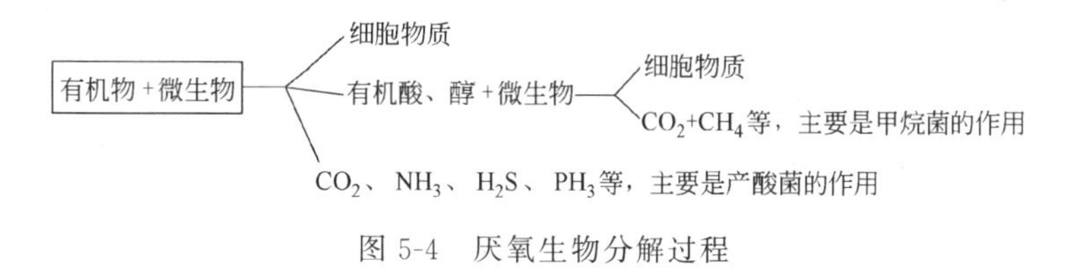

图5-4 厌氧生物分解过程

厌氧生物处理，主要用于污泥消化。

四、各类制药废水的处理

1. 含悬浮物或胶体的废水

一般采用沉淀、上浮或过滤等方法除去悬浮物特别是树脂状物。不易自动沉淀或上浮时，则需采用其他手段，如通过压缩空气（加压上浮）、直接通蒸汽加热、加入无机盐等，使悬浮物聚集起来沉淀或上浮分离。对于极小的悬浮物或胶体，则可用混凝法或吸附法处理。

除去悬浮物和胶体后的废水若仅含一些无毒的无机盐类，一般即可排放于下水道。如果含有有机溶解物或重金属离子等污染物，仍需进一步处理。如生物处理、活性炭吸附、离子交换等。

2. 酸碱性废水

化学制药过程中常排出含有各种酸碱性的废水，其中酸性废水占多数。含酸浓度高的应尽量考虑回收利用或综合利用。如利用废硫酸作混凝制、制磷肥等。对于含1%以下低浓度的酸或碱而没有经济价值的废水，则需经中和处理才能排放，以免腐蚀排水管道，危害水生生物。进行中和处理时应尽量使用本单位的废酸、废碱。同时也可考虑用氨水中和，然后可用于灌溉。除中和法外，还有浓缩、蒸馏、渗析等方法，不过目前药厂中很少使用。

3. 含无机物的废水

常见的无机物是溶解于废水中卤代物、氰化物、硫酸盐及重金属离子。常用方法有稀释法、浓缩结晶法及各种化学处理法。对于不含毒物的无机盐废水可用稀释法处理。对于含毒物的无机盐废水，须用化学法进行处理或利用。

含重金属废水的处理要求比较严格，常见的重金属以汞、铜、铬、锌等危害最大。现用的处理方法主要为化学沉淀法，使其成为碳酸盐、氢氧化物、硫化物等。在允许排放的 pH 范围内，硫化物法去除效果更好，特别是对含汞、铬的废水，一般都采用此法。

4. 含有机物的废水

含有机物废水的处理是药厂废水处理中最复杂也是最重要的课题。废水中常含有许多原辅材料、产物和副产物等，在无害处理前应可能回收利用，常用的方法有蒸馏、萃取、化学处理等。成分复杂无法回收或者虽经回收但仍不符合排放标准的有机废水，一般均以生物法进行二级处理。

生物法是借微生物的作用来完成的。几乎所有的有机物（除醚类化合物外）都能被相应的微生物氧化分解，即使是烃类化合物经某些微生物长时间适应后，也能被它们用作食料。所以目前的生物法被广泛应用于处理含各种有机物的废水，同时生物法还具有处理效率高、运转费用低的特点。

五、化学制药废水处理实例

河南某药业股份有限公司合成分厂采用化学合成法生产克林霉素、阿奇霉素、左氧氟沙星等抗生素。其生产废水可分为高浓度废水和低浓度废水。高浓度废水主要为生产车间用于合成药剂时产生的废水，其抗生素含量高、生物毒性大、可生化性差；低浓度废水主要为生产工艺过程中产生的大量冲洗废水、污冷凝水、冷却排水以及生活污水等。废水进水水质及排放标准列于表 5-3。

表 5-3 废水进水水质及排放标准

项目	水量/(m^3/d)	COD/(mg/L)	BOD_5/(mg/L)	pH	ρ(SS)/(mg/L)
高浓度废水	230	23000	—	4～6	2500
低浓度废水	1570	1500	600	5～6	400
排放标准	—	300	30	6～9	150

1. 工艺流程

该企业的化学合成制药废水采用高级氧化—铁碳微电解—厌氧（ABR）—复合式厌氧（UBF）—好氧工艺进行处理，工艺流程示于图 5-5。

高浓度废水排出后进入高浓废水调节池，出水加入石灰和聚合氯化铝（PAC）后进入斜管沉淀池进行固液分离，沉淀出水加入 O_3/H_2O_2 后在氧化池中反应，反应后与低浓度废水进入低浓废水调节池，然后经泵送至铁碳微电解反应器反应，出水进入 ABR 池水解酸化后进入 UBF 反应器进行中温厌氧反应，反应后出水进入好氧池进行反应，出水经过二沉池沉淀后排放。处理系统中产生的污泥排入集泥池，由泵输送至污泥调理罐中加入絮凝剂调理，

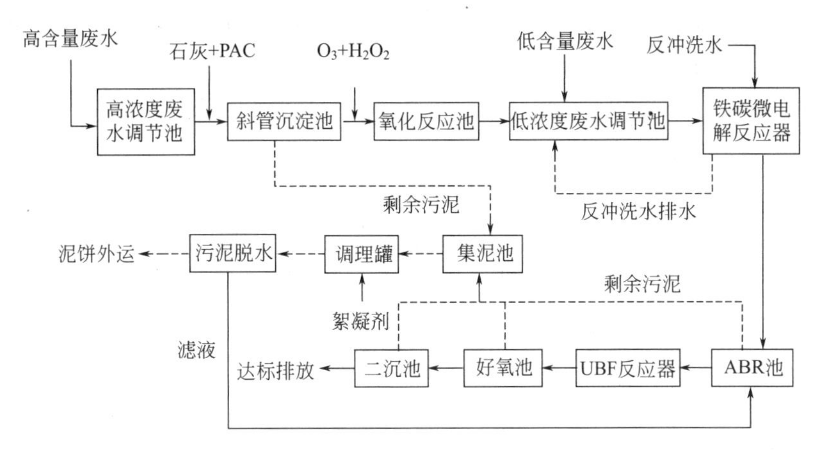

图 5-5 废水处理工艺流程

最后脱水外运，滤液回至 ABR 池重新处理。

2. 工程运行效果

监测结果显示：采用高级氧化—铁碳微电解—ABR—UBF—好氧工艺，出水完全达到污水综合排放标准（GB 8978—1996）二级排放标准，具体监测结果见表 5-4。

表 5-4 工程运行监测结果

项目	高浓度废水调节池	氧化反应池	低浓度废水调节池	铁碳微电解反应器	ABR 反应池	UBF 反应器	二沉池	排放标准
水量/(m^3/d)	230	230	1800	1800	1800	1800	1800	—
COD/(mg/L)	23000	12000	2900	2300	1750	700	200	300
BOD_5/(mg/L)	—	2500	850	720	650	160	15～25	30
ρ(SS)/(mg/L)	2500	800	450	500	300	300	100	150
pH	4～6	5～6	5～6	7～8	6.5～7.5	7～8	7～8	6～9

第四节 药厂废气和废渣的处理

一、废气的处理

药厂排出的废气，主要有含悬浮物废气（称粉尘）、含无机物废气和含有机物废气等三类。高浓度的废气，一般均应在本岗位设法回收或作无害化处理。对于低浓度废气，则可通过管道集中后进行洗涤处理或高空排放。洗涤产生的废水应按废水处理法无害化处理。下面介绍几种常见的废气类型及处理方法。

1. 含悬浮物废气

药厂排出的含悬浮物废气主要来自原辅材料的粉碎、粉状药品和中间体的干燥以及锅炉燃烧等。其处理方法主要有机械除尘、洗涤除尘、过滤除尘及静电除尘等。

（1）机械除尘　机械除尘是利用机械力（重力、惯性力、离心力）将悬浮物从气流中分离出来。这种设备简单，运转费用低，适于处理含尘浓度高及悬浮物粒度大的气体。

（2）洗涤除尘　它是用水洗涤含废气，使尘粒与液体接触而被捕获，并随水流走。此类装置气流阻力大，因而运转费用也大，不过除尘效率高，最高可达99%。排出的洗涤废水需经处理后才能排放。

（3）过滤除尘　过滤除尘是使含尘气体经过过滤材料，把尘粒阻留下来。药厂中最常见的是袋式过滤器。

（4）静电除尘　本法利用高压直流电引起电极附近发生电晕，使废气中的尘粒带电，带电粒子在强电场作用下聚集到集尘电极。附着在集尘电极上的尘粒靠振荡装置清除。

由于上述几种除尘方法各有特点，所以也常将两种或多种不同性质的除尘装置组合使用，以取得更为满意的效果。

2. 含无机物废气

药厂常见的含无机物的废气有氯化氢、三氧化硫、一氧化氮、二氧化氮、氯气、氨气、氰化氢等。对于这一类气体一般用水或适当的酸性或碱性液体进行吸收处理。如氨气可用水或稀硫酸或废酸水吸收，把它制成氨水或铵盐溶液，作为肥料。氯气可用液碱吸收成次氯酸钠作为氧化剂用。氯化氢、溴化氢等可用水吸收成相应的酸进行回收利用；氰化氢可用水或碱吸收，然后用氧化剂（如次氯酸钠溶液）或还原剂（硫酸亚铁液）处理。至于二氧化硫、氧化氮、硫化氢等酸性废气，一般可用氨水吸收。

3. 含有机物废气

目前采用的方法主要有冷凝、吸收、吸附和燃烧四种。

（1）冷凝法　用冷凝器冷却废气，使其中的有机蒸气凝结成液滴分离。本法适用于浓度大、沸点高的有机物蒸气。对低浓度的有机物废气，就必须冷却至较低的温度，因此需要制冷设备，在经济上不合算。

（2）吸收法　选用适当的吸收剂除去废气中的有机物质是有效处理方法。适用于浓度较低的废气。此法还可回收利用被吸收的有机物质。

（3）吸附法　将废气通过吸附剂，其中的有机物蒸气或气体即被吸附，再通过加热解析、冷凝，可回收有机物。目前使用的吸附剂主要有活性炭、氧化铝等。活性炭吸附剂对醇、羧酸、苯、硫醇等类气体均有强吸附力。

（4）燃烧法　若废气中易燃物质浓度较高，可通入燃烧炉中进行焚烧，燃烧产生的热量可利用。此法较简单，但腐蚀性气体不能在炉内燃烧，以免腐蚀高温炉。

二、废渣的处理

药厂废渣污染问题与废气、废水相比，一般要小得多，废渣的种类和数量也比较少。常见的废渣包括蒸馏残渣，失活的催化剂，废活性炭，胶体废渣，反应残渣（如铁泥、锌泥），不合格的中间体和产品，以及用沉淀、混凝、生物处理等方法产生的污泥残渣等，其中以污泥数量为最多，也最难处理。

1. 一般处理法

各种废渣的成分及性质很不相同，因此处理的方法和步骤也不相同。一般处理步骤：分析是否有回收价值的物质，是否有贵金属，是否有毒性等，对于有贵重物品的要先回收而后才做其他处理，对于有毒性的则要除毒后才能进行综合利用。

2. 废渣的最终处理

（1）综合利用法　废渣经回收及除毒后，应尽量进行综合利用。其利用途径有：作生产的原辅材料；作燃料；用作饲料和肥料；作铺路或建筑材料等。

（2）焚烧法　焚烧法能大大减少废物的体积，消除其中的许多有毒有害物质，同时又能回收热量。因此，对于一时无回收利用价值的可燃性废渣，特别是当它含有毒性的或有杀菌作用的废渣，无法用厌氧处理时，可以选取焚烧法。

（3）填土法　填土法通常比焚烧法更经济些，填土的地方要经过仔细考察，特别要注意不能污染地下水。用填土法处理有机物废物常有潜在的危险性，如有机物分解时放出甲烷、氨气及硫化氢气体，因此目前多倾向于先焚烧变成少量的残渣再用填土法处理。有些污泥废渣发热量太低无法焚烧时，也需要先进行脱水，待其体积、数量大大减少后才进行填土处置。

目前国外正在发展的化学安全填土法是一种较好废渣处置法。如含砷的废渣可装入水泥容器中进行填土，周围的土壤均用石灰处理，以防万一容器泄漏形成可溶性的砷化物而污染地下水。

复习与思考题

1. 防毒应采用哪些措施？工业粉尘的防治措施有哪些？
2. 防火、防爆的措施有哪些？
3. 压力容器的分类方法有哪些？
4. 药厂“三废”有哪些特点？
5. “三废”防治有哪些途径？
6. 废水处理有哪几种方法？
7. 药厂废气有哪几种类型？处理方法有哪些？
8. 药厂废渣的处理方法一般有哪几种？

【阅读材料】

世界环境保护四部曲

环境污染使人类认识到环境保护的重要性。人类在保护环境方面经历了四个阶段：限制、治理、预防、规划。

限制，就是限制污染源。从19世纪中叶开始，近代工业迅速发展，于是产生了环境污染。当时，人们往往是在污染发生后对污染源以及污染物的排放量进行限制。结果比较被动，民众怨声载道，反公害的斗争此起彼伏。

治理，指的是治理污染。到20世纪60年代，不少国家不断发生公害，治理污染成为迫切的任务。工业发达国家先后建立了环保机构，颁布了一系列政策、法令，并采取政治、经济手段，取得了一定效果。但治理不是治本的办法，只是应急措施。

预防，是指预防环境污染和生态破坏，这实际上是防治结合、以防为主的综合防治。人类在保护环境中认识到，环境保护一定要全球性的联合行动。从20世纪70年代起，多次举行各种类型的世界性环境保护会议，并签署了一系列国际间环境保护的宣言、公约和协定。

规划，对环境进行整体规划和协调。从20世纪80年代开始，许多国家把环境保护的重点放到建设“第三代环境”上来。所谓“第三代环境”建设就是追求人类工作、生产、生活环境的舒适性。这些国家制定了经济增长、合理利用自然资源和环境效益相结合的长远政策，强调人类与环境的协调发展。

纵观世界环境保护事业的发展，资本主义国家走了一条“先污染后治理”的弯路。中国政府把合理开发和充分利用自然资源作为中国环境保护的基本国策，把“三同步”（经济建设、城乡建设和环境建设同步规划、同步实施、同步发展）和“三统一”（经济效益、社会效益和环境效益统一）作为处理经济建设与环境保护关系的基本指导思想，在防止工业污染，实施城市环境综合治理，保护生态环境方面取得明显的进展。但环境污染和生态破坏仍然存在，任务十分艰巨。

第六章 典型药物生产工艺

【知识目标】

1. 了解典型药物的合成路线的设计与选择方法。
2. 掌握典型药物生产工艺流程、工艺原理、工艺控制点。
3. 掌握典型药物生产工艺中常用反应器结构、特点及应用。
4. 掌握典型药物生产过程中的反应条件及影响因素。

【能力目标】

1. 能正确分析典型药物的合成路线的优缺点。
2. 能根据典型药物生产工艺过程找出主要工艺控制点。
3. 能根据典型药物生产工艺进行简单的生产操作。
4. 能看懂生产工艺流程图。
5. 能分析生产过程中出现的常见问题，并能提出简要的解决方案。

项目一 氯霉素的生产工艺

第一节 概 述

氯霉素（Chloramphenicol）（又名左旋霉素，氯胺苯醇，氯丝霉素）的化学名称为D-苏式-(−)-*N*-[*α*-(羟基甲基)-*β*-羟基-对硝基苯乙基]-2,2-二氯乙酰胺，D-theo-(−)-*N*-[*α*-(hydroxymethyl)-*β*-hydroxy-*p*-nitrophenethyl]-2,2-dichloroacetamide。化学结构式为：

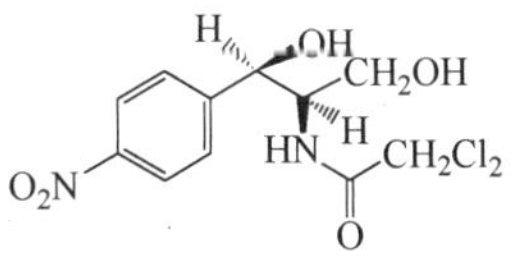

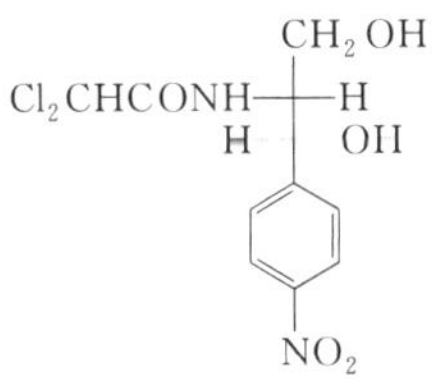

本品为白色或黄绿色的针状、长片状结晶性粉末；味苦。熔点149～153℃。在甲醇、乙醇、丙醇或丙二醇中易溶，在水中微溶。取本品的无水乙醇溶液，测其旋光度应为右旋；另取本品的醋酸乙酯溶液，测其旋光度应为左旋。

氯霉素对革兰阳性、阴性菌均有抑制作用，且对后者的作用较强。其中对伤寒杆菌、流感杆菌、副流感杆菌和百日咳鲍特菌的作用比其他抗生素强，对立克次体感染如斑疹伤寒也有效，但对革兰阳性球菌的作用不及青霉素和四环素。

氯霉素曾广泛用于治疗各种敏感菌感染，后因对造血系统有严重不良反应，故对其临床应用现已作出严格控制。但由于其疗效确切，尤其对伤寒等疾病仍是目前临床的首选药，所以该药仍是一个不可替代的抗生素品种。本品有片剂、胶囊、注射液、滴眼液、滴耳液、耳栓、颗粒剂等多种剂型。

氯霉素最早发现于1947年，原系由委内瑞拉链丝菌（*Steptomyces venezuelas*）产生，是人类认识的第一个含硝基的天然药物。1948年用于治疗斑疹伤寒及伤寒。由于其疗效显著，结构简单，所以发现后就对其进行了广泛深入的研究，确定了结构，并根据其结构进行了人工合成及大规模工业生产。氯霉素是第一个用全合成方法合成的抗生素。

目前医用的氯霉素大多用化学合成法制造。我国在1951年开始对氯霉素进行合成研究，建成生产合霉素（氯霉素的外消旋体）的车间。20世纪60年代开始生产氯霉素。几十年的生产实践中，科技工作者对其合成路线、生产工艺及副产物综合利用等方面做了大量的研究工作，使生产技术水平有了大幅度的提高。

第二节　合成路线及其选择

从氯霉素的结构看，其基本骨架为连有三个碳原子的苯环。功能基则除苯环外，C1及C3上各有一个羟基，C2上有二氯乙酰氨基。因此可用苯及其衍生物进行合成。可能的路线有如下几条。

① 原料的基本结构为苯丙基结构，再引入必要的基团。

② 原料的结构为苯乙基结构，侧链上再引入一个碳原子，并引入其他的必要基团。

③ 原料的基本结构为苯甲基的结构，侧链上的两个碳原子可以一次引入，也可以分次引入，其他必要基团可分别引入。

④ 原料的基本结构为苯环，侧链的三个碳原子一次引入或分次引入；为缩短合成路线，其他必要基团的引入应尽可能与碳原子的引入结合起来。

由于氯霉素结构中侧链上的C1和C2是两个手性中心，因而它有四个光学异构体，其中只有D-(—)-苏阿糖型（或称1*R*，2*R*型）具有抗菌活性，而其他三个光学异构体均无疗效。所以研究合成路线时必须同时考虑立体构型问题。可从以下几方面考虑。

① 采用刚体结构的原料或中间体。具有指定空间构型的刚体结构化合物进行反应时，不易产生差向异构体。如使用反式β-溴代苯乙烯或反式桂皮醇为原料合成氯霉素时，产物符合要求的苏型。

② 利用空间位阻效应。如甘氨酸与1分子对硝基苯甲醛反应生成Schiff碱，后者再进行反应时，由于立体位阻的影响，产物主要是苏型异构体。

③ 使用具有立体选择性的试剂。应用异丙醇铝为还原剂使氯霉素中间体羰基还原时，生成物是苏型异构体占优势（用钠硼氢还原时，则无立体选择性）。

氯霉素的生产已有几十年的历史，其合成路线的文献报道较多。这些合成路线存在不可回避的缺点，如一些试剂的来源不易解决、某些原料的消耗量过大、对设备要求过高、安全操作性差和某些中间体分离困难等，因此生产上无法采用。国际通用的工艺路线有三种：①对硝基苯乙酮法；②苯乙烯法；③肉桂醇法。下面仅就这三种工艺路线加以讨论。

一、对硝基苯乙酮法

本法是我国目前生产上采用的路线。该路线最初是由我国药物化学家沈家祥等设计的，后经改进和提高，历经几十年的考验，迄今仍是世界上具有竞争力的工艺路线。该法以乙苯为原料，经硝化、氧化、溴化、成盐、水解、乙酰化、羟甲基化（缩合）、还原、拆分、二氯乙酰化等反应（或操作）得到氯霉素。路线如下：

$C_6H_5CH_2CH_3 \xrightarrow{HNO_3/H_2SO_4} O_2N{-}C_6H_4{-}CH_2CH_3 \xrightarrow{O_2/\text{催化剂}} O_2N{-}C_6H_4{-}COCH_3 \xrightarrow{Br_2/PhCl}$

$O_2N{-}C_6H_4{-}COCH_2Br \xrightarrow{(CH_2)_6N_4/HCl/C_2H_5OH} O_2N{-}C_6H_4{-}CO{-}CH_2NH_2\cdot HCl \xrightarrow{Ac_2O/AcONa}$

$O_2N{-}C_6H_4{-}CO{-}CH_2NHCOCH_3 \xrightarrow{HCHO/OH^-} O_2N{-}C_6H_4{-}CO{-}CH(NHCOCH_3){-}CH_2OH \xrightarrow{Me_2CHOH/Al(OCHMe_2)_3}$

$O_2N{-}C_6H_4{-}CH(OH){-}CH(NHCOCH_3){-}CH_2OH \xrightarrow{H^+/H_2O} O_2N{-}C_6H_4{-}CH(OH){-}CH(NH_2){-}CH_2OH \xrightarrow{\text{拆分}}$

(1R, 2R)-$O_2N{-}C_6H_4{-}CH(OH){-}CH(NH_2){-}CH_2OH \xrightarrow{Cl_2CHCOOCH_3} O_2N{-}C_6H_4{-}CH(OH){-}CH(NHCOCHCl_2){-}CH_2OH$

1R, 2R

本法的优点是起始原料价廉易得，各步反应收率都比较高，技术条件要求不高。虽然反应步骤多，但有些步骤可连续进行，不需分离中间体，大大简化了操作。但乙苯硝化过程中产生大量的邻硝基乙苯，如无妥善的综合利用途径，必将给生产造成困难。另外硝化、氧化两步安全操作要求高，产生的硝基化合物毒性较大。对操作者和生产厂家而言，无法回避的就是解决劳动保护和“三废”治理的问题。

二、苯乙烯法

苯乙烯法按经过的中间产物不同，又可分为以下两种路线。

1. 以苯乙烯为原料经 α-羟基-对硝基苯乙胺的合成路线

在氢氧化钠的甲醇溶液中，苯乙烯与氯气反应生成氯代甲醚化物，硝化后用氨处理得 α-羟基-对硝基苯乙胺，再经酰化、氧化等反应得乙酰基酮化物，最后经多伦斯缩合、还原、拆分、酰化等制成氯霉素。具体合成路线如下：

$C_6H_5{-}CH{=}CH_2 \xrightarrow{Cl_2/CH_3OH} C_6H_5{-}CH(OCH_3){-}CH_2Cl \xrightarrow{HNO_3/H_2SO_4} O_2N{-}C_6H_4{-}CH(OCH_3){-}CH_2Cl \xrightarrow{NH_3}$

$O_2N{-}C_6H_4{-}CH(OH){-}CH_2NH_2 \xrightarrow{Ac_2O/AcOH} O_2N{-}C_6H_4{-}CH(OH){-}CH_2NHCOCH_3 \xrightarrow{Na_2Cr_2O_7} O_2N{-}C_6H_4{-}CO{-}CH_2NHCOCH_3$

以后各步与对硝基苯乙酮法路线相同。

这条路线的优点是苯乙烯价廉易得，合成路线较简单且各步收率高。若硝化反应采用连续化工艺，则收率高、耗酸少、生产过程安全。缺点是胺化一步收率不够理想。国外有用此法生产氯霉素的。

2. 以苯乙烯为原料经 β-苯乙烯以 Prins 反应的合成路线

在本路线生产中采用了 Prins 反应，即烯烃与醛（通常是甲醛）在酸的催化下生成 1,3-丙二醇及其衍生物。反应的结果不仅在碳链上增加了一个碳原子，而且处理后还同时在 C1 及 C3 上各引入一个羟基。具体合成路线如下：

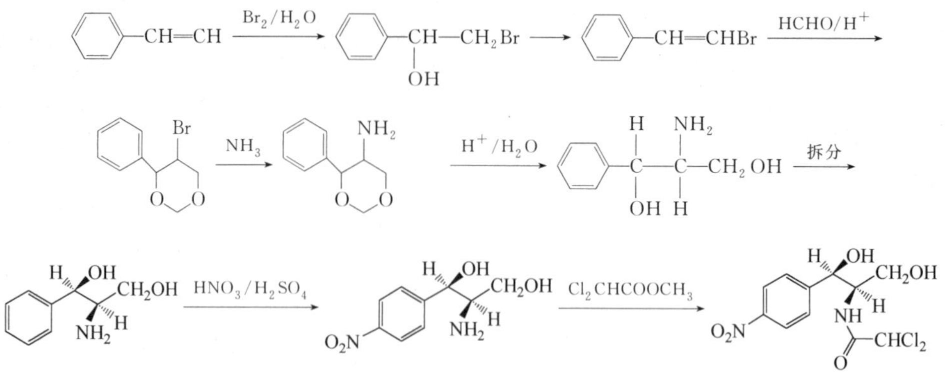

这条路线有很多优点，如合成路线较短；前 4 步的中间体均为液体，可节省大量固体中间体分离、干燥及输送的设备，有利于实现连续化、自动化生产等。缺点是需用高压反应设备及真空蒸馏设备。该路线的缺点限制了其在生产上的应用。近年来，我国对这条路线进行了改进。

三、肉桂醇法

苯甲醛与乙醛进行羟醛缩合得肉桂醛后，采用选择性还原剂将肉桂醛还原成肉桂醇，然后从肉桂醇出发经与溴水加成、缩酮化、拆分、硝化等步骤而得氯霉素。具体合成路线如下：

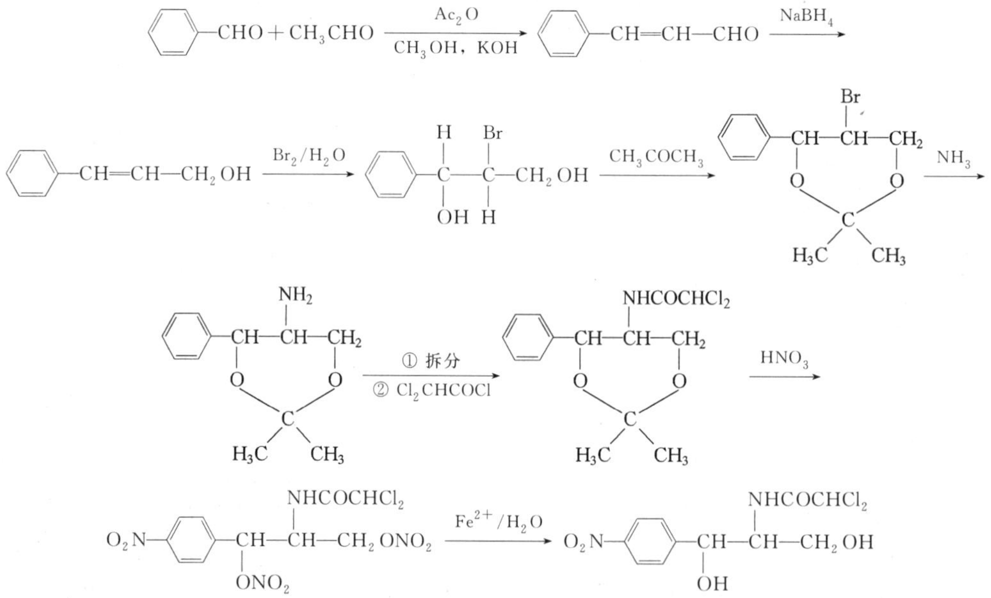

氯霉素

这条路线的先进特点是最后引入硝基，由于缩酮化物分子中缩酮基的空间掩蔽效应的影响，有利于硝基进入对位，故硝化反应的产物中对位体的收率高达 88%。但硝化反应需在低温下进行，需要深冷设备是其缺点。

综上所述，氯霉素的合成路线中有工业价值的中间体很多。为此可根据原料来源、资金设备及技术条件等因素，因地制宜选用。下面将用对硝基苯乙酮法生产氯霉素的工艺原理及其过程进行叙述。

第三节 生产工艺原理及其过程

一、对硝基乙苯的制备（硝化）

1. 工艺原理

$$C_6H_5-CH_2CH_3 \xrightarrow{HNO_3/H_2SO_4} O_2N-C_6H_4-CH_2CH_3$$

反应产物以邻位和对位的硝基乙苯为主，同时仍有少量的间硝基乙苯产生。在制备过程中，还可能产生二硝基乙苯等副产物。为避免产生二硝基乙苯，硝酸的用量不宜过多，硫酸的脱水值（DVS值）不能过高。本反应需有良好的搅拌及冷却设备。

2. 工艺过程

在装有推进式搅拌的不锈钢（或搪玻璃）混酸罐内，先加入92%以上的硫酸，在搅拌及冷却下，以细流加入水，控制温度在40～45℃之间。加毕，降温至35℃，继续加入96%的硝酸，温度不超过40℃，加毕，冷至20℃。取样化验，要求配制的混酸中，硝酸含量约32%，硫酸含量约56%。

在装有旋桨式搅拌的铸铁硝化罐中，先加入乙苯，开动搅拌，调温至28℃，滴加混酸，控制温度在30～35℃。加毕，升温至40～45℃，继续搅拌保温反应1h，使反应完全。然后冷却至20℃，静置分层。分去下层废酸后，用水洗去硝化产物中的残留酸，再用碱液洗去酚类，最后用水洗去残留碱液，送往蒸馏岗位。首先将未反应的乙苯及水减压蒸出，然后将余下的部分送往高效率分馏塔，进行连续减压分馏，在塔顶馏出邻硝基乙苯。从塔底馏出的高沸物再经一次减压精馏得到精制的对硝基乙苯。由于间硝基乙苯与对硝基乙苯的沸点相近，故精馏得到的对硝基乙苯尚有6%左右的间位体。

3. 反应条件及影响因素

（1）温度对反应的影响　作为一般规律，温度升高，反应速率加快，这对反应是有利的。但在乙苯硝化反应中，若温度过高会有大量副产物生成，严重时有发生爆炸的可能性。乙苯的硝化为激烈的放热反应，温度控制不当，会产生二硝基化合物，并有利于酚类的生成。所以在硝化过程中，要有良好的搅拌和有效的冷却，及时把反应热除去，以控制一定的温度使反应正常进行。

（2）配料比对反应的影响　为避免产生二硝基乙苯，硝酸的用量不宜过多，可接近理论量。

（3）乙苯质量对反应的影响　应严格控制乙苯的质量，乙苯的含量应高于95%，其外观、水分等各项指标应符合质量标准。乙苯中若水分过多，色泽不佳，则使硝化反应速率变慢，而且产品中对位体的含量降低，致使硝化收率下降。

在生产上，混酸配制的加料顺序与实验室不同。在实验室用烧杯做容器，不产生腐蚀问题，在生产上则必须考虑到这一点。20%～30%的硫酸对铁的腐蚀性最强，而浓硫酸对铁的作用则弱。混酸中浓硫酸的用量要比水多得多，将水加于酸中可大大降低对混酸罐的腐蚀。其次，在良好的搅拌下，水以细流加入浓硫酸中产生的稀释热立即被均匀分散，因此不会出现在实验时发生的酸沫四溅的现象。

在安全问题上，需注意以下几点。①浓硝酸是强氧化剂，遇有纤维、木块等立即将其氧化，氧化产生的热量使硝酸激烈分解引起爆炸。浓硫酸、浓硝酸均有强腐蚀性，应注意防护。②在配制混酸以及进行硝化反应时，因有大量稀释热或反应热放出，故中途不得停止搅拌及冷却。如发生停电事故，应立即停止加酸。③蒸馏完毕，不得在高温下解除真空放入空气，以免热的残渣（含多硝基化合物）氧化爆炸。

二、对硝基苯乙酮的制备（氧化）

1. 工艺原理

$$O_2N-C_6H_4-CH_2CH_3 + O_2 \xrightarrow{\text{硬脂酸钴，醋酸锰}} O_2N-C_6H_4-\overset{O}{\overset{\|}{C}}CH_3 + H_2O$$

本反应是对硝基乙苯在催化剂作用下与氧气进行的自由基反应。反应开始阶段（亦称诱导期）生成自由基需要能量，因此在反应初期需要加热。催化剂硬脂酸钴的作用是降低反应的活化能，因此能缩短反应时间和降低反应温度。

2. 工艺过程

将对硝基乙苯自计量槽中加入氧化反应塔，同时加入硬脂酸钴及醋酸锰催化剂（内含载体碳酸钙 90%），其量各为对硝基乙苯重量的十万分之五。用空压机压入空气使塔内压强为 0.5MPa，开动搅拌，逐渐升温至 150℃以激发反应。反应开始后，随即发生连锁反应并放热。这时适当地往反应塔夹层通水使反应温度平稳下降，维持在 135℃左右进行反应。收集反应生成的水，并根据汽水分离器分出的冷凝水量判断和控制反应进行程度。当反应产生热量逐渐减少，生成水的速度和数量降到一定程度时停止反应，稍冷，将物料放出。

反应物中含对硝基苯乙酮、对硝基苯甲酸、未反应的对硝基乙苯、微量过氧化物以及其他副产物等。在对硝基苯乙酮未析出之前，根据反应物的含酸量加入碳酸钠溶液，使对硝基苯甲酸转变为钠盐。然后充分冷却，使对硝基苯乙酮尽量析出。过滤，洗去对硝基苯甲酸钠盐后，干燥，便得对硝基苯乙酮。对硝基苯甲酸的钠盐溶液经酸化处理后，可得副产物对硝基苯甲酸。

分出对硝基苯乙酮后所得的油状液体仍含有未反应的对硝基乙苯。用亚硫酸氢钠溶液分解除去过氧化物后，进行水蒸气蒸馏，回收的对硝基乙苯可再用于氧化。

硬脂酸钴的制法是用澄明的硬脂酸钠烯醇溶液（pH8～8.5）加到硝酸钴溶液中，使硬脂酸钴析出，过滤，洗涤至无硝酸根离子，干燥便得。醋酸锰催化剂是将 10%醋酸锰溶液与沉淀碳酸钙（醋酸锰与碳酸钙的质量比为 1∶9）混合均匀，干燥即得。

3. 反应条件及影响因素

（1）催化剂的作用　大多数变价金属（如钴、锰、铬、铜等）的盐类对本反应均有催化活性。铜盐和铁盐对过氧化物（反应过程中的中间产物）作用过于猛烈，以致会削弱连锁反应，故不宜采用，且反应中应注意防止微量 Fe^{3+} 和 Cu^{2+} 的混入。醋酸锰的催化作用则较为缓和，氧化收率有明显提高，同时用碳酸钙作它的载体，可保护过氧化物不致分解过速，从而使反应平稳地持续下去。后来随着生产的发展，发现醋酸锰并不是十分理想的催化剂，主要问题是收率不高、反应周期长。对此，我国科技工作者又做了大量的催化剂筛选工作，从中找到了性能较醋酸锰性能更好的催化剂——硬脂酸钴。在采用氧气氧化时，其最突出的优点是反应可以在比用醋酸锰时低约10℃的温度下进行，因而有利于安全生产。此外，反应时间比以前减少一半以上，缩短了反应周期；收率有所提高，而且催化剂的用量仅为以前的1/15。在改用空气氧化法之后，则采用硬脂酸钴与醋酸锰-碳酸钙混合催化剂。

（2）反应温度　对硝基乙苯的催化氧化反应是强烈的放热反应。虽然开始需要供给一定的热量使产生自由基，但当反应引发后便进行连锁反应而放出大量热，此时若不将产生的热量移去，则产生的自由基越来越多，温度急剧上升，就会发生爆炸事故。但若冷却过度，又会造成连锁反应中断，使反应过早停止。因此，当反应激烈后必须适当降低反应温度，使反应维持在既不过分激烈而又能均匀出水的程度。

（3）反应压力　用空气作氧化剂较氧气安全，所以生产上采用空气氧化法。根据反应方程式可以看出，此氧化反应是使气体分子数减少的反应（生成的水经冷凝后分出），所以加压对反应有利。

（4）抑制物　若有苯胺、酚类和铁盐等物质存在时，会使硝基乙苯的催化氧化反应受到强烈抑制，故应防止这类物质混入。

三、对硝基-α-溴代苯乙酮（简称溴化物）的制备（溴化）

1. 工艺原理

$$O_2N-C_6H_4-\overset{O}{\overset{\|}{C}}CH_3 + Br_2 \longrightarrow O_2N-C_6H_4-\overset{O}{\overset{\|}{C}}CH_2Br + HBr$$

溴化反应属于离子型反应，溴化的位置发生在羰基的α碳原子上。对硝基苯乙酮的结构能发生烯醇式与酮式的互变异构。烯醇式与溴进行加成反应，然后消除一分子的溴化氢而生成所需的溴化物。这里溴化的速度取决于烯醇化速度。溴化产生的溴化氢是烯醇化的催化剂，但由于开始时其量尚少，只有经过一段时间产生足够的溴化氢后，反应才能以稳定的速度进行，这就是本反应有一段诱导期的原因。

2. 工艺过程

将对硝基苯乙酮及氯苯（含水量低于0.2%，可反复套用）加入搪玻璃的溴代罐中，在搅拌下先加入少量的溴（占全量的2%～3%）。当有大量溴化氢产生且红棕色的溴素消失时，表示反应开始。保持温度在（27±1）℃，逐渐将其余的溴加入。溴的用量稍超过理论量。反应产生的溴化氢用真空抽出，用水吸收，制成氢溴酸回收。真空度不宜过大，只要使溴化氢不从他处逸出便可。溴加毕后，继续反应1h。然后升温至35～37℃，通压缩空气以尽量排走反应液中的溴化氢，否则将影响下一步成盐反应。静置0.5h后，将澄清的反应液送至下一步进行成盐反应。

3. 反应条件及影响因素

（1）水分的影响　对硝基苯乙酮溴代反应时，水分的存在对反应大为不利（诱导期延长甚至不起反应），因此必须严格控制溶剂的水分。

（2）金属的影响　本反应应避免与金属接触，因为金属离子的存在能引起芳香环上的溴代反应。

（3）对硝基苯乙酮质量的影响　对硝基苯乙酮质量好坏对溴化反应的影响也较大。若使用不合格的对硝基苯乙酮进行溴化，会造成溴化物残渣过多、收率低，甚至影响下步的成盐反应，使成盐物质量下降、料黏。对硝基苯乙酮质量应控制熔点、水分、含酸量、外观等几项指标，质量达不到标准的不能用。

四、对硝基-α-溴代苯乙酮六亚甲基四胺盐（简称成盐物）的制备（成盐）

1. 工艺原理

$$O_2N-C_6H_4-\overset{O}{\overset{\|}{C}}CH_2Br + C_6H_{12}N_4 \longrightarrow O_2N-C_6H_4-\overset{O}{\overset{\|}{C}}CH_2Br \cdot C_6H_{12}N_4$$

2. 工艺过程

将合格的成盐母液加入干燥的反应罐内，在搅拌下加入干燥的六亚甲基四胺（比理论量稍过量），用冷盐水冷却至5～15℃，将除净残渣的溴化液抽入，33～38℃反应1h，测定反应终点。成盐物无需过滤，冷却后即可直接用于下一步水解反应。

反应终点的测定：成盐反应终点的测定是根据两种原料和产物在氯仿及氯苯中溶解度不同的原理进行的（表6-1）。

表6-1　成盐反应的原料与产物在氯仿、氯苯中的溶解度

物　料	氯　仿	氯　苯
对硝基-α-溴代苯乙酮	溶解	溶解
六亚甲基四胺	溶解	不溶
“成盐物”	不溶	不溶

表6-1中所写的“不溶”是指溶解度很小。按此方法测定，到达终点时氯苯中所含未反应的对硝基-α-溴代苯乙酮的量在0.5%以下。

取反应液适量，过滤（若未反应完，滤液中有对硝基-α-溴代苯乙酮），往1份滤液中加入2份六亚甲基四胺（乌洛托品）氯仿饱和溶液，混合加热至50℃，再降至常温，放置3～5min。若溶液呈透明状，表示终点到；若溶液混浊，则未到终点，应适当补加乌托品。

3. 反应条件及影响因素

（1）水和酸对成盐反应的影响　水和酸的存在能使乌洛托品分解成甲醛。

（2）温度的影响　成盐反应的最高温度不得超过40℃。

五、对硝基-α-氨基苯乙酮盐酸盐（简称水解物）的制备（水解）

1. 工艺原理

$$O_2N-C_6H_4-\overset{O}{\overset{\|}{C}}CH_2Br \cdot C_6H_{12}N_4 + HCl + 12C_2H_5OH \longrightarrow$$

$$O_2N-C_6H_4-\overset{O}{\overset{\|}{C}}CH_2NH_2 \cdot HCl + 6CH_2(OC_2H_5)_2 + NH_4Br + 2NH_4Cl$$

盐酸浓度越大，反应越容易生成伯胺，且反应速率也较快。水解反应后，盐酸应保持在2%左右，因为水解物是强酸弱碱盐，有过量的盐酸存在时比较稳定。当盐酸浓度低于1.7%时，有游离氨基物产生，并发生双分子缩合，然后与空气接触氧化为紫红色吡嗪化合物。

2. 工艺过程

将盐酸加入搪玻璃罐内，降温至7～9℃，搅拌下加入“成盐物”。继续搅拌至“成盐物”转变为颗粒状后，停止搅拌，静置，分出氯苯。然后加入乙醇，搅拌升温，在32～34℃反应5h。3h后开始测酸含量，并使其保持在2.5%左右（确保反应在强酸下进行）。

反应完毕，降温，分去酸水，加入常水洗去酸后，加入温水搅拌得二乙醇缩醛，反应后停止搅拌将缩醛分出。再加入适量水，搅拌，冷至−3℃，离心分离，便得对硝基-α-氨基苯乙酮盐酸盐。

3. 反应条件及影响因素

酸浓度和用量的影响："成盐物"转变成伯胺必须在强酸性下反应，并保证有足够的酸。因为"水解物"是强酸弱碱生成的盐，在强酸性下才较稳定。

六、对硝基-α-乙酰氨基苯乙酮（简称乙酰化物）的制备（乙酰化）

1. 工艺原理

$$O_2N-C_6H_4-\overset{O}{\overset{\|}{C}}CH_2NH_2 \cdot HCl + CH_3COONa + (CH_3CO)_2O \longrightarrow$$

$$O_2N-C_6H_4-\overset{O}{\overset{\|}{C}}CH_2NHCOCH_3 + 2CH_3COOH + NaCl$$

对硝基-α-氨基苯乙酮的酰化，由于有硝基的存在，使氨基的反应活性降低，为此生产一般采用较强的酰化剂乙酸酐。为使氨基乙酰化，应用醋酸钠中和盐酸盐，使氨基化合物游离出来。由于游离的对硝基-α-氨基苯乙酮很容易发生分子间的脱水缩合，所以应在其未来得及发生双分子缩合之前，就立即被乙酸酐酰化，生成对硝基-α-乙酰氨基苯乙酮。因此，乙酸酐和乙酸钠的加料顺序不能颠倒（先加乙酸酐，后加乙酸钠）。本反应应在低温下的水介质中进行，因为醋酐在低温下分解较慢。

2. 工艺过程

向乙酰化反应罐中加入母液，冷至0～3℃，加入上步水解物，开动搅拌，将结晶打成浆状，加入乙酸酐，搅拌均匀后，先慢后快地加入38%～40%的乙酸钠溶液。这时温度逐渐上升，加完乙酸钠时温度不要超过22℃。于18～20℃反应1h，测定反应终点。终点到达后，将反应液冷至10～13℃即析出晶体，过滤，先用常水洗涤，再以1%～1.5%的碳酸氢钠溶液洗结晶液至pH为7，甩干称重交缩合岗位。滤液回收乙酸钠。

终点测定：取少量反应液，过滤，往滤液中加入碳酸氢钠溶液中和至碱性，在40℃左右加热后放置15min，滤液澄清不显红色示终点到达，若滤液显红色或混浊，应适当补加乙酸酐和乙酸钠溶液，继续反应。

3. 反应条件及影响因素

（1）pH　根据实际经验，反应物的pH控制在3.5～4.5最好。pH过低，在酸的影响下反应物会进一步环合；pH过高，不仅游离的氨基酮会发生双分子缩合，而且乙酰化物也会发生双分子缩合。

（2）加料次序和加乙酸钠的速度　应先加乙酸酐后再加乙酸钠，次序不能颠倒，并严格控制加乙酸钠的速度。这样，在游离出来的氨基酮还未来得及发生双分子缩合之前，就立即被乙酸酐酰化生成对硝基-α-乙酰氨基苯乙酮。

七、对硝基-α-乙酰氨基-β-羟基苯丙酮（简称缩合物）的制备（缩合）

1. 工艺原理

$$O_2N-C_6H_4-\overset{O}{\overset{\|}{C}}\underset{NHCOCH_3}{\underset{|}{C}H_2} + HCHO \xrightarrow{OH^-} O_2N-C_6H_4-\overset{O}{\overset{\|}{C}}\underset{NHCOCH_3}{\underset{|}{C}H}-CH_2OH$$

本反应是在碱性催化剂作用下，乙酰化物中的 α-氢以质子形式脱去，生成碳负离子，然后进攻甲醛分子中正电荷的碳原子。如果碱性太强，缩合物中另一个 α-氢也易脱去，生成碳负离子，与甲醛分子继续作用，生成双缩合物。在酸性和中性条件下可阻止这一副反应的进行，但酸性过低，又不起反应。所以本反应必须保持在弱碱性的条件下进行。

2. 工艺过程

将“乙酰化物”加水调成糊状，测 pH 应为 7。

将甲醇加入反应罐内，升温至 28～33℃，加入甲醛溶液，随后加入“乙酰化物”及碳酸氢钠，测 pH 应为 7.5。反应放热，温度逐渐上升。此时可不断地取反应液至玻璃片上，可以看到“乙酰化物”的针状结晶不断减少，而缩合物的长方柱状结晶不断增多。经数次观察，确定针状结晶完全消失即为反应终点。

反应完毕，降温至 0～5℃，离心过滤，滤液可回收甲醇，产物经洗涤，干燥至含水量为 0.2%以下，可送至下一步还原反应岗位。

3. 反应条件及影响因素

（1）酸碱度对反应的影响　酸碱度是本反应的主要影响因素。反应必须保持弱碱性条件下进行，pH 在 7.5～8.0 为佳。调节 pH 时要迅速、准确。

（2）温度对反应的影响　反应温度自然上升，温度控制要适当。过高则甲醛挥发，过低则甲醛聚合。

（3）甲醛含量对反应的影响　甲醛含量直接影响反应进行。含量在 36%以上的甲醛为无色透明液体；如发现混浊现象，表示有部分聚醛存在，必须将其回流解聚后，方能使用。

八、DL-苏型-对硝基苯基-2-氨基-1,3-丙二醇（简称混旋氨基物）的制备（还原）

1. 工艺原理

$$O_2N-C_6H_4-\overset{O}{\overset{\|}{C}}-\underset{NHCOCH_3}{\underset{|}{C}H}-CH_2OH \xrightarrow[\text{② HCl·}H_2O \quad \text{③ NaOH}]{\text{① 异丙醇铝/异丙醇}} O_2N-C_6H_4-\overset{OH}{\overset{|}{C}H}-\underset{NH_2}{\underset{|}{C}H}CH_2OH$$

本反应采用的异丙醇铝-异丙醇还原法有较高的选择性，其反应产物是占优势的一对苏型立体异构体（用别的还原方法可能得到 4 种立体异构体），而且分子中的硝基不受影响。

2. 工艺过程

（1）异丙醇铝-异丙醇的制备　将洁净干燥的铝片加入干燥的反应罐内，加入少许三氯化铝及无水异丙醇，升温使反应液回流。此时放出大量热和氢气，温度可达 110℃左右。当回流稍缓和后，在保持不断回流的情况下，缓缓加入其余的异丙醇。加毕回流至铝片全部溶解不再放出氢气为止。冷却后，将异丙醇铝-异丙醇溶液压至还原反应罐中。

（2）还原反应　将异丙醇铝-异丙醇溶液冷至 35～37℃，加入无水三氯化铝，升温至 45℃左右反应 0.5h，使部分异丙醇转变为氯代异丙醇铝。然后加入“缩合物”，于 60～62℃反应 4h。

（3）水解　还原反应完毕后，将反应液压至盛有水及少量盐酸的水解罐中，在搅拌下蒸出异丙醇。蒸完后，稍冷，加入上批的“亚胺物”及浓盐酸，升温至 76～80℃，反应 1h 左右，同时减压回收异丙醇。然后，将反应物冷至 3℃，使“氨基物”盐酸盐结晶析出，过滤得“氨基物”盐酸盐。母液含有大量铝盐，可回收用于制备氢氧化铝。

（4）中和　将“氨基醇”盐酸盐加少量母液溶解，溶解液表面有红棕色油状物，分离除去后，加碱液中和至 pH 为 7.0～7.8，使铝盐变成氢氧化铝析出。加入活性炭于 50℃脱色，过滤，滤液用碱中和至 pH 为 9.5～10.0，“混旋氨基物”析出。冷至近 0℃，过滤，产物（湿品）直接送至下步拆分。母液套用于溶解“氨基物”盐酸盐。

每批母液除部分供套用外还有剩余。向剩余的母液中加入苯甲醛，使母液中的“氨基物”与苯甲醛反应生成 Schiff 碱（或称“亚胺物”），过滤，在下批反应物加盐酸水解前并入，可提高收率。

3. 反应条件及影响因素

（1）水分对反应的影响　异丙醇铝的制备及还原反应必须在无水条件下进行。异丙醇铝的水分含量应在 0.2%以下。

（2）异丙醇用量对反应的影响　该还原反应为可逆反应，为使反应向还原反应方向进行，异丙醇大大过量（在本反应中，异丙醇还起溶剂的作用）。

九、D-(－)-苏型-1-对硝基苯基-2-氨基-1,3-丙二醇的制备（拆分）

1. 工艺原理

$$O_2N-C_6H_4-CH(OH)-CH(NH_2)CH_2OH \xrightarrow{\text{拆分}} (1R,2R) + (1S,2S)$$

混旋氨基物　　1R, 2R　　1S, 2S

氨基物的拆分有两种方法。一种是利用形成非对映体的拆分法，即用一种旋光物质（如酒石酸）与 D-及 L-氨基物生成非对映体的盐，并利用它们在溶剂中溶解度之差异进行分离。然后分别脱去拆分剂，便可得到单纯的左旋体和右旋体。生产上常用酒石酸法。该方法的优点是拆分出来的旋光异构体光学纯度高，且操作方便，易于控制；缺点是生产成本较高。

另一种方法为诱导结晶拆分法。即在氨基物消旋体的饱和水溶液中加入其中任何一种较纯的单旋体结晶作为晶种，则结晶成长并析出同种单旋体的结晶，迅速过滤；滤液再加入消旋体使成为适当过饱和溶液，冷却便析出另一种单旋体结晶。如此交叉循环拆分多次，达到分离目的。该法的优点是原材料消耗少，设备简单，拆分收率较高，成本低廉；缺点是拆分所得的单旋体的光学纯度较低，工艺条件控制较麻烦。

采用诱导结晶拆分法必须具备以下两个条件。

① 消旋体必须是消旋混合物，即在溶液中它的两个对映体各自独立存在。如果是消旋化合物便不能拆分。

② 消旋体的溶解度应大于任何一种单旋体的溶解度。这样单旋体结晶析出时，消旋体不析出而仍留在溶液中，从而获得拆分。

上述两种拆分方法生产上均有应用，下面以诱导结晶拆分法讨论工艺过程。

2. 工艺过程

在稀盐酸中加入一定比例的 DL-氨基物及 L-氨基物，升温至 60℃左右待全溶后，加活性炭脱色，过滤，滤液降温至 35℃，析出 L-氨基物，滤出。母液经调整旋光含量后，加入一定量的盐酸和 DL-氨基物，同法操作，再进行拆分，可依次制得 D-氨基物和 L-氨基物。母液循环套用。粗制 D-氨基物经酸碱处理、脱色精制，于 pH9.5～10.0 析出精制品，甩滤、洗涤、干燥后储存。

3. 反应条件及影响因素

（1）拆分母液配制对拆分的影响　拆分母液配制很关键，一定要选用含量高、结晶好、色泽好的氨基物盐酸盐或混旋氨基物、右旋氨基物。

（2）连续拆分次数对拆分的影响　连续拆分60～80次脱色一次并调整配比，以保证拆分正常进行。

十、氯霉素的制备

1. 工艺原理

本反应是D-氨基物经过二氯乙酰化后得氯霉素。

$$\text{D-氨基物}(1R,2R) + Cl_2CHCOOCH_3 \longrightarrow \text{氯霉素} + CH_3OH$$

D-氨基物(1*R*, 2*R*)　　氯霉素

2. 工艺过程

将甲醇置于干燥的反应罐内，加入二氯乙酸甲酯，在搅拌下加入D-氨基物，于60℃左右反应1h。加入活性炭脱色，过滤。在搅拌下往滤液中加入蒸馏水，使氯霉素析出。冷至15℃，过滤、洗涤、干燥，得氯霉素成品。

3. 反应条件及影响因素

（1）水分对反应的影响　本反应应无水操作。有水存在时，二氯乙酸甲酯水解生成的二氯乙酸会与氨基物成盐，影响反应正常进行。

（2）配比对反应的影响　二氯乙酸甲酯的用量应比理论量稍多一些，以保证反应完全。溶剂甲醇的用量也应适当，过少影响产品质量，过多则影响产品收率。

详细的氯霉素生产工艺流程图见193页附录一。

第四节　综合利用与“三废”处理

用对硝基苯乙酮法生产氯霉素，由于合成步骤长、原辅材料多，在生产过程中产生较多的副产物和“三废”，需对它们进行综合利用和“三废”治理。下面作一些简要介绍。

一、邻硝基乙苯的利用

邻硝基乙苯是氯霉素第一步反应的副产物。由于氯霉素的工艺较长，产量较大，而且邻硝基乙苯的产量与主产物对硝基乙苯的产量几乎相等，因此，邻硝基乙苯的利用是一个大问题。将邻硝基乙苯作为起始原料，可用于生产除草剂——杀草胺。此外，国外还报道了将邻硝基乙苯转变为对硝基乙苯的方法，从而用于氯霉素的生产过程中。

二、L-(＋)-对硝基苯基-2-氨基-1,3-丙二醇（L-氨基物）的利用

“混旋氨基物”经拆分后，D-氨基物用于氯霉素的制备，而L-氨基物成为副产物。可将此副产物氧化制成对硝基苯甲酸；还可将其经酰化、氧化、水解处理，再经消旋化得“缩合物”，从而用于氯霉素的生产过程中。

三、氯霉素生产废水的处理和氯苯的回收

氯霉素生产废水中含有多种中间体及残留的成品，混在一起成分复杂，直接排放对环境的污

染十分严重。实验证明，采用生物氧化处理后，结合物理化学方法，采用新型吸附材料进行处理，可提高出水水质，出水符合排放标准。

复习与思考题

1. 写出对硝基苯乙酮法生产氯霉素的工艺路线，并注意各步反应的特点。

2. 乙苯硝化时，主要的副产物是什么？在生产中，硫酸的配制方法和实验室有何不同？为什么？

3. 对硝基乙苯氧化的影响因素有哪些？简要说明各因素的影响。

4. 对硝基-α-溴代苯乙酮生产过程中，为什么先加少量的溴，待反应开始后再加入剩余的溴？

5. 对硝基-α-乙酰氨基苯乙酮生产过程中，为什么乙酸酐和乙酸钠的加料顺序不能颠倒？

6. “混旋氨基物”的制备中，水分和异丙醇的用量各有何影响？为什么？

7. “混旋氨基物”的拆分通常有哪几种方法？简述各种拆分方法的原理。

8. 氯霉素有几种光学异构体？氯霉素为何种构型？

【阅读材料】

氯霉素眼药水新用

氯霉素眼药水是治疗沙眼和细菌性结膜炎、角膜炎的常用药，近年来人们发现它还有其他作用。

1. 细菌性鼻炎

将氯霉素眼药水（6～8 滴）滴在消毒棉球上，塞入鼻腔内，平卧，头部后仰，让药液沿鼻壁向下渗流，直至在咽部感觉到药的苦味。每天 2～4 次，连用 1～3d。

2. 痤疮

青春期面部出现痤疮，涂搽氯霉素眼药水可收到良好效果。一般每天涂 3 次，涂眼药水前要用硫黄皂清洗面部。

3. 皮外伤

表皮擦伤或出血不严重的小切割伤，只要涂擦几次氯霉素眼药水，即可防止感染并且很快就能愈合。

4. 疱疹的继发性感染

在口角周围的单纯疱疹及胸部的带状疱疹处涂氯霉素眼药水，每天 3～5 次，可防止疱疹继发细菌感染。

项目二　维生素 C 的生产工艺

第一节　概　　述

维生素 C 又名 L-抗坏血酸（L-ascorbic acid），化学名称为 3-氧代-L-古龙糖呋喃内酯（3-oxo-L-gulofuranolatone），其结构式如下：

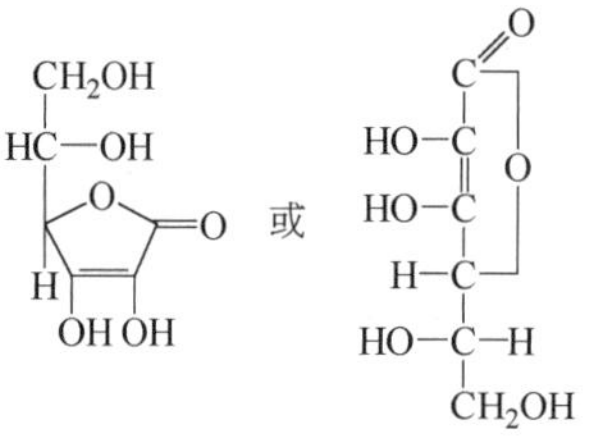

或

$[C_6H_8O_6=176.13]$

本品为白色或略带淡黄色的结晶或粉末，无臭、味酸，易溶于水，微溶于乙醇，不溶于乙醚，氯仿及石油醚等。熔点 190～192℃，熔融时同时分解。

维生素 C 是一种还原剂，由于其具有强还原性，因此很容易被氧化成具有双酮结构的去氢抗坏血酸。易受光、热、氧等破坏，遇光色渐变深，但干燥的维生素 C 结晶在空气中相对稳定。遇水则易受空气氧化，所以应在避光、避热、干燥及不接触金属离子的情况下保存。

维生素 C 是一种人体必需的水溶性维生素，是细胞氧化-还原反应中的催化剂。

本品参与机体新陈代谢，增加机体对感染的抵抗力。用于防止坏血酸和抵抗传染性疾病，促进创伤和骨折愈合，以及用作辅助药物治疗。本品可减轻毛细血管的脆性，增强机体的抵抗力，帮助酶将胆固醇转化为胆酸而排泄；促进肠内铁的吸收；促进叶酸转变成甲酰四氢叶酸，以保持人体正常造血功能；用作防治维生素 C 缺乏病、预防冠心病和抵抗疾病传染等；用作食品添加剂和抗氧剂等。

由于维生素 C 用途广泛，需求不断增加，因此其生产迅速发展。

我国作为最大的维生素 C 生产国和出口国，高峰时期国内有 28 家维生素 C 生产商，后来经过市场集合，国内形成了东北制药、华北制药、石药集团和江山制药“四大维生素 C 巨头”。产能地域分布上集中于河北、辽宁、山东等环京省份。目前的四大维生素 C 生产企业产能合计 8.2 万吨，约占全球产量的 68%。

随着维生素 C 用途的不断增加，维生素 C 的开发利用从单一的生产原料药、制剂转向维生素 C 衍生物、维生素 C 复方制剂等方面的开发。比如：维生素 C 磷酸酯衍生物、维生素 C 钠晶体、维生素 C 钠粉末、维生素 C 钙、维生素 C 棕榈酸酯等。

维生素 C 最早是从动植物中提炼出来的。后来发展出化学制造法，以及发酵及化学共享的制造法。发酵法是用微生物或酶将有机化合物分解成其他化合物的方法。现在的维生素 C 工业制造法有两种，一种是莱氏法，一种是尹光琳发明较新的两步发酵法。

莱氏法是瑞士化学家 Reichstein 发明的制造法，现在还是被西方大药厂如罗氏公司，BASF 及日本的武田制药厂等采用。中国药厂全部采用两步发酵法，欧洲的新厂也开始使用两步发酵法。

两步发酵法有效降低了维生素 C 的生产成本，提高了生产效率。

第二节 合成路线

维生素 C 是己糖的衍生物，化学结构主要是一个三元醇酮酸的内酯化合物，根据其结构式，由于存在 C4 和 C5 两个不对称碳原子，所以还存在三个其他的异构体，结构式如下：

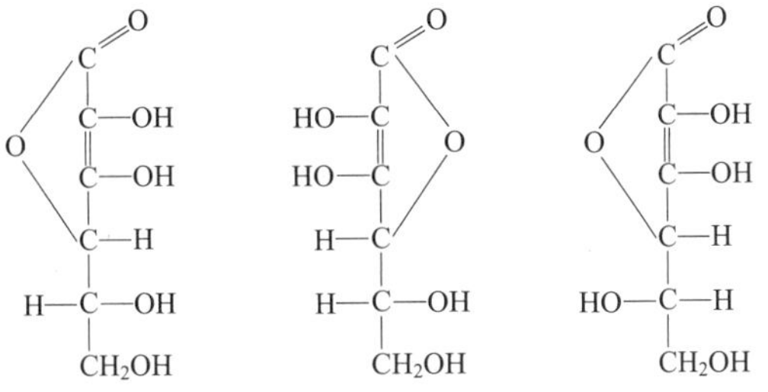

D-抗坏血酸　D-异抗坏血酸　L-异抗坏血酸

由于其异构体的生物活性极小甚至不具有生物活性，因此，在生产中应尽量避免异构体的产生。

早在 1910～1912 年期间，维生素 C 就从柠檬等天然物中提取而得，但产量极少。1933 年 Reichstein 用化学方法合成，获得成功（即双酮糖法，习称莱氏法），此法曾在世界各国广泛应用于工业生产。虽然莱氏法工艺比较成熟，但合成路线较长，原辅料消耗量很大，因此世界各国相继对维生素 C 的制备进行研究，并报道了许多新的合成路线。下面就几条常见路线分述如下。

一、以 L-苏力糖为原料

Helferich 于 1937 年发表由 L-苏力糖与甲醛甲酸乙酯合成维生素 C 的方法。其反应路线如下：

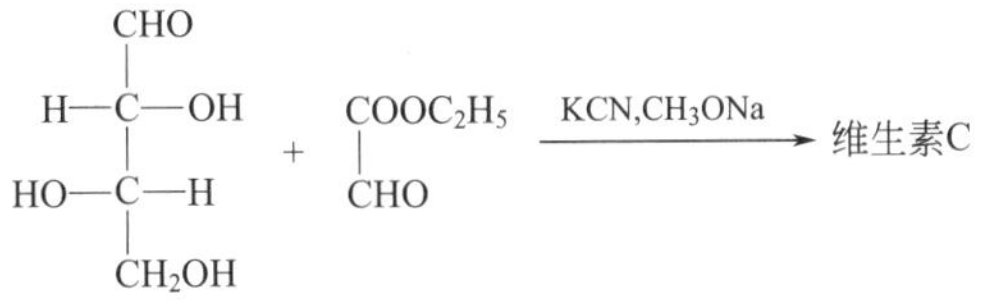

$$\text{L-苏力糖} + \text{OHC-COOC}_2\text{H}_5 \xrightarrow{\text{KCN, CH}_3\text{ONa}} \text{维生素C}$$

报道中的收率可达 70%～90%。此法收率高步骤简单，但原料苏力糖资源有限，不适宜大批量生产。

二、以半乳糖醛酸为原料

1944 年 Isbell 发表此法，合成路线如下：

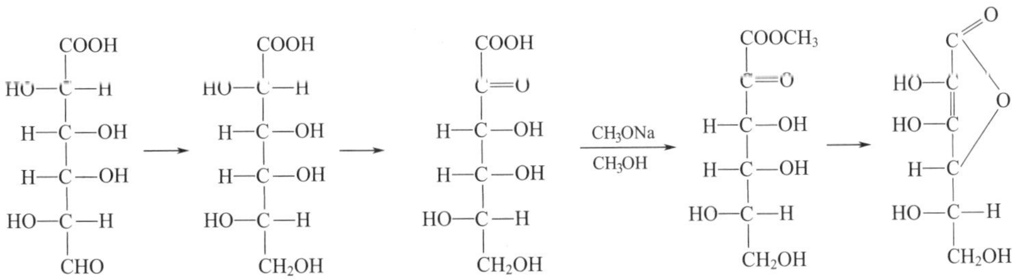

$$\text{半乳糖醛酸} \longrightarrow \cdots \longrightarrow \cdots \xrightarrow[\text{CH}_3\text{OH}]{\text{CH}_3\text{ONa}} \cdots \longrightarrow \text{维生素C}$$

半乳糖醛酸可从甜菜废渣发酵提取而得，但报道中每 100kg 甜菜渣只能获得 2.3kg 维生素 C，仅为理论量的 10%，由于此法收率较低，因此未能在工业上进行生产应用。

三、以 D-葡萄糖为原料

以 D-葡萄糖为原料，通过催化氢化成为 D-山梨醇，再以山梨醇为原料合成维生素 C，主要有以下方法。

1. 莱氏法（双酮糖法）

以D-山梨醇为原料，经醋酸菌发酵得L-山梨糖，再经丙酮酮化、得双丙酮山梨糖，经氧化得到2,3,4,6-双丙酮基-L-古龙酸，水解后得到2-酮基-L-古龙酸，再经盐酸转化得到维生素C。其反应过程如下：

D-葡萄糖 —氢化 H_2/Ni→ D-山梨醇 —生物氧化 *Acetobacter*→ L-山梨糖 —酮化 $(CH_3)_2CO/H_2SO_4$→

2,3,4,6-双丙酮基-L-山梨糖 —氧化 $NaOCl/Ni^{2+}$→ 2,3,4,6-双丙酮基-L-古龙酸 —转化，水解→

[2-酮基-L-古龙酸] —烯醇化，内酯化→ L-维生素C

本路线工艺成熟，产品质量好。生产周期短，总收率高，可达66%左右（以山梨醇计）。但此法工序多，耗用原料多，其中易燃、易爆有机溶剂（丙酮、苯等）对劳动保护、安全生产的要求比较高。此为目前世界各国生产维生素C普遍采用的路线。

2. 两步发酵法

两步发酵法实际上是简化和缩短的莱氏法，是近年发展起来的生产维生素C的新工艺。由山梨醇经两步微生物氧化得2-酮基-L-古龙酸，再经转化而得维生素C。

D-葡萄糖 —氢化 H_2/Ni，3.8~4.0MPa，150℃→ D-山梨醇 —生物氧化 *Acetobacter*，pH5.0~5.6，33~34℃→ L-山梨糖

$\xrightarrow[\text{pH6.7～7.0, 29～31℃}]{\text{生物氧化}}$ 2-酮基-L-古龙酸（COOH—C=O—HO—C—H—H—C—OH—HO—C—H—CH_2OH） $\xrightarrow[\text{HCl(38\%),51℃}]{\text{转化}}$ L-维生素C

2-酮基-L-古龙酸　　　　L-维生素C

此法以微生物氧化代替化学氧化由 L-山梨糖制备 2-酮基-L-古龙酸，简化原有的莱氏法生产工序，降低了原料成本，节约了大量有机溶剂，减少了“三废”。另外，两步发酵法多数使用液体物料，为进一步实现机械化和自动化生产创造了条件。但此法总收率略低，以山梨醇计，总收率为 45%～48%；发酵单位体积产率低，约 60mg/100mL；设备体积大，能耗大；且在菌种选育、发酵条件控制以及分离提取方面都有继续研究的必要。我国是第一个将此法应用于生产的国家，产品质量完全符合药典标准，经济指标已达到国际先进水平。

3. 全化学合成法

三步全化学合成法尚未发现投入生产。其合成路线是将葡萄糖或葡萄糖醛酸内酯丙酮化后，经催化、氧化，然后水解还原成维生素 C。

以葡萄糖为原料的全化学合成法，丙酮用量大，且需要用昂贵的铂金属为催化剂，文献报道收率仅 25%～28%。

以葡萄糖醛酸内酯为原料的全化学合成法，其收率比以葡萄糖为原料的全化学合成法高，可以不用铂催化，有其优越性，且为维生素 C 用全化学合成法开创了一条新路。

4. 其他方法

日本利用生物工程技术获得新菌株诱变伊文氏菌，美国 Rocheholding 公司和 Genentech 公司开发出“GLC 维生素 C”技术，它将葡萄糖一步直接转化成 2-酮基-L-古龙酸，该研究采用 DNA 重组菌种的先进生物工程技术，它将大大缩短采用山梨醇生产维生素 C 的传统工艺路线。

目前国内外维生素 C 合成工艺的研究缩短了由葡萄糖转化为维生素 C 的工艺路线，从而提高了维生素 C 的收率，而生物工程技术的应用将取代传统的老工艺技术。

第三节　两步发酵法生产维生素 C 的工艺原理及过程

以 D-葡萄糖为原料，经催化氢化得 D-山梨醇，然后经过两步发酵（微生物氧化）得 2-酮基-L-古龙酸，再经转化得维生素 C。

一、D-山梨醇的制备

高压加氢反应釜操作

1. 工艺原理

工业上 D-山梨醇是将 D-葡萄糖催化加氢制得的。其反应式如下：

$$
\begin{array}{c}
CH_2OH \\
HO-C-H \\
HO-C-H \\
H-C-OH \\
HO-C-H \\
CHO \\
\text{D-葡萄糖}
\end{array}
\xrightarrow[\substack{3.8\sim4.0MPa \\ 150℃}]{\substack{\text{氢化} \\ H_2/Ni}}
\begin{array}{c}
CH_2OH \\
HO-C-H \\
HO-C-H \\
H-C-OH \\
HO-C-H \\
CH_2OH \\
\text{D-山梨醇}
\end{array}
$$

该反应是在控制压力、氢作还原剂、镍作催化剂的条件下，将醛基还原成醇羟基的。

2. 工艺过程

在带有搅拌的反应釜中，于70～75℃下制备50%葡萄糖水溶液，加入活性炭于75℃搅拌10min，过滤，然后用石灰乳液调节滤液pH至8.4。釜内氢气纯度≥99.3%、压强<0.04MPa时加入葡萄糖，并加入活性镍催化剂（为葡萄糖量的2%），通氢气，加热并搅拌。当温度达到120～135℃时停止加热，并控制釜温在150～155℃、压强在3.8～4.0MPa反应至不吸收氢气到达反应终点。取样化验合格后，在0.2～0.3MPa压强下压料至沉淀缸，过滤，滤液经离子交换树脂、活性炭处理后，减压浓缩得浓度为60%～70%的无色或淡黄色透明的黏稠液体，即D-山梨醇。收率为95%。

D-山梨醇主要用作生产维生素C的原料，也可作表面活性剂、制剂的辅料、甜味剂、增塑剂、牙膏的保湿剂，其口服液还可治疗消化道疾病。

3. 反应条件及影响因素

催化加氢前，葡萄糖水溶液pH应严格控制在8.0～8.5，如pH偏高或偏低，将会使甘露醇（副产物）含量增加。

山梨醇是多元醇，在高温下，具有溶解多种金属的性能，因而在生产中，应避免使用铁、铝或铜制设备，尤其在料液经过离子交换树脂处理后，应全部使用不锈钢设备。

比旋度是山梨醇的重要质量指标，应控制在±5.50°，目的是控制副产物甘露醇的含量。氢化速度快、反应时间短，可以减少甘露醇的生成量。葡萄糖的存在对比旋度的影响比甘露醇大2倍，因此氢化反应必须完全，尽可能地减少残糖量。残糖含量即是氢化反应的终点指标。

二、2-酮基-L-古龙酸的制备（两步发酵法）

（一）L-山梨糖的制备（第一步发酵）

以D-山梨醇为原料，经黑醋菌生物氧化得L-山梨糖。

1. 工艺原理

由D-山梨醇制得L-山梨糖，需选择性地使C2位的羟基氧化成羰基，而不使其余羟基受影响。采用化学氧化法，反应不易控制，收率很低。所以工业上采用微生物进行生物氧化。

$$
\begin{array}{c}
CH_2OH \\
HO-C-H \\
HO-C-H \\
H-C-OH \\
HO-C-H \\
CH_2OH \\
\text{D-山梨醇}
\end{array}
\xrightarrow[\textit{Acetobacter}]{\text{生物氧化}}
\begin{array}{c}
CH_2OH \\
C=O \\
HO-C-H \\
H-C-OH \\
HO-C-H \\
CH_2OH \\
\text{L-山梨糖}
\end{array}
$$

经试验黑醋菌是山梨醇最有效的生物氧化剂。在山梨醇发酵中，除了生产山梨糖外，还有其他代谢产物，如D-果糖和5-酮基-D-果糖等产生。

2. 工艺过程

(1) 菌种培养　将试管斜面的菌种进行活化传代24h后，产糖量达到100mg/mL，即可划试管斜面，在30℃培养48h并做无菌试验，放冰箱保存备用，保存期不超过1个月。

(2) 发酵　包括一、二级种子培养。D-山梨醇投料浓度为16%～20%，以酵母膏、碳酸钙、琼脂、复合维生素B、磷酸盐、硫酸盐等为培养基，控制pH为5.4～5.6，先于120℃灭菌0.5h，待罐温冷却到33～35℃接入菌种，然后在罐温30～32℃、罐压0.03～0.05MPa下通入无菌空气进行培养。一级种子罐发酵率达40%以上，二级种子罐发酵率在50%以上，菌体生长正常即可供发酵罐作种液用。发酵培养的山梨醇投料浓度为25%左右，其余培养基成分及培养条件同种子罐相同。当发酵率在95%以上、温度略高（31～33℃）、pH在7.2左右，即为发酵终点。然后控制真空度在0.05MPa以上、温度在60℃以下，减压浓缩结晶即得L-山梨糖。

3. 反应条件及影响因素

发酵收率的高低与菌种、工艺条件的选择、代谢的调控均有密切的关系。

山梨醇的纯度与收率有关。若用粗品山梨醇发酵17h，收率为35%，而用精制山梨醇则为90%。葡萄糖能与山梨醇竞争，而使山梨糖收率下降，如15%山梨醇溶液中含有3%葡萄糖，收率仅50%。

氧化速率与山梨醇浓度有很大关系，浓度高，超过40%，通空气速率低，细菌几乎无作用，但浓度过低，则需庞大的发酵罐及浓缩设备，设备利用率低。山梨醇选用浓度一般不宜大于25%。

发酵液中，金属离子的存在抑制细菌的脱氢活性。因此发酵过程中须控制D-山梨醇中的Ni含量$\leqslant 5\times10^{-6}$，Fe含量$\leqslant 70\times10^{-6}$。发酵罐材质选用也需慎重。

发酵液中加生物催化剂（如复合维生素B、玉米提取物、酵母），能促使细菌生长，提高发酵率。

空气流量（VVM，即每分钟、每立方米发酵液中空气体积）对于深层发酵是一个重要因素。因本过程是强氧化过程，一般VVM越大越好，但过大，动力消耗太大，因此在生产上一般采用0.7～1VVM。

细菌的接种量对氧化速率有显著影响。接种量较大时，可显著提高发酵率。

（二）2-酮基-L-古龙酸的制备（第二步发酵）

1. 工艺原理

从L-山梨糖制取2-酮基-L-古龙酸，需将C1位上的羟基氧化成为羧基，同时不影响其余的羟基。可采用莱氏法，但需首先对C2位酮基及其余羟基进行保护。亦可使用微生物氧化法，两步生产上所用的菌种是一株氧化葡萄糖酸杆菌和一株假单胞杆菌或一株芽孢杆菌组成的混合菌株，前者为产酸菌株，后者为搭配菌株，只有两种菌株混合在一起培养，才能产生。

2. 工艺过程

工艺过程分三步进行。

(1) 菌种培养　将保存于冷冻管的菌种经活化、分离及混合培养后移入三角瓶种液培养基中，在29～33℃振荡培养24h，产酸量在6～9mg/mL，pH降至7以下，菌形正常无杂菌，即可接入生产。

（2）发酵　先在一级种子培养罐内加入消过毒的辅料（玉米浆、尿素及无机盐）和醪液，控制温度为29～30℃，发酵初期温度较低，罐压为0.05MPa，pH为6.7～7.0，至产糖量达合格浓度，且不再增加时，接入二级种子罐培养，条件控制同前；当作为伴生菌的芽孢杆菌开始形成芽孢时，产酸菌株开始产生2-酮基-L-古龙酸，直到完全形成芽孢后和出现游离芽孢时，产酸量达高峰（5mg/mL以上）。为保证产酸正常进行，往往定期滴加碱液调pH，使其保持7.0左右。当温度略高（31～33℃）、pH在7.2左右、残糖量0.8mg/mL以下，即为发酵终点。此时游离芽孢及残存芽孢杆菌菌体已逐步自溶成碎片，用显微镜观察已无法区分两种细菌细胞的差别，整个产酸反应到此也就结束了，所以，根据芽孢的形成时间来控制发酵是一种有效的办法。在整个发酵期间，保持一定数量的氧化葡萄糖酸杆菌（产酸菌）是发酵的关键。两步发酵收率78.5%。

（3）提取　2-酮基-L-古龙酸是由2-酮基-L-古龙酸钠（能离解为阴离子、阳离子）用离子交换法经过两次交换去掉其中Na^+而得。一次交换、二次交换中均采用732阳离子交换树脂。

一次交换：将古龙酸发酵液用盐酸酸化调菌体蛋白等电点，冷却静置沉降4h以上，使菌体蛋白层逐渐下沉；然后上清液以2～3m^3/h的流速压入阳离子交换柱进行离子交换，当回流至pH为3.5时，开始收集交换液，控制流出液的pH，以防树脂饱和，发酵液交换完后，用纯水洗柱，至流出液古龙酸含量低于1mg/mL为止。

加热过滤：将一次交换后的流出液和洗液合并，在加热罐内调pH至蛋白质等电点，然后加热至70℃，加约0.3%活性炭，升温至90～95℃，保温10～15min，使菌体蛋白凝结；停止搅拌，快速冷却，高速离心过滤得清液。

二次交换：将酸性上清液打入二次交换柱进行离子交换，洗柱至流出液pH=1.5，开始收集交换液，控制流出液pH在1.5～1.7，交换完毕，洗柱到流出液古龙酸含量1mg/mL。若pH>1.7时，需更换交换柱。

减压浓缩：先将二次交换液进行一级浓缩，控制真空度及内温，至浓缩液的相对密度达1.2左右，即可出料。接着，又在同样条件下进行二级浓缩，浓缩至尽量干，然后加入少量乙醇，冷却结晶，甩滤并用冰乙醇洗涤，得2-酮基-L-古龙酸（m.p.158～162℃）。提取收率为80%。

3. 反应条件及影响因素

（1）山梨糖浓度的影响　山梨糖初浓度不宜过高，否则将抑制菌体的生长，致使发酵收率下降。从生产角度考虑，希望得到尽可能高的酸浓度，也即要求山梨糖初浓度越高越好，较适宜的山梨糖初浓度在80mg/mL左右。当菌体生长正常时，高浓度的山梨糖对发酵收率影响不十分严重，因而在发酵过程中，滴加山梨糖或一次性补加山梨糖均能提高发酵液中产物的浓度。

（2）溶氧浓度的影响　由于使用的混合菌种是好氧菌，在发酵过程中，溶氧不仅是菌体生长所必需的条件，而且又是反应物之一。因此溶解氧浓度对发酵过程有很大影响，它主要通过对菌体活性的影响而起作用。实验证实，产酸前期应处于高溶氧浓度状态；产酸中期，溶氧浓度以3.5～6.0mg/mL为宜；产酸后期，耗氧量减少，大多数情况下会出现溶解氧浓度上升现象。在pH=6.8条件下，发酵收率在80%以上的溶氧浓度范围在3.5～6.0mg/mL。

（3）pH的影响　在规定了发酵温度、山梨糖初浓度、溶氧浓度后，pH是影响发酵收率的重要因素。发酵过程中，pH 如降至 6.4 是不利的，如能通过连续的调节使 pH 维持在 6.7～7.9 之间，对发酵是有利的。

三、维生素 C 粗品的制备

由 2-酮基-L-古龙酸（简称古龙酸）需经内酯化、烯醇化作用才能转化成维生素 C，内酯化和烯醇化须在酸或碱催化剂存在下才能发生。因此转化的方法有酸转化、碱转化。

1. 酸转化

（1）工艺过程　配料比：2-酮基-L-古龙酸：38%盐酸：丙酮＝1：0.4：0.3。

将 2-酮基-L-古龙酸、盐酸、丙酮及消泡剂加入转化罐，控制内温（51±1)℃，反应 6h 左右，温度逐步升至（57±1)℃，此为反应剧烈阶段，然后仍保持在（50±1)℃，反应 20h。反应结束后，冷却，过滤，冰乙醇洗涤，得维生素 C 粗品，全部收率 88%。

（2）反应条件及影响因素

① 盐酸浓度的影响。反应中，须使用 38%左右的盐酸作反应介质。如盐酸浓度低，转化不完全，收率低。如盐酸浓度偏高，则分解成许多杂质，使反应物颜色较深。

② 丙酮的影响。转化反应中，须加入适量的丙酮，因在酸性条件下，产物 L-抗坏血酸仅是一系列反应中比较稳定的中间产物，其最后分解产物是糠醛，并且此时生成的糠醛相当活泼，可立即进行聚合反应。而聚合糠醛随碳链的增长，最终成为水与醇不溶性的糠醛树脂，这样不仅影响收率。更重要的是对产品质量有着极有害的影响，加入丙酮不仅可以溶解糠醛，而且可以降低糠醛的活性而阻止其聚合。因而使反应终止于大部分生成抗坏血酸的阶段。然后再经分离洗涤，除去产品中的糠醛。

2. 碱转化

（1）工艺原理　先将古龙酸与甲醇进行酯化反应，再用碳酸氢钠将 2-酮基-L-古龙酸甲酯转化成钠盐，最后用硫酸酸化得粗维生素 C。反应过程如下：

```
COOH                                 COOCH3
 |                                    |
 C=O                                  C=O
 |                 酯化               |                 转化
HO—C—H + CH3OH  ————————→   HO—C—H   ——————————————→
 |               浓 H2SO4             |       NaHCO3,CH3OH
H—C—OH                               H—C—OH     66～68℃
 |                                    |
HO—C—H                               HO—C—H
 |                                    |
 CH2OH                                CH2OH
2-酮基-L-古龙酸                       2-酮基-L-古龙酸甲酯

        O                                   O
       //                                  //
      C—                                  C—
      |  |                                |  |
  HO—C  |            酸化             HO—C  |
      ‖  O          H2SO4                 ‖  O
 NaO—C  |     ———————————————→       HO—C  |
      |  |     pH=2.2～2.4                |  |
   H—C—         40℃                   H—C—
      |                                   |
  HO—C—H                             HO—C—H
      |                                   |
      CH2OH                               CH2OH
  维生素C钠盐                           维生素C
```

（2）工艺过程

① 酯化。将甲醇、浓硫酸和干燥的古龙酸加入罐内，搅拌并加热，使温度为66～68℃，反应4h左右即为酯化终点。然后冷却，加入碳酸氢钠，再升温至66℃左右，回流10h后即为转化终点。再冷却至0℃，离心分离，取出维生素C钠盐。母液回收。

② 酸化。将维生素C钠盐和母液干品、甲醇加入罐内，搅拌，用硫酸调至反应液pH为2.2～2.4，并在40℃左右保温1.5h，然后冷却，离心分离，弃去硫酸钠。滤液加少量活性炭，冷却压滤，然后真空减压浓缩，蒸出甲醇，浓缩液冷却结晶，离心分离得粗维生素C。回收母液成干品，继续投料套用。

四、维生素C的精制

1. 工艺原理

粗L-抗坏血酸须经过精制才能达到药用规格。一般在水溶液中，加活性炭脱色、重结晶而得精品。处理过程中，L-抗坏血酸容易遭受破坏。破坏的因素主要有温度、金属离子、空气接触等。本品易氧化，在酸性介质中缓慢氧化，在碱性介质或有微量金属离子（如铜、锌、锰、铁等）存在时，氧化更快。

当pH在0.5～7.0时，维生素C可以分解为糠醛，pH越低，破坏越多。

干燥的维生素C结晶，在空气中是比较稳定的，但在潮湿空气中，或在水溶液中则易变质。色泽变黄是变质的一个重要标志，也是影响维生素C质量的一个大问题。

2. 工艺过程

配料比：粗维生素C∶蒸馏水∶活性炭∶晶种＝1∶1.1∶0.58∶0.00023（质量比）。

将粗维生素C真空干燥，加蒸馏水搅拌溶解后，加入活性炭，搅拌5～10min，压滤。滤液至结晶罐，向罐中加50L左右的乙醇，搅拌后降温，加晶种使其结晶。将晶体离心甩滤，用冰乙醇洗涤，再甩滤，至干燥器中干燥，即得精制维生素C。

从D-山梨醇发酵开始直至产生2-酮基-L-古龙酸并经化学转化和精制制得维生素C的整个发酵过程需要76～80h方可完成。总收率为42.7%～47.1%（以对D-山梨醇计）。

复习与思考题

1. 维生素C常见的合成路线有哪几种？
2. 简述两步发酵法生产维生素C的工艺原理。

【阅读材料】

维生素滥用的危害

维生素是维持人体正常代谢所必需的一类有机化合物，对其需要甚微，但它们能发挥重要的生理功能。维生素类药物的主要适应证是维生素缺乏症，要做到合理使用，滥用维生素可能有以下危害。

长期大量服用维生素E，有引起血栓性静脉炎、肺栓塞、高血压、肌肉萎缩，以及全身倦怠感、男性乳房女性化等危险。

长期大量服用维生素A会出现毛发干枯或脱落、皮肤干燥瘙痒、食欲不振、体重减轻、四肢痛、贫血、眼球突出、剧烈头痛、恶心呕吐等中毒现象。

长期大量使用维生素 D 会引起低热、烦躁哭闹、厌食、体重下降、肝脏肿大、肾脏损害、骨骼硬化等病症。

大量使用维生素 B_1，会引起头痛、眼花、烦躁、心律失常、水肿和神经衰弱。临床妇女大量使用维生素 B_1 可引起出血不止。

大量内服维生素 C，可引起腹泻、胃酸过多、胃液反流、肾结石，并可降低某些妇女的生育能力。

项目三　半合成青霉素与半合成头孢菌素的生产工艺

从 20 世纪 40 年代起，抗生素作为新型的抗菌药物相继问世，并以其强烈的杀菌能力而备受青睐，对防治病原微生物感染，保障人类健康起到了相当重要的作用。

抗生素是生物在其生命活动过程中产生的（或用化学、生物或生化方法所衍生的）、在低微浓度下能选择性地抑制他种生物机能的化学物质。所谓半合成抗生素是指用化学或生物化学的方法，改变已知抗生素的化学结构，或引入特定的功能基团所获得的一些具有各种优越性能的新抗生素品种或其衍生物的总称。这类抗生素主要是通过结构改造来增加稳定性，降低毒副作用，扩大抗菌谱，减少耐药性，改善生物利用度，提高药物的治疗效果。目前，半合成抗生素的产量和销售量均已占抗生素的第一位，其中许多品种已成为临床上常用的一线药物。其中，β-内酰胺类抗生素是临床上应用量最大、最广泛的抗生素。

第一节　半合成青霉素生产工艺

酶的活化

β-内酰胺类抗生素主要包括青霉素类与头孢菌素类。从 1941 年开始，青霉素 G 广泛应用于临床，1945 年，Brotzu 发现头孢菌素，1962 年研制出第一代头孢菌素。由于青霉素在使用中陆续被发现有过敏反应、耐药性、抗菌谱窄以及性质不稳定等缺点。于是对其进行结构修饰。从 20 世纪 60 年代开始，一系列广谱、耐酸、耐酶的半合成青霉素类不断涌现。

半合成青霉素是以青霉素发酵液中分离得到的 6-氨基青霉烷酸（6-APA）为基础，用化学或生物化学等方法将各种类型的侧链与 6-APA 缩合，制成的具有耐酸、耐酶或广谱性质的一类抗生素。

一、天然青霉素的制备

从青霉菌培养液和头孢菌素发酵液中得到天然的青霉素共 7 种：青霉素 F、双氢青霉素 F、青霉素 G、青霉素 K、青霉素 N、青霉素 V、青霉素 X。其中青霉素 G 的作用最强，产量最高，有临床应用价值。青霉素 G 结构式如下：

青霉素G结构式

青霉素G也被称为苄基青霉素，简称青霉素。为无定形白色粉末，微溶于水，溶于甲醇、乙醇、乙醚、乙酸乙酯、苯、氯仿、丙酮。不溶于石油醚。它是第一个在临床使用的抗生素。它从青霉菌培养液中分得，在发酵时加入少量的苯乙酸或苯乙酰胺作为前体，可提高其产量。

游离的青霉素是一个有机酸，临床上常用其钠盐或钾盐。以增强其水溶性。钠盐的刺激性较钾盐小，故临床应用较多。但由于青霉素水溶液在室温下不稳定，易分解。因此临床上使用其粉针剂。其母核结构中含有3个手性碳原子，立体构型为2*S*，5*R*，6*R*。

青霉素的化学性质及特点：由于β-内酰胺环的高度不稳定性，使其在酸、碱性条件下或β-内酰胺酶存在下，β-内酰胺环均易发生水解和分子重排。破坏的β-内酰胺环会失去抗菌活性。金属离子、温度和氧化剂均可催化其分解反应。

青霉素G具有抗菌作用强的特点，特别是对各种球菌和革兰阳性菌的作用。但是它只对革兰阳性菌及少数革兰阴性菌效果好。对大多数阴性菌则无效。青霉素的抗菌谱窄为其主要缺点之一。

青霉素的另一个主要缺点是过敏反应，发生率较高。研究已经发现青霉素本身并不是过敏原，引起患者过敏的是合成、生产过程中引入的杂质——青霉噻唑等高聚物。这些聚合物有二聚、三聚、四聚和五聚体，其聚合程度越高，过敏反应越强。生产过程中的许多环节如成盐、干燥及温度、pH等因素均可诱发聚合反应。因此控制杂质含量就可以控制过敏反应发生率。

二、6-氨基青霉烷酸（6-APA）的制备

为解决青霉素的缺点为不耐酸、不耐酶、抗菌谱窄及过敏反应等问题，对其进行结构修饰，得到许多半合成青霉素，从而极大地促进了青霉素类抗生素的发展。绝大多数半合成青霉素都是以6-APA为基本原料，与各种酰基的侧链缩合得到的。6-APA结构式如下：

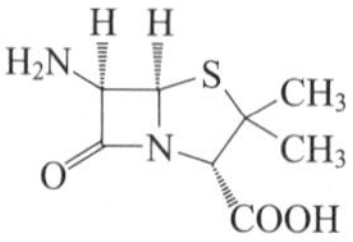

H H
H_2N S CH_3
CH_3
O N
COOH

6-APA可以从无前体的青霉素发酵液中得到，也可以人工合成，但是大量的6-APA还是从青霉素G用酶解或化学裂解的方法得到，尤其是酶解法更具有实用价值。化学裂解法耗能多、污染大已经被淘汰。

利用青霉素在偏碱件条件下经青霉素酰化酶酶解可得到6-APA。将青霉素酰化酶通过化学键固定在模板上，用来裂解青霉素制备6-APA，此法称为固定化酶法，适合进行大规模工业生产。近年来酶法已经成为生产6-APA的主流。

1. 微生物酶催化法

自然界中某些细菌、放线菌和霉菌都能产生一种酶——青霉素酰基转移酶，催化下述反应：

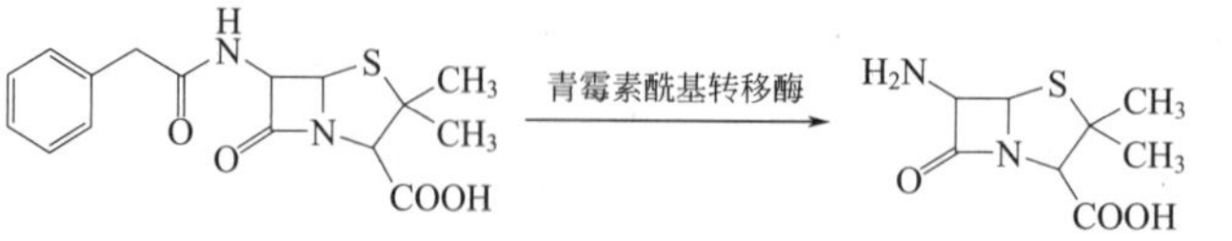

H
N S CH_3 —青霉素酰基转移酶→ H_2N S CH_3
O CH_3 CH_3
O N O N
COOH COOH

工业上裂解青霉素 G 生产 6-APA 最常用的是大肠杆菌青霉素酰基转移酶。

(1) 溶解（配缓冲溶液）　先向溶解罐中加入纯化水，再加入硼酸，搅拌，加稀氨水（2.8～3.2mol/L）调 pH 至 6.8～7.8。加入青霉素 G 钾盐，使溶解，得溶解液。

(2) 裂解　将溶解液打至装有酰化酶的裂解罐中，控制温度 27～35℃，控制 pH 在 7.80～8.50（用氨水控制 pH），自控 5min 以上不加氨，从取样口取样化验测终点 pH（7.80～8.50），综合考虑裂解时间和加氨量，判定反应结束。反应结束后，将裂解液打至结晶罐。

(3) 结晶、过滤、洗涤、干燥　向结晶罐中加入无水乙醇，用盐酸调 pH 至 3.8～4.0，温度控制在 2～7℃，养晶后，过滤，用丙酮洗涤，干燥得 6-APA。

2. 化学裂解法

目前用于工业生产的化学裂解法的工艺路线是：先将青霉素的羧基转变为磷酸酐保护起来，再使侧链上的仲酰胺活化为双氯代亚胺，随后与醇反应形成极易水解的双亚胺醚，最后在极温和的条件下，选择性地水解断链成 6-APA。青霉素母核中的 β-内酰胺为叔胺，在上述反应中可不受攻击，仍保持完整。

(1) 合成路线

[缩合] PCl_3, −30℃,30min

青霉素G钾盐　→　双青霉素氯化亚磷酸酐

[氯化] PCl_5, −30℃,75min

双氯代亚胺

[醚化] 正丁醇, −45℃,70min

[水解、中和] 水,氨水

6-APA

(2) 工艺过程

① 缩合。在反应罐中加入青霉素 G 钾盐和乙酸乙酯，冷到−5℃，加二甲苯胺和五氧化二磷，再降到−40℃±1℃，加三氯化磷，冷到−30℃，保温 30min。

② 氯化。将缩合液冷到−40℃，一次加入五氯化磷，在−30℃保温反应 75min。

③ 醚化。将氯化液冷至−65℃±1℃加二甲苯胺，搅拌 5min，再加预冷到−60℃的正丁醇，控制料液温度不超过−45℃，加完后，在−45℃保温 70min。

④ 水解、中和。在冷冻醚化液中加入预冷到 0℃的蒸馏水，控制料液温度在−13℃±1℃，水解 20min。加氨水（加入一半时加晶种）后，温度控制在 13～15℃加碳酸氢铵，调

到 pH 为 4.1，保温约 30min，过滤，用 0℃的无水丙酮洗涤，甩干，自然干燥，测效价，得 6-APA。

由于化学裂解法对反应条件要求严格，化学原料价格昂贵、生产成本高以及环境污染等问题，没有酶法应用普遍。

三、半合成青霉素制备方法

用 6-APA 与侧链缩合制备半合成青霉素的方法是 6-APA 分子中的氨基与不同前体酸（侧链）发生酰化反应。常用缩合方法有四种。

1. 酰氯法

此法是首先将相应的前体酸转变为酰氯，然后与 6-APA 进行缩合。通常都于低温条件下，以稀酸为缩合剂，在水溶液（中性或近中性，pH 为 6.5～7.0）、含水有机溶剂或有机溶剂中进行。若酰氯在水溶液中不稳定，缩合应在无水介质中进行，以三乙胺为缩合剂。反应式如下：

R-COCl + 6-APA —[缩合] pH 6.5~7.0, 25~27℃→ R-CO-NH-(6-APA, COOH) + HCl

以下是氨苄西林的制备：

$C_6H_5CH(NH_2\cdot HCl)COCl$ —6-APA→ $C_6H_5CH(NH_2\cdot HCl)CO$-HN-(…, CH_3, CH_3, COOH)

—$H_3C(CH_2)_3CH(C_2H_5)COONa$→ $C_6H_5CH(NH_2\cdot HCl)CO$-HN-(…, CH_3, CH_3, COONa)

2. 酸酐法

此法是首先将各种前体酸变成酸酐或混合酸酐，再与 6-APA 进行缩合。反应和成盐条件与酰氯法相似。

RCO-O-COR′ + 6-APA → R′CO-NH-(…, CH_3, CH_3, COOH) + RCOOH

3. DCC 法（也称为羧酸法）

此法是将侧链酸与 6-APA 在有机溶剂中进行缩合，常以 *N*,*N*′-二环己基碳二亚胺（DCC）作为缩合剂。该法具有收率高、步骤短的优点，但成本较高。

NH₂ OH O 6-APA NH₂ HN S CH₃ CH₃ O N O COOH

4. 固相酶法

此法工艺简单，收率高。是用具有催化活性的酶，将其固定在一定的空间内，催化侧链与6-APA直接缩合。保证酶的催化活性该方法的关键问题。

四、半合成青霉素生产实例——氨苄西林的制备

氨苄西林是最早在临床上使用的广谱半合成青霉素，主要用于泌尿系统、呼吸系统、胆道、肠道、伤寒、痢疾等的感染治疗。

目前，多用混合酸酐法来生产氨苄西林。为了防止氨基苯乙酸自身缩合，需选择一种适当的保护基以保护氨基，避免发生其他反应形成多肽类副产物，这对提高氨苄西林的质量和收率关系较大。

先将经樟脑磺酸拆分后的D（—）-α-氨基苯乙酸用乙酰乙酸乙酯保护转化为盐，再与氯甲酸乙酯反应生成混合酸酐，然后在含水丙酮溶液中和6-APA缩合，通过盐酸保护基后，调节pH在5左右，使氨苄西林结晶出来。用此法所得氨苄西林质量较好，收率也比酰氯法高。各步反应如下：

D(−)-α-氨基苯乙酸 + 乙酰乙酸乙酯 —[缩合] KOH, CH_3OH→ (COOK, H_3C, HC, OC_2H_5) —[缩合] $ClCOOC_2H_5$, 丙酮→ ($COOCOOC_2H_5$) —[缩合] 6-APA, H_2O, NaOH→ (CONH, S, CH_3, CO_2Na) —[水解] HCl→ 氨苄西林盐酸盐 (CONH, NH_2 HCl, CO_2H) —[结晶]→ 氨苄西林 (CONH, NH_2, CO_2H)

氨苄西林盐酸盐　　　　氨苄西林

第二节　半合成头孢菌素类抗生素生产工艺

在我国半合成头孢菌素又称为先锋霉素。半合成青霉素类抗生素发展的同时，头孢菌素类抗生素也得到飞速发展，相继发展出第二代、第三代和第四代头孢菌素。

一、天然头孢菌素

头孢菌素是从头孢菌属真菌中分离出含有 β-内酰胺环并氢化噻嗪环的抗生素，天然的头孢茵素有三种化合物，即头孢菌素 C、头孢菌素 N 和头孢菌素 P。头孢菌素 C 的抗菌谱广、毒性较小；头孢菌素 P 抗菌活性中等，但耐药性强；头孢菌素 N 抗菌活性较低。

天然的头孢菌素——头孢菌素 C（Cephalosporin C）是 1956 年发现的，1961 年确认了它的化学结构，如下：

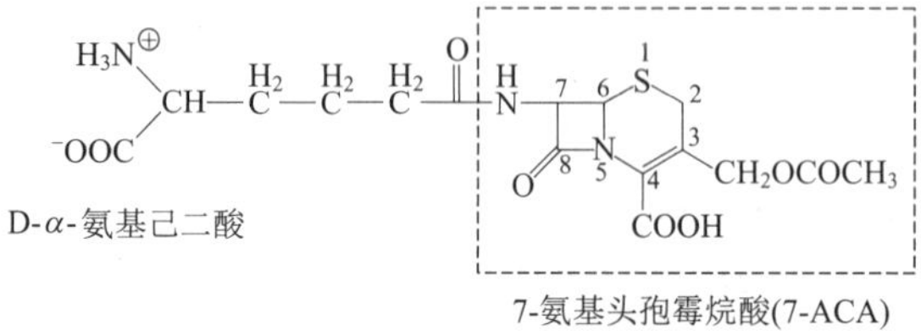

D-α-氨基己二酸

7-氨基头孢霉烷酸(7-ACA)

由上式可见，头孢菌素 C 可由 D-α-氨基己二酸和 7-氨基头孢霉烷酸（7-ACA）缩合而成。

工业生产采用深层通气搅拌发酵法制取头孢菌素 C。从发酵液中提取头孢菌素 C，通常采用离子交换法。其过程是：将头孢菌素 C 发酵液用草酸酸化（以沉淀部分蛋白质），再加入醋酸钡（以除去过量的草酸根及一些干扰离子交换吸附的多价阴离子），然后板框过滤，其滤液用强酸氢型树脂使 pH 降为 2.8～3.2，放置 2～4h（以破坏其中的头孢菌素 N）。再将头孢菌素 C 用弱碱性阴离子树脂吸附，用醋酸钾溶液洗脱，洗脱液经减压浓缩后，加入 NaOH 溶液调 pH 为 6.0～6.7，然后甩滤、洗涤、干燥，即得头孢菌素 C 钠盐。

二、7-氨基头孢霉烷酸（7-ACA）的制备

半合成头孢菌素是以 7-氨基头孢烷酸（7-ACA）以及通过各种方法获得若干其他母核为起始原料。如对青霉素 G 扩环获得 7-氨基-3-去乙酰氧基头孢烷酸（7-ADCA）。7-ADCA 母核的药物由于 3 位为甲基，其稳定性较母核为 7-ACA 的药物高。结构式分别如下所示：

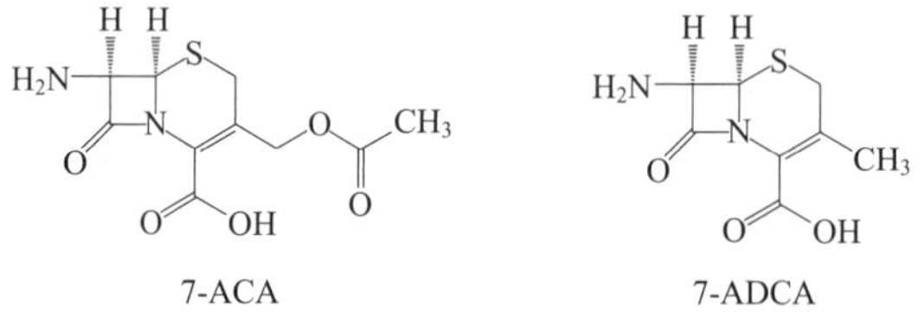

7-ACA

7-ADCA

7-ACA 为灰白色结晶性粉末，不溶于水及一般有机溶剂。分子式为 $C_{10}H_{12}N_2O_5S$，相对分子质量 272.3。

7-ACA 的制取来源于头孢菌素 C 的裂解。其方法有两种，即化学法和酶法。

1. 化学法制备 7-ACA 合成路线

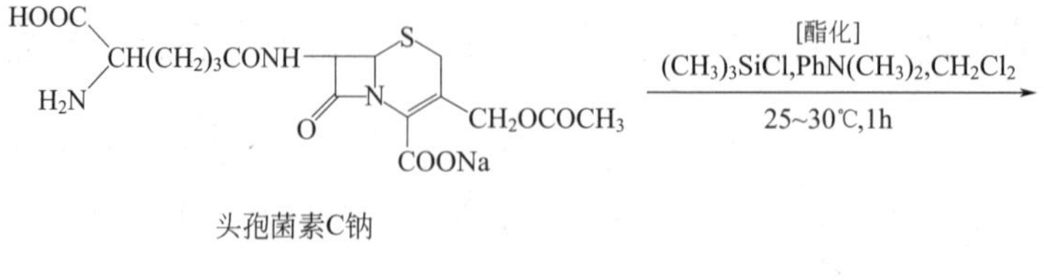

[酯化]

$(CH_3)_3SiCl,PhN(CH_3)_2,CH_2Cl_2$

25~30℃,1h

头孢菌素C钠

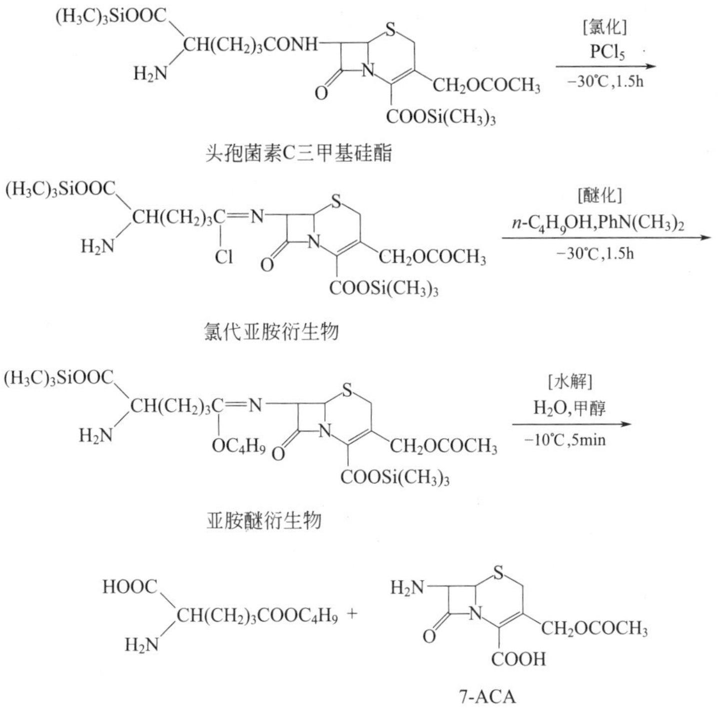

[氯化] PCl_5 −30℃，1.5h

头孢菌素C三甲基硅酯

[醚化] $n\text{-}C_4H_9OH$，$PhN(CH_3)_2$ −30℃，1.5h

氯代亚胺衍生物

[水解] H_2O，甲醇 −10℃，5min

亚胺醚衍生物

7-ACA

2. 化学法合成 7-ACA 的工艺过程

（1）酯化　将头孢菌素 C 钠和二氯甲烷投入反应罐，加三乙胺和二甲苯胺，然后缓缓加入三甲基氯硅烷，控制温度在 35℃左右。加毕，于 25～30℃反应 1h，得酯化液。

（2）氯化　将酯化液降到－35℃，缓缓加入二甲苯胺、五氯化磷，控制温度不超过－25℃。在－35℃反应 1.5h 左右，得氯化液。

（3）醚化　将氯化液降温到－55℃，缓缓加入预冷到－55℃的正丁醇，温度在－30℃反应 1.5h 左右，得醚化液。

（4）水解　向醚化液中加入甲醇和水，于－10℃水解 5min，加浓氨水调 pH 为 3.5～3.6，搅拌 30min，静置 1h，使结晶完全。甩滤，用 5％甲醇水溶液和 2.5％柠檬酸水溶液及丙酮洗涤，真空干燥即得 7-ACA。

此法优点是工艺稳定成熟，收率较高；缺点是深度制冷，对设备材质要求高，费用较高。

三、半合成头孢菌素合成方法

半合成头孢菌素是由 7-ACA 或 7-ADCA 分子中的氨基与不同前体酸（侧链）发生酰化反应制备而成。其合成方法与半合成青霉素合成方法基本相同。

四、半合成头孢菌素生产实例——头孢氨苄的制备

头孢氨苄又名头孢力新、头孢菌素Ⅳ。化学名为 7-(D-α-氨基-苯乙酰基)-3-甲基-3-头孢烯-4-羧酸单水合物。化学结构为：

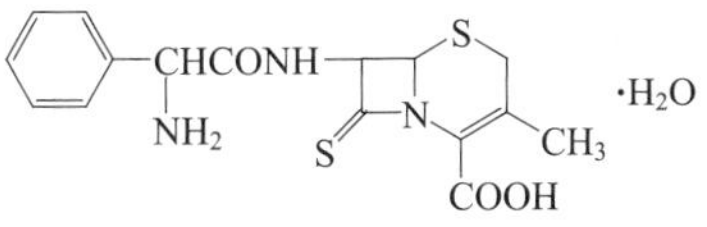

$[C_{16}H_{17}N_3O_4S \cdot H_2O=365.4]$

本品为白色或微黄色结晶性粉末，微臭、味苦，微溶于水，不溶于乙醇、氯仿和乙醚。

属广谱抗生素药物，对多种耐药菌有效，口服吸收良好，血浓度高，作用时间长。对治疗呼吸道、尿道、软组织等感染有显著疗效。

1. 工艺原理

头孢菌素Ⅳ是以青霉素G（或青霉素Ⅴ）为原料，通过扩环重排，裂解成7-ADCA，再与D-(－)-苯甘氨酰氯缩合而成。

青霉素G钾在吡啶存在下与三氯氧磷及三氯乙醇反应，酯化成青霉素烷酸三氯乙酯；在醋酸中用双氧水将青霉素烷酸三氯乙酯氧化生成青霉素烷酸三氯乙酯 *S*-氧化物；在吡啶存在下以磷酸处理时，二氢噻唑环S-C键先断裂形成不饱和的中间体次磺酸衍生物，接着再发生分子内亲核加成，形成较稳定的二氢噻嗪环，得苯乙酰7-ADCA（7-苯乙酰氨基去乙酰氧基头孢霉烷酸三氯乙酯）；于二氯乙烷中以五氯化磷将侧链的亚胺烯醇型羟基氯化，即得氯亚胺物。氯亚胺物与甲醇作用发生醚化，生成的亚胺物水解得7-ADCA酯；为了将7-ADCA酯从反应体系中分离出来，向其有机溶液中加入PTS（对甲苯磺酸），使其成7-ADCA酯PTS盐析出；用碳酸氢钠处理，将7-ADCA酯游离后再与苯甘氨酰氯盐酸盐发生酰化反应，生成头孢酯酰化物。最后在乙腈和乙醇中，用锌粉和甲酸进行还原性水解得头孢氨苄。反应过程如下：

青霉素G钾 —[酯化] CCl_3CH_2OH,丙酮,吡啶,三氯氧磷; 10℃,1h→ 青霉素烷酸三氯乙酯

—[氧化] 过氧乙酸,双氧水; <20℃,2h→ 青霉素烷酸三氯乙酯*S*-氧化物 —[重排,扩环] 磷酸,吡啶,乙酸丁酯; 回流,3h→

[→ $-H_2O$ →]

—[氯化] PCl_5,吡啶,二氯乙烷; −5℃,2h→ —[醚化] CH_3OH; −10℃,1.5h→

[水解] H_2O 室温,30min
[成盐] 对甲苯磺酸(PTS)
[游离] 碳酸氢钠,二氯乙烷
NH_2HCl C_6H_5—CHCOCl, 碳酸氢钠 [酰化] 0℃,1h; 15~20℃,2h pH5.5~6.0
[水解] HCOOH,Zn,乙腈,乙醇 50℃,30min, pH3~3.5
头孢氨苄

2. 工艺过程

(1) 酯化　将丙酮、吡啶、三氯乙醇吸入反应罐，加入青霉素 G 钾盐，搅拌，控制内温 10℃，滴加三氯氧磷，加毕后反应 1h，酯化结束。

(2) 氧化　反应液转入氧化罐，冷却至内温 0℃，滴加过氧乙酸与双氧水混合液，反应温度应不超过 20℃，加毕反应 2h。加水，继续搅拌 30min，静置、过滤、洗涤、干燥，得 *S*-氧化物。

(3) 扩环、重排　将乙酸丁酯吸入反应罐，加入 *S*-氧化物、磷酸、吡啶，搅拌回流 3h，以薄层色谱观察，无明显 *S*-氧化物点存在即表示反应结束。减压回收部分乙酸丁酯，再经浓缩，得浓缩液。冷却，析出黄色结晶，过滤、洗涤、干燥，熔点 125～127℃的经晶即为重排物。

(4) 氯化、醚化、水解、成盐　将重排物及二氯乙烷加入反应罐，搅拌使全溶，冷至内温－10℃，加入吡啶及五氯化磷，温度不超过－2℃。加毕后在－5℃反应 2h，再降温至－15℃，缓缓加入甲醇进行醚化，加毕，在－10℃反应 1.5h。然后加水，于室温水解 30min，以 1mol/L NaOH 中和至 pH 为 6.5～7.0，静置，分取有机层，浓缩至一定量，加入对甲苯磺酸（PTS），即得淡黄色结晶，冷却、过滤、洗涤、干燥，得 7-ADCA 酯 PTS 盐。

(5) 酰化　将 7-ADCA 酯 PTS 盐加入二氯乙烷中，加入碳酸氢钠饱和液使 7-ADCA 酯游离。分取有机层入反应罐，冷至内温 0℃，加入 $NaHCO_3$ 和苯甘氨酰氯盐酸盐，于 0℃反应 1h，15～20℃反应 2h，反应过程中使 pH 为 5.5～6.0。反应结束过滤，有机层经薄膜浓缩后加入乙醚，析出酰化物，过滤、洗涤、干燥即得头孢酯酰化物。

(6) 水解　将酰化物、甲酸加入反应罐使全溶，加入锌粉温度不超过 50℃，加毕于 50℃反应 30min。冷至室温，过滤除去锌泥，洗涤，合并滤液、洗液，浓缩、加水，用氨水调节 pH 为 3～3.5，加入乙腈即有结晶析出，再用乙醇精制一次，即得头孢氨苄。

3. 工艺过程框图

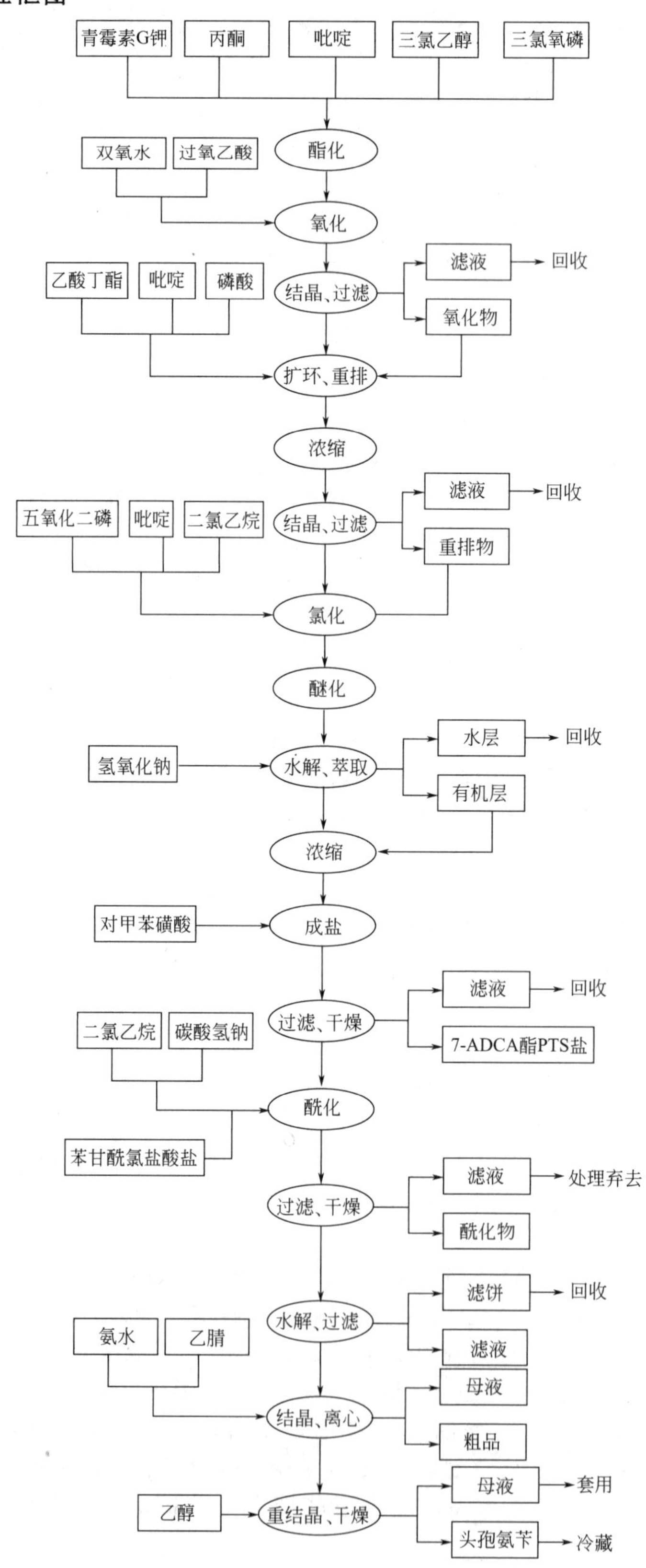

青霉素G钾
丙酮
吡啶
三氯乙醇
三氯氧磷
酯化
双氧水
过氧乙酸
氧化
滤液
回收
乙酸丁酯
吡啶
磷酸
结晶、过滤
氧化物
扩环、重排
浓缩
滤液
回收
五氧化二磷
吡啶
二氯乙烷
结晶、过滤
重排物
氯化
醚化
水层
回收
氢氧化钠
水解、萃取
有机层
浓缩
对甲苯磺酸
成盐
滤液
回收
过滤、干燥
二氯乙烷
碳酸氢钠
7-ADCA酯PTS盐
酰化
苯甘酰氯盐酸盐
滤液
处理弃去
过滤、干燥
酰化物
滤饼
回收
水解、过滤
氨水
乙腈
滤液
母液
结晶、离心
粗品
母液
套用
乙醇
重结晶、干燥
头孢氨苄
冷藏

复习与思考题

1. 半合成青霉素类抗生素和半合成头孢菌素类抗生素的基本母核分别是什么？简要叙述现在工业生产中该基本母核的生产工艺。

2. 查阅头孢羟氨苄的结构式，试分析其合成用 7-ACA 和 7-ADCA 哪种原料更合适。

3. 半合成青霉素和半合成头孢菌素的合成方法有哪些？各方法有哪些优缺点？

4. 根据酶法 6-APA 生产工艺，画出工艺流程框图。

【阅读材料】

头孢菌素类药物不良反应

头孢菌素类药物的不良反应一般比青霉素为低，特别是引起过敏性休克的病例比青霉素少，常见不良反应如下。

1. 过敏反应

头孢菌素可致皮疹、荨麻疹、哮喘、药热、血清病样反应、血管神经性水肿、过敏性休克等。特别是过敏性休克类似青霉素休克反应。一般对青霉素过敏者有 10%～30% 对头孢菌素过敏，而对头孢菌素过敏者绝大多数对青霉素过敏，需要警惕。

2. 胃肠道反应和菌群失调

多数头孢菌素可致恶心、呕吐、食欲不振等反应。本类药物强力抑制肠道菌群，可致菌群失调，引起 B 族维生素缺乏及维生素 K 的缺乏，也可引起二重感染。

3. 肝毒性

多数头孢菌素大剂量应用可导致氨基转移酶、碱性磷酸酯酶、血胆红素值的升高。

4. 肾损害

绝大多数的头孢菌素由肾排泄，偶可导致血液尿素氮（BIJN）、血肌酐值升高、少尿、尿蛋白等。头孢菌素与高效利尿药或氨基糖苷类抗生素合用，肾损害显著增强。

项目四　布洛芬的生产工艺

第一节　概　　述

布洛芬（Ibuprofen，Brufen）化学名称为 2-(4-异丁基苯基）丙酸，又叫异丁苯丙酸。其化学结构如下：

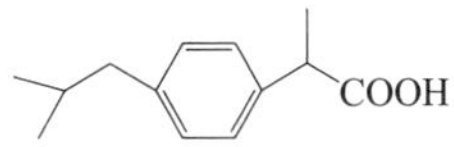

COOH

本品为白色结晶性粉末，稍有特异臭，几乎无味，易溶于甲醇、乙醇、丙酮等有机溶剂，在水中几乎不溶，但在 NaOH 和 Na_2CO_3 溶液中易溶，熔点 74.5～77.5℃。

本品属于消炎镇痛药，其消炎镇痛作用强，副作用小，适用于治疗风湿性关节炎，作为阿司匹林的替代品其解热、镇痛、消炎作用比阿司匹林大16～32倍，而副作用却比阿司匹林小得多，对肝、肾及造血系统无明显副作用。特别是对胃肠道的副作用很小，这是布洛芬的优势。目前在世界上广泛应用，成为全球最畅销的非处方药物之一，和阿司匹林、扑热息痛一起并列为解热镇痛药三大支柱产品。

本品适用于治疗风湿性关节炎、类风湿性关节炎、骨关节炎、强直性脊椎炎、神经炎、咽喉炎和支气管炎等。

布洛芬是1967年由英国试制成功并首先生产的，此后日本、加拿大、联邦德国和美国等国家相继投产。1972年，国际风湿病学会推荐本品为优秀的风湿病药品之一。1975年后，国内有厂家开始试制生产。

第二节　合成路线及其选择

近年来，国内外对布洛芬的合成都做了大量的研究，推出了许多合成路线，但由于有的合成路线较长，有的原料来源困难，有的条件要求较高，有的成本较高，还有的存在着组织生产的困难等原因，都没能为国内生产厂家所采用。

下面是生产布洛芬的主要方法。

一、以乙苯为原料的合成方法

此法以乙苯与异丁酰氯经酰化、溴化、氰化、水解、还原制得布洛芬。

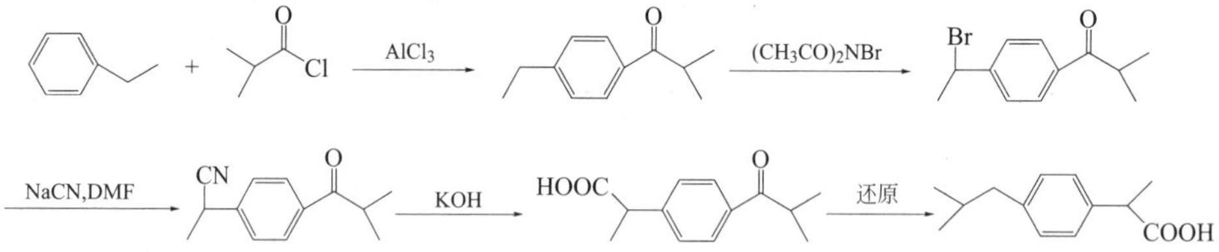

O Cl + $\xrightarrow{AlCl_3}$ O $\xrightarrow{(CH_3CO)_2NBr}$ Br O

$\xrightarrow{NaCN,DMF}$ CN O $\xrightarrow{KOH}$ HOOC O $\xrightarrow{还原}$ COOH

本法所用异丁酰氯需自制，其原料异丁酸、溴代丁二酰亚胺不能满足供应，且价格昂贵。

二、以对异丁基苯乙酮为原料的合成方法

此法系以异丁基苯乙酮与氯仿在相转移催化剂的存在下反应，产物再经还原制得布洛芬。

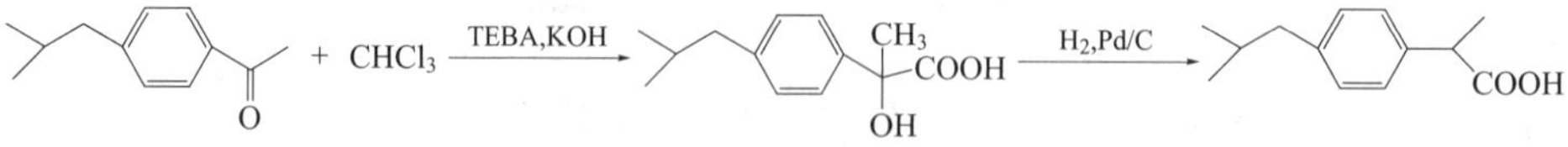

O + $CHCl_3$ $\xrightarrow{TEBA,KOH}$ CH_3 COOH OH $\xrightarrow{H_2,Pd/C}$ COOH

本反应除反应条件要求较高外，副反应也较多。由于缩水甘油酸酯法合成工艺的不断改进和生产水平的持续提高，其他方法都难以达到该法水平。

三、以异丁苯为原料的合成方法

1. 转位重排法

芳基1,2-转位重排法是目前国内厂家普遍采用的一种合成方法。它以异丁苯为原料，

经与2-氯丙酰氯的傅-克酰化、与新戊二醇的催化缩酮化、催化重排、水解等制得布洛芬。反应式为：

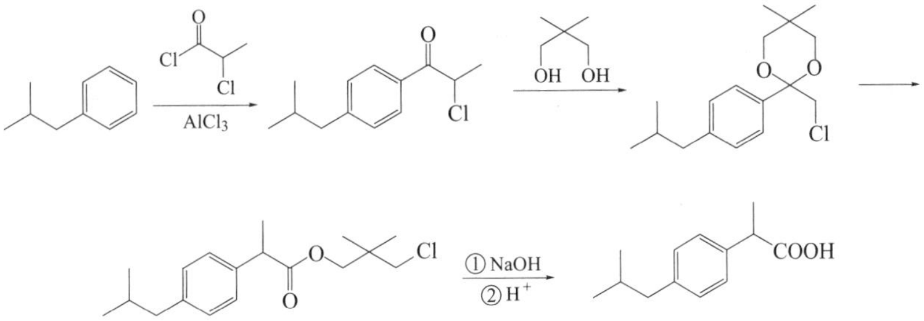

2. 乳酸衍生物与异丁苯法（简称一步法）

本法用乳酸对甲苯磺酸酯与异丁苯在过量的 $AlCl_3$ 存在下一步反应生成布洛芬。

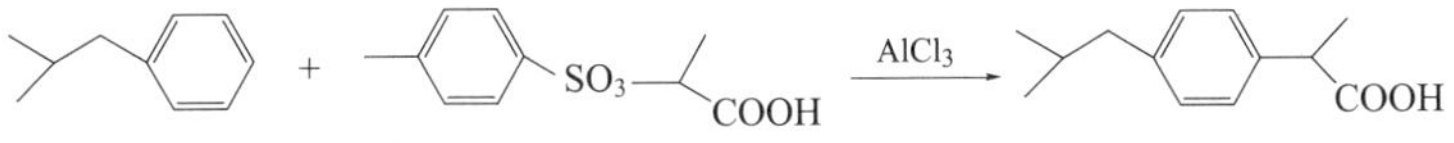

此法的产物中有大量的异构体，产品质量、收率都比较差。

3. 格氏反应合成法

本法系用异丁苯的衍生物为原料，经格氏反应合成布洛芬。

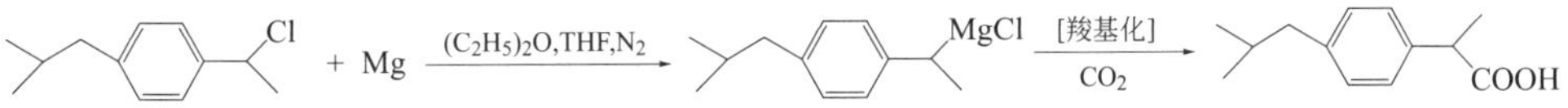

本反应收率较高，但需用格氏试剂，条件要求苛刻，大多数原料需自制，所用试剂价格昂贵，乙醚易燃易爆不适宜工业化生产。

4. 醇羰基化法合成布洛芬

醇羰基化法即BHC法，以异丁苯为原料。经与乙酰氯的傅-克酰化、催化加氢还原和催化羰基化3步反应制得布洛芬，为目前最先进的工艺路线，为国外多数厂家所采用。

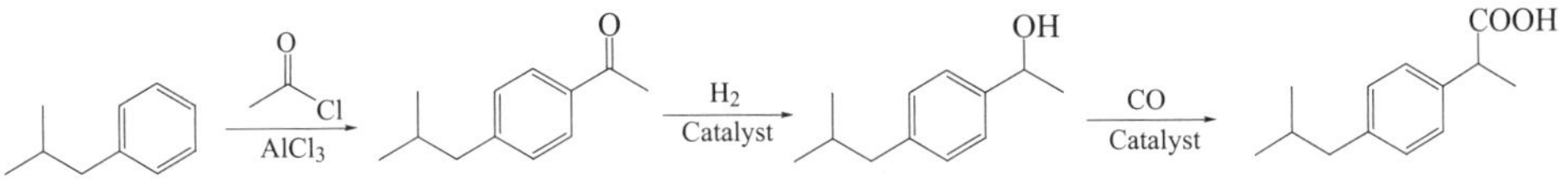

此法合成布洛芬的优点是，在很低温度下如0℃、−10℃，甚至−35℃时酰化仍很容易进行，而且产生的异构体大为减少。

5. 氰化物经甲基化、水解合成布洛芬

本法以对异丁基苯乙酯为中间体，再经甲基化、水解得布洛芬。

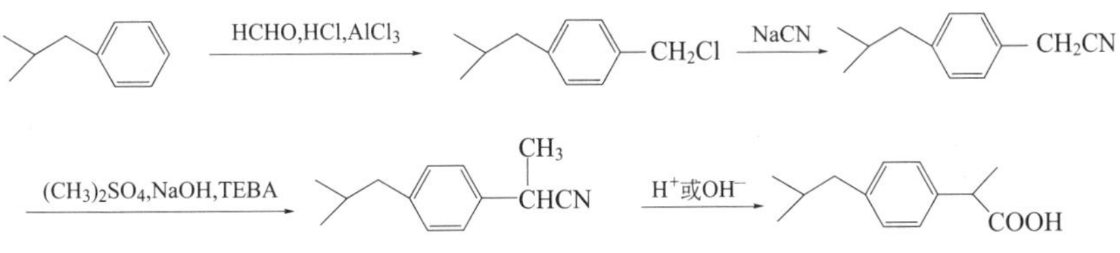

本路线中氯甲基化、氰化步骤中所用原料均有毒性，故操作要求较高，且存在设备腐蚀和“三废”问题；由于相转移催化剂的使用，使得甲基化可在较方便的条件下进行。

合成布洛芬的路线还有很多，但终因存在着难以克服的缺点而未能实现工业化。

四、目前国内采用的合成路线

目前，国内采用的是环氧羧酸酯法，即异丁苯与乙酰氯经傅-克反应得异丁基苯乙酮，再与氯乙酸异丙酯发生 Darzens 缩合，产物经碱水解、中和及脱羧反应得异丁基苯丙醛，最后经氧化或经成肟、消除再水解成布洛芬。

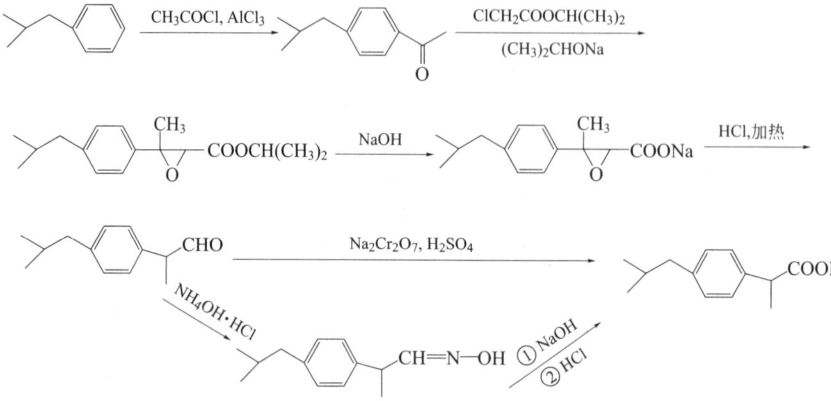

$CH_3COCl, AlCl_3$

$ClCH_2COOCH(CH_3)_2$

$(CH_3)_2CHONa$

O

CH_3

$COOCH(CH_3)_2$

NaOH

CH_3

COONa

HCl,加热

CHO

$Na_2Cr_2O_7, H_2SO_4$

COOH

$NH_4OH \cdot HCl$

CH=N—OH

①NaOH

②HCl

本反应各步收率比较高，其中醛肟法不存在氧化法的“三废”问题，是目前较成熟的适合工业生产的方法。

第三节 生产工艺原理及其过程

一、4-异丁基苯乙酮的合成

1. 工艺原理

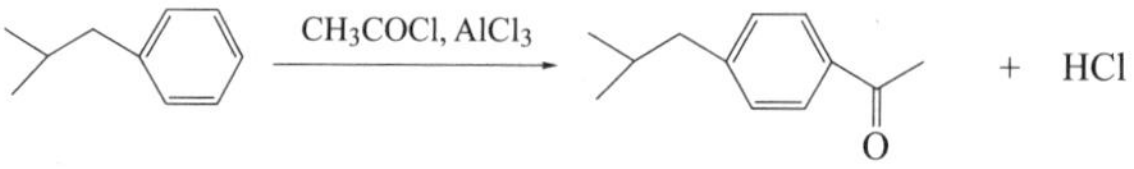

$CH_3COCl, AlCl_3$

+ HCl

O

在三氯化铝的催化下，乙酰氯与异丁苯发生傅-克酰基化反应。由于异丁基是体积较大的邻、对位定位基，乙酰基主要进入其对位，生成 4-异丁基苯乙酮。反应需无水操作，否则三氯化铝和乙酰氯将水解。

2. 工艺过程

将计量好的石油醚、三氯化铝加入反应釜内，搅拌降温至 5℃以下，加入计量的异丁苯，其间控制釜内温度<5℃。再加入计量的乙酰氯。搅拌反应 4h。

将反应液在 10℃下压入水解釜中，滴加稀盐酸，保持釜内温度不超过 10℃，搅拌 0.5h 后，静置分层。有机层为粗酮，水洗至 pH 为 6。减压蒸馏回收石油醚后，再收集 130℃/2kPa 馏分，即为 4-异丁基苯乙酮，收率 80%。

对傅-克反应的搅拌要适当，太快易产生副反应，从而影响收率和产品质量。

本工艺过程要注意防火、防爆、防毒。

乙酰氯遇水或醇分解生成氯化氢，对皮肤黏膜刺激强烈，因此反应中应注意排风，并经吸收塔回收盐酸。

二、2-(4-异丁苯基）丙醛的合成

1. 工艺原理

本反应第一步为 Darzens 缩合反应，产物经水解、脱羧、重排即得 2-(4-异丁苯基）丙醛。

O　$ClCH_2COOCH(CH_3)_2$　$(CH_3)_2CHONa$　CH_3　$COOCH(CH_3)_2$　O　NaOH

CH_3　COONa　O　HCl,加热　CHO

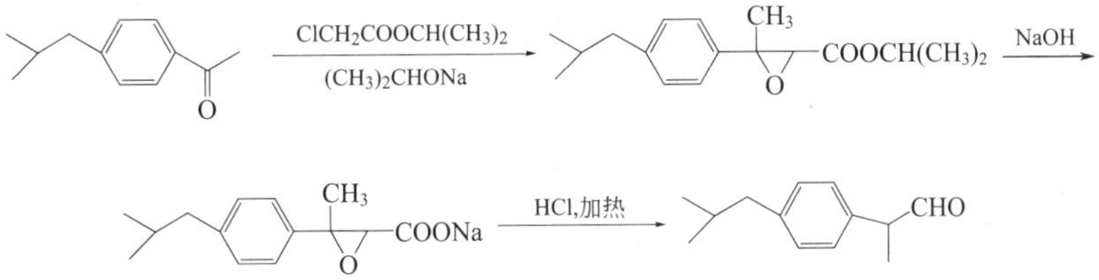

2. 工艺过程

（1）缩合　将异丙醇钠压入缩合釜中，搅拌下控温至 15℃左右，将计量的 4-异丁基苯乙酮与氯乙酸异丙酯的混合物慢慢滴入，于 20～25℃反应 6h 后，再升温至 75℃，回流反应 1h。

（2）水解　冷水降温，压入水解釜，将计量的氢氧化钠溶液慢慢加入，控制釜内温度不超过 25℃，搅拌水解 4h 后，先常压再减压蒸醇。加入热水，于 70℃搅拌溶解 1h。

（3）酸化脱羧　将 3-(4-异丁苯基)-2,3-环氧丁酸钠压入脱羧釜中，慢慢滴加计量的盐酸，控制釜内温度 60℃，加毕，物料温度升至 100℃以上，回流脱羧 3h 后降温，静置 2h 分层。有机层吸入蒸馏釜，减压蒸馏，收集 120～128℃/2kPa 馏分，即得 2-(4-异丁苯基）丙醛。收率 77%～80%。

2-(4-异丁苯基）丙醛不稳定，要及时转入下一步反应。

脱羧液水层经静置后尚存少量油性物料，应予回收。水层取样分析，测化学需氧量，达标后排放。减压蒸馏所剩残渣，再进行提取，以回收所含 2-(4-异丁苯基）丙醛。

在脱羧反应中，常产生大量泡沫，应注意慢慢加酸，以防止冲料。

三、布洛芬的合成

1. 工艺原理

由 2-(4-异丁苯基）丙醛制备布洛芬有两种方法，其一为氧化法，即用重铬酸钠氧化；其二为醛肟法，即先使羟胺与 2-(4-异丁苯基）丙醛反应，得中间体 2-(4-异丁苯基）丙醛肟，再经消除和水解等反应制得布洛芬。醛肟法由于不使用重铬酸钠，后处理更方便，还避免了环境污染等问题，此外，以水作溶剂，操作安全，该法已应用于制药工业生产。

（1）氧化法

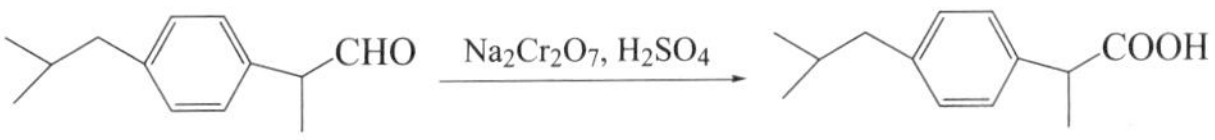

CHO　$Na_2Cr_2O_7$, H_2SO_4　COOH

（2）醛肟法

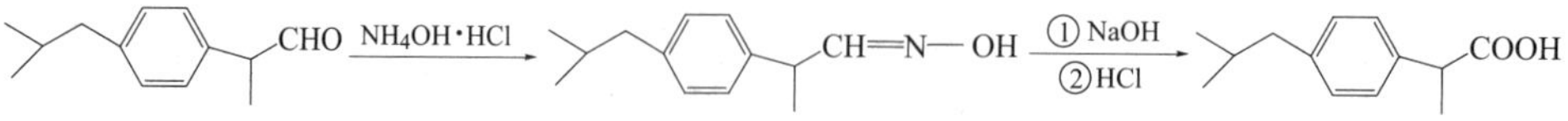

$$\text{—CHO} \xrightarrow{NH_4OH\cdot HCl} \text{—CH=N—OH} \xrightarrow[\text{②HCl}]{\text{①NaOH}} \text{—COOH}$$

2. 工艺过程（氧化法）

将重铬酸钠溶于定量的水中，开真空吸入氧化剂配制釜，搅拌使之全溶，压入氧化反应釜。搅拌下降温，将计量的浓硫酸慢慢滴入反应釜，滴毕继续降温，备用。待氧化反应液温度降至5℃以下时，将计量的丙酮和2-(4-异丁苯基）丙醛的混合液于搅拌下慢慢滴至反应釜中，保温25℃，加完继续反应1h，直至反应液呈棕红色，为终点。加入焦亚硫酸钠水溶液，使反应液呈蓝绿色。

将上述反应液吸入丙酮回收釜中，蒸馏，直到蒸不出丙酮为止。残留物中加入定量的水和石油醚，搅拌0.5h后静置分层。水层用石油醚提取两次，油层水洗至无Cr^{3+}为止。石油醚中加入配制好的稀碱液，搅拌15min后静置0.5h，碱层分入钠盐贮罐。再将计量的水加入石油醚层，搅拌15min后静置0.5h，水层并入钠盐储罐。有机层吸入石油醚回收罐。

水层物料加到酸化釜，保持温度35～45℃，滴加盐酸，调节pH为1～2（此时析出布洛芬油层），降温至5℃，复测pH仍为2～3，继续降温、固化、结晶、离心，即得粗制布洛芬。收率>90%。粗品再经溶解、脱色、结晶、离心和干燥，即得精品布洛芬。

复习与思考题

1. 写出国内布洛芬生产的合成路线。
2. 氧化法合成布洛芬时，为什么要加入适量的焦亚硫酸钠？写出有关反应式。
3. 画出由2-（4-异丁苯基）丙醛经氧化合成布洛芬的工艺流程框图。

项目五 氢化可的松的生产工艺

第一节 概 述

氢化可的松（Hydrocortisone），化学名称为11，17，21-三羟基孕甾-4-烯-3，20-二酮(11，17，21-trihydroxypregn-4-ene-3，20-dione)。其化学结构如下：

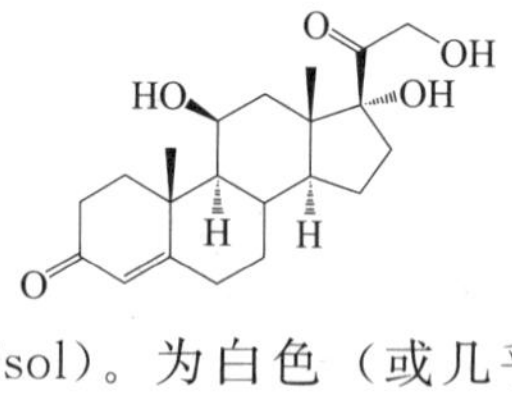

氢化可的松又称皮质醇（Cortisol）。为白色（或几乎白色）结晶性粉末，无臭，初无味，随后有持续苦味，遇光渐变质。乙醇或丙酮中略溶。熔点为212～222℃，熔融时同时分解，不溶于水，几乎不溶于乙醚，微溶于氯仿，能溶于乙醇（1：40）和丙酮（1：80），比旋度为+162°～+169°。

氢化可的松作为天然皮质激素，疗效确切，在临床上一直得到应用。皮质激素类药物按其疗效可分为三类。氢化可的松和醋酸可的松等属于短效药物。泼尼松龙与泼尼松等属于中效药物。地塞米松与倍他米松等属于长效药物。氢化可的松能影响糖代谢，并具有抗炎、抗毒、抗休克及抗过敏等作用，临床用途很广泛，主要用于肾上腺皮质功能不足，自身免疫性疾病（如慢性肾炎、系统性红斑狼疮和类风湿性关节炎），变态反应性疾病（如支气管哮喘和药物性皮炎），以及急性白血病及眼炎等，也用于某些严重感染所致的高热综合治疗。本品的副作用与同类药物相似，充血性心力衰竭、糖尿病等患者慎用；重症高血压、精神病、消化道溃疡和骨质疏松症患者忌用。临床上不能长期服用氢化可的松等皮质激素类药物，否则产生皮质激素过多，造成水盐代谢紊乱、负氮平衡，也可能诱发精神症状等。

第二节 合成路线及其选择

氢化可的松具有环戊烷并多氢菲的四环基本骨架，各并合环及环上碳原子编号如下：

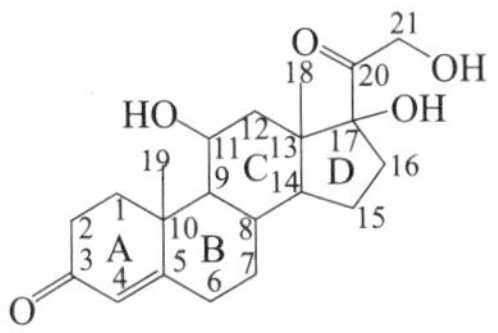

氢化可的松具甾体结构，含 7 个手性中心，全合成需 30 多步化学反应，工艺过程复杂，总收率太低，无工业化生产价值。目前国内外获得氢化可的松都采用半合成的方法，即用从天然产物中获取的具有上述甾体基本骨架的化合物为原料，再经化学方法进行结构改造而得。

甾体药物半合成法的起始原料都是甾醇的衍生物。如从薯蓣科植物（如穿龙薯蓣、穿山龙、黄姜、黄山药叉蕊薯蓣等）的根茎中萃取得到的薯蓣皂素；从丝竺属植物剑麻中萃取得到的剑麻皂素；从精炼豆油的油渣中萃取得到的豆甾醇、β-谷甾醇；以及从羊毛脂中萃取得到的胆甾醇等，都可作为甾体药物半合成的原料。在我国，薯蓣皂素曾是半合成的主要起始原料。据统计，在 1974 年之前，60%的甾体药物的生产原料为薯蓣皂素，近年来，由于薯蓣皂素资源的逐渐减少，以及 C17 边链微生物氧化降解成功，国外以豆甾醇、β-谷甾醇作为原料的比例上升。

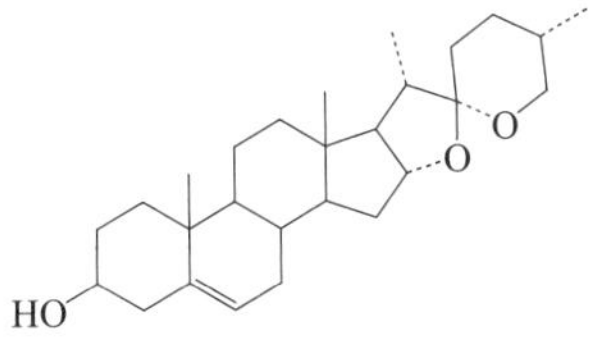

薯蓣皂素 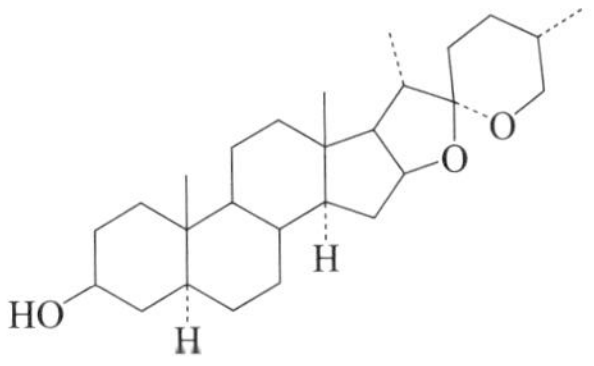 剑麻皂素

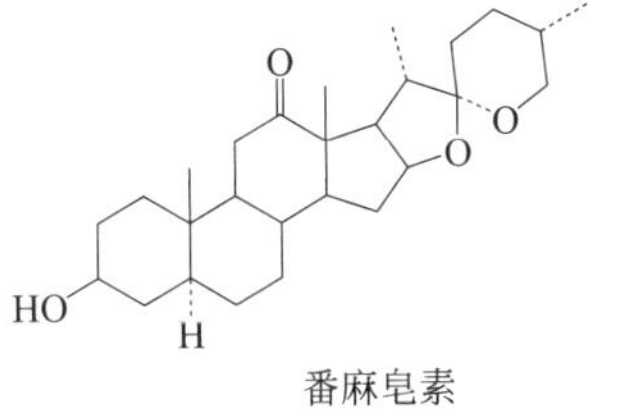

番麻皂素 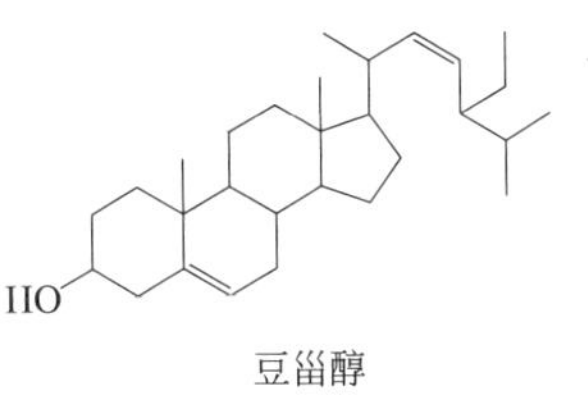 豆甾醇

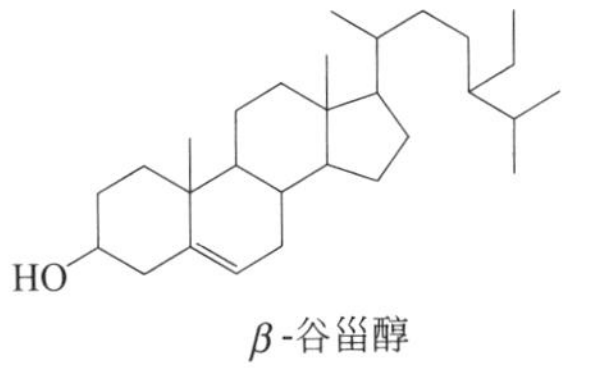

β-谷甾醇 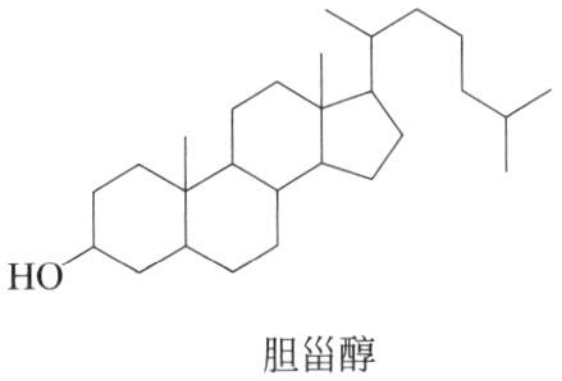 胆甾醇

薯蓣皂素立体构型与氢化可的松一致，A 环带有羟基，B 环带有双键，易于转化为 Δ^4-3-酮的活性结构，合成工艺已相当成熟；而我国薯蓣皂素资源丰富，所以在我国仍以薯蓣皂素为半合成的起始原料。剑麻皂素和番麻皂素等资源在我国也很丰富，但尚未充分利用。

比较薯蓣皂素与氢化可的松的化学结构，可知必须去掉薯蓣皂素中的 E、F 环，而薯蓣皂素经开环裂解去掉 E、F 环后，即能获得理想的关键中间体——双烯醇酮醋酸酯。从双烯醇酮醋酸酯到氢化可的松，除将 C3 羟基转化为酮基，C5,6 双键位移至 C4,5 位外，还需引入三个特定的羟基。

薯蓣皂素 —开环，裂解→ 双烯醇酮醋酸酯 → → → 氢化可的松

这些基团的转化和引入，有的较易进行。如 C3 位的羟基经氧化可直接转化为羰基，同时还伴有 Δ^5 双键的转位。C21 位上有活泼氢，可通过卤代之后引入羟基；利用 Δ^{16} 双键存在，经环氧化可引入 C17 羟基，并且由于甾环的立体效应使得该羟基刚好为 α 构型。在氢化可的松半合成工艺路线中，最关键一步是 C11β 羟基的引入。

由于 C11 位附近没有活性官能团，采用化学法引入羟基很困难。但生物氧化法完美地解决了这一难题，即利用犁头霉菌，可立体选择性地引入 C11β 羟基。

目前国内外都采用犁头霉菌氧化合成氢化可的松的工艺路线，如下所示：

Ac_2O, $AcOH/CrO_3$ → H_2O_2, OH^- → Oppenauer → HBr → H_2/Ni → I_2/CaO → AcOK → 犁头霉菌

此工艺路线是以薯蓣皂素为起始原料，经双烯醇酮醋酸酯环氧化后，再经 Oppenauer 氧化得到环氧黄体酮；由环氧黄体酮先上溴开环、氢解除溴，上碘置换得到醋酸化合物，再经犁头霉菌氧化直接引入 C11 位上的 β-羟基，得到氢化可的松。

第三节　生产工艺原理及其过程

一、$\Delta^{5,16}$-孕甾二烯-3β-醇-20-酮-3-醋酸酯（$\Delta^{5,16}$-孕甾双烯-3β-乙酰氧基-20-酮）的制备

1. 工艺原理

薯蓣皂素裂解为 $\Delta^{5,16}$-孕甾二烯-3β-醇-20-酮-3-醋酸酯，实际上经历了加压消除开环、氧化开环、水解消除的过程。

HO　Ac₂O / AcOH　OAc　AcO　CrO₃ / AcOH　O　AcO　O　O　AcO　O　AcO

（1）加压消除开环　在薯蓣皂素结构中，边链是一个特殊的螺环系统，其中 E、F 两个环以螺环缩酮的形式相连，当缩酮的 α-位含有活泼氢时，能在酸碱的协同催化下发生消除而形成双键。

（2）氧化开环　氧化开环指的是 Δ^{20} 双键被氧化断链打开 E 环，以铬酐（实际上是铬酐在稀醋酸溶液中形成的铬酸）为氧化剂。双键的氧化一般不停留在二醇化合物阶段，而是继续氧化断链为酮，即 E 环开裂。

（3）水解消除　这是在酸性条件下，C20 酮发生烯醇化，当其回复为酮时，则发生 1,4-消除，生成双烯醇酮醋酸酯和 4-甲基-5-羟基戊酸酯。

由上述反应原理，薯蓣皂素经裂解消除开环、氧化开环和 1,4-消除反应，除去了 E 环和 F 环，得到了双烯醇酮醋酸酯。

2. 工艺过程

将薯蓣皂素、醋酐和冰醋酸投入反应釜中，抽真空以排出空气。加热至 125℃时注入压缩空气，使釜内压力为 $(3.9\sim4.9)\times10^5$ Pa，温度为 195～200℃，反应 50min 后降温，加入冰醋酸，再用冰盐水冷却至 5℃以下，投入配好的氧化剂（由铬酐、醋酸钠和水组成），反应釜内温度急剧上升，在 60～70℃保温反应 20min，加热到 90～95℃，先常压后减压蒸馏回收醋酸到一定体积，冷却后加水稀释。用环己烷萃取，分出水层。环己烷层减压浓缩至干，加适量乙醇，再减压蒸馏带尽环己烷，再用乙醇重结晶，离心，用乙醇洗涤，干燥，得到双烯醇酮醋酸酯精品，熔点 165℃以上，收率为 55%～57%。

3. 反应条件及影响因素

氧化反应是放热反应，反应物料需冷却到 5℃以下；投入氧化剂后，物料温度可上升到

90～100℃，如继续升温会出现溢料，所以应注意控制温度。

在精制用的乙醇母液中，含有少量的乙酰皂素和双烯醇酮醋酸酯，可用皂化-萃取法回收套用，收率可提高8%。

二、16*α*-17*α*-环氧黄体酮的制备

1. 工艺原理

双烯醇酮醋酸酯经环氧化反应和Oppenauer氧化反应后，得到16*α*-17*α*-环氧黄体酮（简称环氧黄体酮或氧桥黄体酮）。

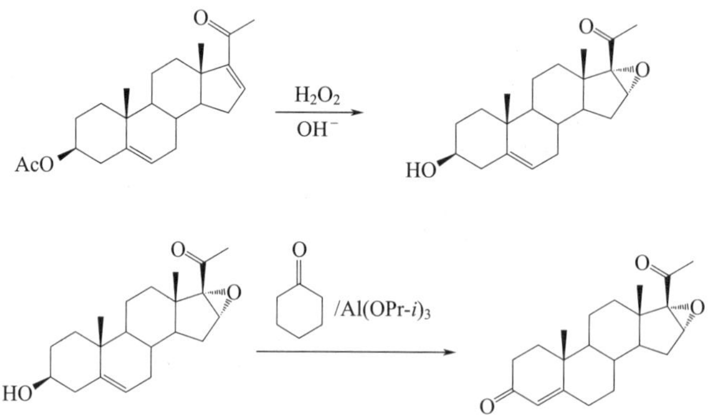

H_2O_2 / OH^-

/$Al(OPr\text{-}i)_3$

（1）环氧化反应　在双烯醇酮醋酸酯的分子式中，Δ^{16} 和C20的羰基构成一个*α*,*β*-不饱和酮的共轭体系，因此，这里的环氧化反应必须用亲核性环氧化试剂。即用碱性双氧水以选择性的环氧化 Δ^{16}。而分子中 Δ^{5} 处的双键为孤立双键，它不受碱性双氧水的作用（孤立双键的环氧化反应必须用亲电性氧化试剂）。在*α*,*β*-不饱和酮的环氧化反应中，实际上是过氧羟基负离子对*α*,*β*-不饱和酮的亲核性1,4-加成反应。由于C17上的乙酰基位于甾环平面之上，过氧羟基负离子从空间位阻小的*α*-面发起进攻，所得产物为*α*-环氧；与此同时，C3位上的横键酯基也被水解为醇，得到环氧化产物。

（2）Oppenauer氧化反应　该反应是将C3羟基氧化为酮。在环氧化产物分子结构中，C3羟基为仲醇，可经Oppenauer氧化反应选择性的氧化为酮，而不影响分子结构中其他易被氧化的部分。氧化剂为环己酮，催化剂为异丙醇铝。

2. 工艺过程

将双烯醇酮醋酸酯和甲醇加到反应釜内，充氮气。搅拌下滴加20%的氢氧化钠溶液，温度不超过30℃，加毕降温至22℃±2℃，缓缓加入双氧水，控制温度低于30℃，加毕保温反应8h，取样测定双氧水含量在0.5%以下。环氧化物熔点高于184℃时，即为反应终点。静置，析出，即得产物，熔点为184～190℃。用焦亚硫酸钠中和反应液到pH7～8，加热至沸腾，减压回收甲醇，用甲苯萃取，热水洗涤甲苯萃取液至中性，甲苯层经常压蒸馏除水，直到馏出液澄清为止。

在上述溶液中加入环己酮，再蒸馏除水到馏出液澄清。加入预先配制好的异丙醇铝，加热回流1.5h，冷却至100℃以下，加入氢氧化钠溶液，再经水蒸气蒸馏除去甲苯，趁热滤出粗品，用热水洗涤滤饼至洗液呈中性为止。干燥滤饼，用乙醇精制，离心，滤饼经颗粒机过筛、粉碎、干燥，得环氧黄体酮，熔点207～210℃，收率为75%。

3. 反应条件及影响因素

① 双氧水为强氧化剂，极易放出氧气引起爆炸，因此，反应必须在氮气保护下进行；反应温度不能超过 30℃，否则双氧水易分解。

② 环氧化反应的终点是以测定反应液中过氧化氢的含量和环氧物的熔点为依据的。

③ 环氧化反应是在碱性介质中进行的，应控制碱浓度的大小。

④ Oppenauer 氧化为可逆反应，可增加环己酮的用量，使平衡向生成目标产物的方向移动。

⑤ 因异丙醇铝可与水反应，所以 Oppenauer 氧化应在无水条件下进行。

⑥ 反应结束后应破坏异丙醇铝并除去铝盐。

三、17α-羟基黄体酮的制备

1. 工艺原理

由环氧黄体酮经上溴开环及氢解除溴等反应，制得 17α-羟基黄体酮。

HBr　　H_2/Ni

（1）上溴开环反应　环氧化合物在酸性条件下极不稳定，很易开环生成反式双竖键的邻位溴化醇，因在酸性条件下环氧基的氧原子先质子化，溴负离子从环氧环的 β-面进攻，由于 C17 位上有乙酰基边链的位阻影响，溴负离子只能进攻在 C16 位上，使环氧环打开，生成 16β-溴-17α-羟基的反式加成产物。

（2）氢解除溴　这是卤代烃类的氢解脱卤反应，氢气被催化剂 Raney-Ni 吸附后，形成活泼的原子态 H，使 C16 位上的 C-Br 键断裂，并生成 C-H 键和 HBr，达到除溴的目的。在溴代产物分子中还存在有其他可能被氧化的基团，根据吡啶氮上的未共享电子对更易于被活性 Ni 吸附，因此，加入吡啶，以保护 C3、C20 位上酮基及 Δ^4 双键不被氢化。另外，还需加入醋酸铵用于除去溴化氢。

2. 工艺过程

在 15℃的含量为 56%的氢溴酸中加入环氧黄体酮，温度不超过 24～26℃。加毕反应 1.5h，倾入水中，静置，过滤，用水洗涤到中性和无溴离子，得到 16β-溴-17α-羟基黄体酮。将其溶于乙醇中，加入冰醋酸及 Raney-Ni。在 1.96×10^4 Pa 的压力下通入氢气，在 34～36℃下滴加醋酸铵-吡啶溶液，继续反应直到溴除尽为止。停止通入氢气，加热到 65～68℃并保温 15min。过滤，滤液减压浓缩回收乙醇，冷却，加水稀释。过滤水洗析出的沉淀，干燥得 17α-羟基黄体酮。熔点 184℃，收率 95%。

3. 反应条件及影响因素

① 由于环氧黄体酮有 Δ^4 双键，对溴氢酸中游离溴含量应加以限制。

② 在氢解除溴时，为避免分子中其他部分被还原，除采用上述加吡啶的保护措施外，Raney-Ni 的活性也极为重要。

③ 反应中生成的溴化氢是活性镍的一种毒化剂，会阻碍反应进行，加入适量的醋酸铵，既可以中和溴化氢，又可以和醋酸形成缓冲对，以维持反应体系的 pH 的相对稳定。

④ 氢解除溴反应为气-液-固三相反应，须加强搅拌。

⑤ 干燥的 Raney-Ni 遇空气迅速氧化燃烧，所以一般将 Raney-Ni 浸入在水（或醇中）中备用。

四、Δ^4-孕甾烯-17α,21-二醇-3,20-二酮醋酸酯的制备

1. 工艺原理

羟基黄体酮经 C21 位上碘代和酯化两步反应，引入乙酰氧基制得 Δ^4-孕甾烯-17α,21-二醇-3,20-二酮醋酸酯。

$\xrightarrow{I_2/CaO}$ $\xrightarrow{CH_3COOK}$

(1) 碘化反应　碘代反应属碱催化下的亲电取代反应。C21 位上的氢原子受 C20 位羰基的影响而活化，在 OH^- 作用下，α 氢原子易脱去并与之形成水；碘溶解在极性溶剂氯化钙-甲醇溶液中易被极化成 I^+-I^-，其中 I^+ 向 C21 位发生亲电反应生成 17α-羟基-21-碘黄体酮。

(2) 酯化反应　酯化反应是亲核取代反应，醋酸钾需要在极性溶剂中解离为钾离子和醋酸根离子，以便醋酸根离子向 C21 做亲核进攻，并置换出碘负离子，因此，反应体系中不能有质子存在，必须用非质子性溶剂。

2. 工艺过程

在反应釜内投入氯仿及氯化钙/甲醇溶液的 1/3 量，搅拌下加入 17α-羟基黄体酮，全溶后加入氧化钙并搅拌。待冷至 0℃，将碘溶于其余 2/3 的氯化钙/甲醇溶液中，慢慢滴入反应液中，保温在 0℃±2℃，滴毕继续保温搅拌反应 1.5h，加入−10℃的氯化铵溶液。静置，分出氯仿层，减压回收氯仿到结晶析出，加入甲醇，搅拌均匀，减压浓缩至干，即得 17α-羟基-21-碘黄体酮。加入 *N*,*N*-二甲基甲酰胺（DMF）总量的 3/4，使其溶解，降温到 10℃左右，加入新配制的醋酸钾溶液，逐步升温到 90℃，再保温反应 0.5h，冷却到−10℃。过滤，水洗，干燥得醋酸化合物。熔点 226℃，收率 95%。

醋酸钾溶液的配制：将醋酸钾溶于余下 1/4 的 DMF 中，搅拌下加入醋酸和醋酐，升温到 90℃反应 30min，冷却备用。

3. 反应条件及影响因素

① 碘代反应宜在碱性条件下进行，生产上用的是氧化钙，氧化钙与原料中所含微量水及反应中不断生成的水作用，形成氢氧化钙，足以供碘代反应所需碱性。

② 须除去过量的氢氧化钙，否则过滤困难。加入氯化铵，生成可溶性钙盐而除去。

③ 碘化物遇热易分解，在酯化反应中反应温度宜逐步升高。

④ 碘化物与无水醋酸钾在 DMF 中反应制备此醋酸酯化合物的工艺已应用多年，有报道用相转移催化的方法，可提高反应收率。

五、氢化可的松的制备

1. 工艺原理

应用犁头霉菌对上步反应得到的 Δ^4-孕甾烯-17α,21-二醇-3,20-二酮醋酸酯进行微生物氧

化，在C11位引入β-羟基而得到氢化可的松。

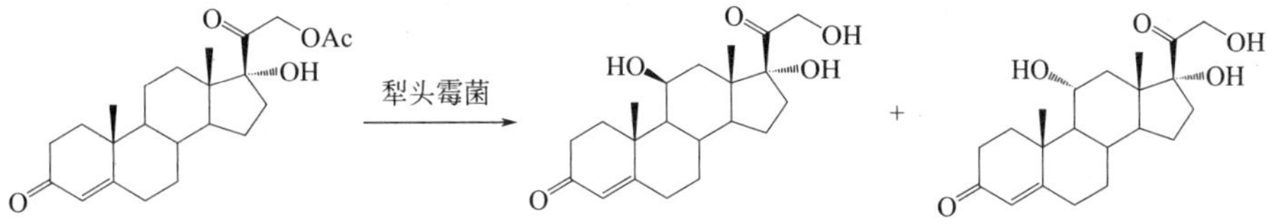

得到氢化可的松的同时还得到一部分α-异构体，这些异构体可通过重结晶的方法分离出来，再转化为醋酸可的松。

2. 工艺过程

将犁头霉菌在无菌条件下于26～28℃培养7～9d，待菌丝生长丰满、孢子均匀时，无杂菌生长，即储存于冰箱备用。

氧化：将玉米浆、酵母膏、硫酸铵、葡萄糖和水加到发酵罐中搅拌，用氢氧化钠调pH到5.7～6.3，加入0.3%的豆油。在120℃灭菌0.5h，通入无菌空气，降温到27～28℃，接入犁头霉菌孢子混悬液，维持罐压5.88×10^4Pa。通气搅拌28～32h。镜检菌丝生长，无杂菌。

用氢氧化钠溶液调pH到5.5～6.0，投入发酵体积的0.15%的中间体化合物乙醇溶液，调节好通氧量，氧化8～14h。再投入0.15%中间体化合物乙醇溶液，氧化40h。取样做比色试验，检查反应终点，到达终点后，滤出菌丝，发酵液用醋酸丁酯多次萃取，合并萃取液，减压浓缩至适量，冷却至0～10℃，过滤，干燥得氢化可的松粗品。熔点195℃以上。母液中主要含α-异构体。

精制：将粗品加入16～18倍8%甲醇/二氯乙烷溶液中，加热回流使其全溶，趁热过滤，滤液冷至0～5℃。过滤，干燥，得氢化可的松。熔点205℃。上述分离物再加入16～18倍甲醇及活性炭，加热回流使溶。趁热过滤，滤液冷至0～5℃。过滤，干燥，得氢化可的松。熔点212～222℃，收率44%～45%。

氢化可的松的总收率约为18.4%（以双烯醇酮的重量计）。

3. 反应条件及影响因素

从Δ^4-孕甾烯-17α,21-二醇-3,20-二酮醋酸酯制备氢化可的松的工艺中，关键的一步是犁头霉菌的发酵，影响该步骤中的pH、培养基的组成、杂菌的污染及通气量等因素都能影响转化率。

目前我国的技术水平同国际先进水平相比尚有差距。我国的转化率尚在45%左右，而国际上已达到90%。据报道，采用诱导羟化酶的方法能提高氢化可的松的收率。

详细的氢化可的松生产工艺流程图见195页附录二。

第四节 综合利用与“三废”处理

一、副产物的综合利用

氢化可的松半合成工艺中，最大的副产物是表氢可的松，可将表氢可的松转化为醋酸可的松或其他甾体化合物等加以利用。

下面以转化为醋酸可的松为例，介绍表氢可的松的综合利用。

1. 工艺原理

在表氢可的松和醋酸可的松的结构中，唯一的区别是C11位上的基团不同，前者为

α-羟基，后者为羰基。将C11位的羟基氧化为羰基，即得到醋酸可的松。

但表氢可的松结构中有三个羟基，被氧化的活性顺序为：C21羟基>C11α-羟基>C17α-羟基，所以在氧化C11α-羟基时，必须将C21羟基保护起来。常用的方法为乙酰化法，然后再用铬酐、醋酸选择性地氧化C11α-羟基。而C11相邻的C9为叔碳原子，氧化时易引起C9～C11碳链的断裂，故需加入少量的二氯化锰以起到缓冲的作用。

同时应注意控制反应温度以减少副反应的发生。

$$\xrightarrow{Ac_2O/Ba(OH)_2} \qquad \xrightarrow[AcOH]{CrO_3/MnCl_2}$$

2. 工艺过程

将表氢可的松、冰醋酸、醋酐及醋酸钡加入反应釜内，搅拌下控制温度在25～30℃，进行乙酰化反应6h，反应完成后降温至10℃，滴加铬酐-二氯化锰水溶液，加毕反应3h，将反应液倾入冰水中，析出固体，过滤、水洗到中性、干燥；再用氯仿、甲醇精制，得到醋酸可的松，熔点237～245℃，收率70%（以表氢可的松的重量计）。

二、“三废”的治理

在氢化可的松生产工艺中，主要的“三废”是含铬废水。含铬废水对人体和生物体均有剧毒，因此，含铬废水必须进行治理。

在含铬废水中，铬元素一般为Cr^{3+}和Cr^{6+}的形式出现。Cr^{3+}是一种蛋白质凝聚剂，其中硫酸亚铬对水生生物的毒性较大，而Cr^{6+}是致癌、致畸及致突变的物质，能降低生化过程的需氧量，对农作物及微生物危害很大，其毒性比Cr^{3+}高100倍。Cr^{6+}是一种特殊的离子，它的电荷较高，离子半径较小，因此在水中不是以简单的Cr^{6+}存在，而是以其他形式存在，如H_2CrO_4、$HCrO_4^-$、CrO_4^{2-}及$Cr_2O_7^{2-}$。

国内外采用多种方法治理含铬废水，其中包括化学还原法、活性炭吸附法、反渗透法和离子交换法等。

1. 化学还原法

化学还原法处理含铬废水，其原理是用硫酸亚铁将酸性废水中的Cr^{6+}还原为低毒的Cr^{3+}，然后再加入氢氧化钠溶液使Cr^{3+}转化为氢氧化铬沉淀分离出来。

2. 活性炭吸附法

对含有有机物的含铬废水，可以用活性炭吸附的方法除去Cr^{3+}，其原理可能是有机物可以成为连接重金属离子和活性炭的共吸物。

3. 反渗透法

反渗透法是行之有效的处理含铬废水的方法。即在外力之下将废水和特定的膜相接触，这时只有水能透过膜，其结果是使溶解性污染物浓缩，而透过的净水可供循环使用。

4. 离子交换法

用阴离子交换树脂处理含铬废水的主要过程如下：

$$RSO_4 + CrO_4^{2-} \rightleftharpoons RCrO_4 + SO_4^{2-}$$

$$RCrO_4 + CrO_4^{2-} \rightleftharpoons ROH + NaCrO_4$$

$$ROH + H_2SO_4 \rightleftharpoons RSO_4 + H_2O$$

控制适当的 pH 是离子交换法处理含铬废水的关键。

此法处理含铬废水由于具有效果好，占地面积小，运行费用低，可回收铬酸和实现水的循环利用等优点，因此受到广泛关注。

复习与思考题

1. 什么是半合成？什么情况下采用？
2. 写出以薯蓣皂素为起始原料半合成氢化可的松的工艺路线。
3. 碘化反应釜上的照明灯只在看料时打开，为什么？
4. Oppenauer 氧化反应中有哪些注意事项？
5. 在氢解脱溴过程中，采取哪些措施保护 C3 和 C20 位上羰基及 Δ^4 双键不被氢化？

【阅读材料】

如何正确使用激素类药物

人们平时所说的激素一般是指糖皮质激素，它是肾上腺分泌的几种类固醇物质的总称。医生处方中的“强的松”“可的松”“地塞米松”等药物就是人工合成的糖皮质激素。

激素类药物主要用于严重感染并发的毒血症、急慢性肾上腺皮质功能减退、脑垂体前叶机能低下、肾上腺次全切除术后的替代治疗、自身免疫性疾病、过敏性疾病、各种原因引起的休克、防止某些炎症的后遗症等。

特别要指出的是，对病毒性感染一定要慎用激素类药物。此类药物的禁忌证有：肾上腺皮质功能亢进、高血压、胃及十二指肠溃疡、心力衰竭、精神病、肥胖型糖尿病、慢性营养不良等。另外要注意的是，长期使用激素类药物的患者应及时给予促皮质激素，防止肾上腺皮质功能减退；同时补钾、补钙，以防血钾过低和缺钙引起抽搐；同时限制钠盐摄入。

当患者需要使用激素时，必须清楚治疗时间的长短。短期用药（3～5d）不需要太多顾及激素的远期不良反应，可以随时停药，但是长期用药就不能随意停药，因为突然停药会造成病情的反弹。

项目六 卡托普利的生产工艺

第一节 概　　述

卡托普利（Captopril），又名巯甲丙脯酸、甲巯丙脯酸、开博通，其名称为(2*S*)-1-(3-mercapto-2-methylpropionyl)-L-proline，1-[(2*S*)-2-甲基-3-巯基-1-氧代丙基]-L-脯氨酸。其

化学结构式为：

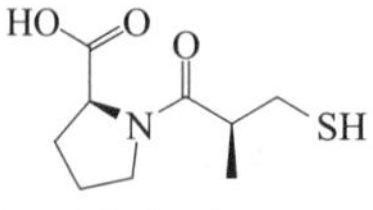

卡托普利为白色结晶或结晶性粉末，熔点为103～108℃。该化合物存在同质多晶现象，稳定晶型的熔点为106℃，而不稳定晶型的熔点为86℃。它易溶于水、甲醇、乙醇、氯仿、二氯甲烷、丙酮，难溶于乙醚，不溶于环己烷。比旋光度为 $[\alpha]_D^{22}-131°$。卡托普利结晶固体稳定性好，其甲醇溶液也是稳定的，它的水溶液易发生氧化反应，通过巯基双分子键合成二硫化物，在强烈条件下，酰胺也可水解。

卡托普利是人类使用合理药物设计方法研制成功的第一个新药，在药物化学发展史上具有特殊的地位。它是最早通过基于结构的药物设计（structure-based drug design）这一革命性理念而开发的药物之一。在20世纪中叶，肾素-血管紧张素-醛固酮系统的深入研究证明其中有数个可能的靶点可用于开发新的高血压治疗方法。最早的两个即是肾素和血管紧张素转化酶（ACE）。

卡托普利通过两种作用机制达到降压效果：①抑制ACE的生物活性，可阻断血管紧张素Ⅰ向血管紧张素Ⅱ的转化，减少体内血管紧张素Ⅱ的含量，产生直接扩张血管作用，使血压下降；同时使醛固酮的生成减少，水钠潴留减轻而降低血压。②抑制激肽酶Ⅱ，使缓激肽水解减少，血管平滑肌松弛，血管扩张，血压下降；并能促进前列腺素的合成，增强其扩血管效应。

卡托普利于1975年由美国施贵宝公司研究开发，1981年在美国上市。在国内由常州制药厂于1984年首仿并生产销售。

卡托普利的开发成功，极大地促进了ACE抑制剂的研究，自20世纪80年代中期以来，已有依那普利、阿拉普利、西拉普利、贝那普利、螺普利、替莫普利、群多普利、地拉普利、咪多普利、福辛普利、赖诺普利、莫西普利、喹那普利、培哚普利和雷米普利等多种药物相继上市，为高血压等疾病的治疗开辟了崭新的途径。时至今日，以卡托普利为开端的ACE抑制剂的研究，仍然是药物化学研究的热点领域之一。尽管ACE抑制剂、钙离子通道拮抗剂、血管紧张素Ⅱ受体拮抗剂等各类抗高血压新药层出不穷，卡托普利仍在高血压的临床治疗中扮演着重要的角色，它是2000年世界上销售额最高的10个药物之一。

第二节 合成路线及其选择

卡托普利的化合物结构中含有两个手性碳原子，异构体数目为4个，其中只有构型为1-[(2*S*)-2-甲基-3-巯基-1-氧代丙基]-L-脯氨酸的化合物具有抑制ACE的活性，而其他三个异构体均无活性。

从卡托普利结构分析，其合成从酰胺的碳-氮键进行切断，得到L-脯氨酸及手性侧链两部分。L-脯氨酸是构成生物体蛋白质的二十种氨基酸之一，可通过发酵方法大量制备，具有廉价易得的特点。

手性侧链为(2*S*)-3-巯基-2-甲基丙酸的衍生物，其衍生物可为酰氯、活性酯等易与胺基反应形成酰胺的化合物。3位巯基可在丙酸衍生物与L-脯氨酸反应之前引入，亦可在反应之后引入；而巯基反应活性较高，在反应过程中通常需要对其进行保护。

侧链手性中心的建立：2位碳原子是手性碳原子，包括*R*和*S*两种构型。该手性碳原子为 2S 构型，可通过以下三种方法进行制备：①使用 3-取代-2-甲基丙酸衍生物的外消旋混合物与 L-脯氨酸反应制得消旋混合物，再经手性拆分得到卡托普利纯品；②对通过非立体选择性合成得到的 3-取代-2-甲基丙酸衍生物的外消旋体进行拆分，得到 2S 构型侧链，再与 L-脯氨酸反应得到卡托普利纯品；③选用合适的手性原料或运用不对称合成进行制备 2S 构型的侧链，再与 L-脯氨酸反应得到卡托普利纯品。

根据构建酰胺碳-氮键与构建 2 位碳原子手性中心的先后顺序的不同，将卡托普利的合成路线归结为为两类：①先形成酰胺碳-氮键，后进行手性拆分的路线；②先制备手性侧链，再形成酰胺碳-氮键的路线。下面按照上述两类路线方法对卡托普利的合成路线进行讨论。

一、先形成酰胺碳-氮键，后进行手性拆分的路线

① L-脯氨酸经氯甲酸苄酯保护后，与异丁烯在强酸催化下加成反应形成叔丁酯保护羧基，再在 Pd/C 催化下除去 Cbz 保护基，所得化合物与 3-乙酰基硫代-2-甲基丙酸反应得到氨基酰化中间体。该中间体经水解后，与二环己基胺成盐，分离得到 2S 构型的异构体，再经过脱盐、水解除去巯基保护基，得到卡托普利。

COOH HN + O Cl NaOH O COOH N H_2SO_4 CH_2Cl_2

O O N O O H_2 EtOH,Pd/C O O HN O S COOH

O S O N O O H N H_2O O COOH N HS

该工艺路线的特点是在合成的初始阶段对 L-脯氨酸胺基和羧基分别进行保护，减少副反应发生的可能性，有利于得到高纯度的目标产物，然后再去除保护基。此方法为多肽合成的常用方法。但是由于增加了上保护与去保护步骤，使路线的反应步骤增加，总收率降低。该方法适合于实验室研究，不利于实现工业化生产。

② 以 *N*-叔丁氧基羰基脯氨酸为原料，与氯甲酸乙酯、硫氢化钠反应得 *N*-叔丁基羰基硫代脯氨酸。该化合物与 2-甲基丙烯酸加成，经三氟乙酸去保护基后，经 DCC 脱水环合得到双环化合物。该化合物经水解、分离等步骤可制备卡托普利。

O COOH O N O Cl O NaHS O SH O O N O OH O S O O N OH O

CF_3COOH O S OH HN O DCC O S N O H_2O resolution O COOH N HS

该路线在反应过程中形成双环中间体，再经水解断裂碳-硫键，可同时得到羧基和巯基，设计构思巧妙，但是路线总体反应收率并不理想。目前还未见实际应用的报道。

③ 以 2-甲基丙烯酸与硫代乙酸为原料进行加成反应，制备得到 3-乙酰基硫代-2-甲基丙

酸，再经二氯亚砜氯化后与L-脯氨酸反应制得1-(3-乙酰硫代-2-甲基-1-氧代-丙基)-L-脯氨酸消旋混合物。该混合物与二环己基胺成盐，分离得到2*S*构型中间体，再经脱盐、水解去乙酰基，得到卡托普利。

O OH + O SH ⟶ O S O OH $\xrightarrow{SOCl_2}$ COOH HN ⟶ O S O COOH N

H N ⟶ O S O COOH N · H N $\xrightarrow{KHSO_4}$ $\xrightarrow[HCl]{NH_4OH}$ HS O COOH N

该路线的原料廉价易得、2*S*和2*R*异构体成盐分离效果良好、反应收率较高，为目前工业化生产方法之一。

④ L-脯氨酸与2-甲基-2-丙烯酰氯反应，所得产物和硫代乙酸进行加成反应，经水解脱除乙酰基，再经分离得到卡托普利。

O Cl + COOH HN ⟶ O COOH N $\xrightarrow{AcSH}$ O S O COOH N

H N ⟶ O S O COOH N · H N $\xrightarrow{NH_4OH}$ $\xrightarrow[H_2O]{HCl}$ HS O COOH N

在该路线中通过硫代乙酸对双键的加成反应引入巯基，所得的消旋混合物经分离和水解去乙酰基反应得到卡托普利。此路线仍需使用硫代乙酸，仍无法回避2*R*异构体的产生及环境污染，其相对于路线③而言，工业化价值不大。

⑤ 2-甲基丙烯酸与氯化氢发生加成反应，得到3-氯-2甲基丙酸，经二氯亚砜氯化后与L-脯氨酸反应得到1-(3-氯-2甲基-1-氧代-丙基)-L-脯氨酸消旋混合物，与二环己基铵成盐，分离得到2*S*构型异构体，再经脱盐、硫氢酸铵取代反应得到卡托普利。

O OH $\xrightarrow{HCl}$ Cl O OH $\xrightarrow{SOCl_2}$ Cl O Cl $\xrightarrow{}$ (COOH HN) Cl O COOH N

H N ⟶ Cl O COOH N · H N $\xrightarrow{KHSO_4}$ $\xrightarrow{NH_4SH}$ HS O COOH N

该路线中以氯化和硫氢酸氨取代引入巯基，避免使用硫代乙酸，进而避免了在硫代乙酸生产过程中硫化氢对环境的污染，具有一定的实用价值。

⑥ 以2-甲基丙烯酸为原料，与吡咯烷和二硫化碳加成引入巯基，经二氯亚砜酰化，再与L-脯氨酸反应得到相应的消旋混合物。该消旋混合物在甲氧基乙醇中重结晶，得2*S*构型产物，再经水解除去巯基的保护基，得到卡托普利。

O OH $\xrightarrow[异丙醇]{NH,\ CS_2}$ $\xrightarrow{SOCl_2}$ S N S O Cl ⟶ (COOH HN) S N S O COOH N

$\xrightarrow{CH_3OCH_2CH_2OH}$ S N S O COOH N $\xrightarrow[H_2O]{KOH}$ HS O COOH N

该路线通过吡咯烷与二硫化碳对双键的加成导入巯基，避免了硫代乙酸的使用；在消旋混合物的制备上无需有机碱，缩短了反应步骤，简化了操作，总收率也有一定的提高。

二、先制备手性侧链，再形成酰胺碳-氮键的路线

① 以手性化合物 2*S*-甲基-3-羟基丙酸为原料在 DMF 经二氯亚砜反应得到 2*S*-甲基-3-氯-丙酰氯，再与 L-脯氨酸反应，所得中间体与硫氢化钠反应便可制得卡托普利。

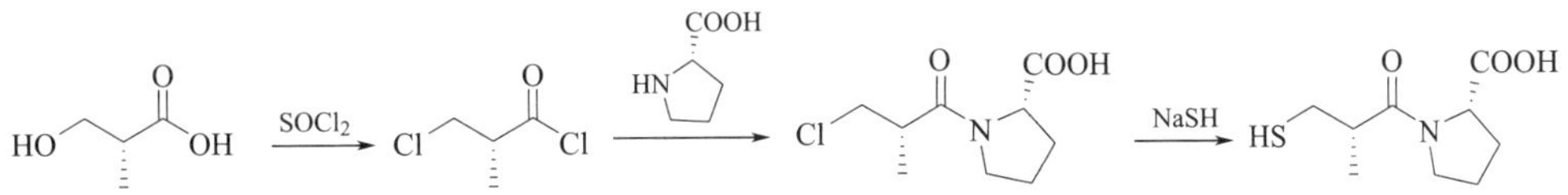

路线中起始原料 2*S*-甲基-3-羟基丙酸可由异丁醇、异丁醛或异丁酰胺等通过微生物发酵法制备。该路线通过生物合成制备出手性侧链，缩短了反应路线，减少了相应的环境污染，是工业生产卡托普利的重要方法之一。

② 以 3-乙酰基硫代-2-甲基丙烯为原料制备 3-乙酰基硫代-2-甲基丙酸消旋混合物，然后经有机碱 L-*p*-$MeC_6H_4CHPhNH_2$ 拆分得到（2*S*)-3-乙酰基硫代-2-甲基丙酸，再经氯化亚砜酰化后与 L-脯氨酸反应，水解去乙酰基得到卡托普利。

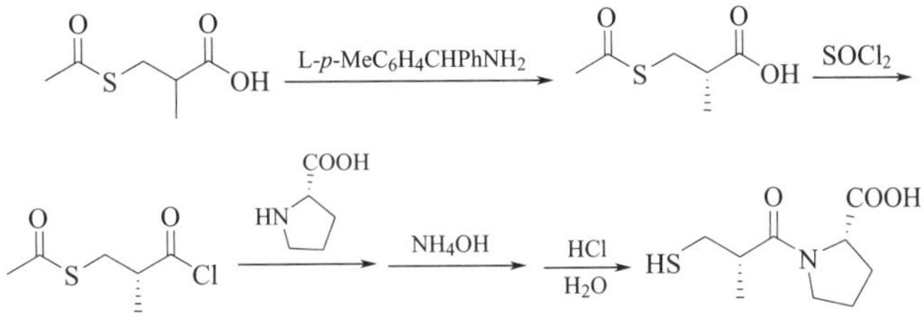

该路线是前述方法③的改进，它避免了原法中使用混旋体为原料导致的 L-脯氨酸的单耗过大；所选用的手性有机碱拆分试剂比较廉价且可回收套用，在工业生产中得到了实际应用。但其仍无法回避 3-乙酰基硫代-2-甲基丙酸生产给环境带来的污染。

③ 以 3-乙酰基硫代-2-甲基丙酸甲酯的外消旋化合物为底物，使用特定的假单胞菌专一性地进行催化水解，实现了两种旋光异构体的拆分，然后用氯化亚砜进行酰化，再与 L-脯氨酸反应，最终得到卡托普利。

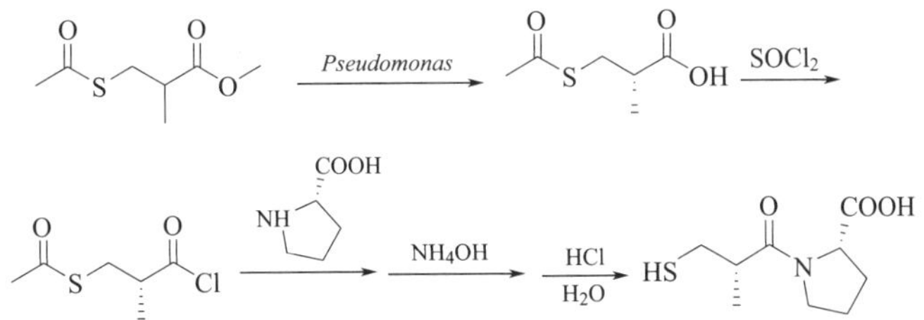

路线中起始原料应用酶法拆分技术制备手性侧链，具有立体专一性强，反应条件温和，化学收率较高，产物光学纯度好，对环境的污染较小等优点。该酶法合成路线具有广阔的应用前景。

④ 以 2-甲基-3-溴丙酸为原料，与硫氰酸钾反应，得到 2-甲基-3-氰硫代丙酸中间体，经(S)-甲基苄基胺拆分，得 2(S)-甲基-3-氰硫代丙酸。该中间体与 L-脯氨酸在氯甲酸异丙酯的作用下反应得 2(S)-1-(3-氰基硫代-2-甲基-1-氧代-丙基）-L-脯氨酸，再经 Pd/C 催化氢化得到卡托普利。

此路线是近年报道的合成卡托普利的一个重要方法，具有原料廉价、操作简便、收率较高等优点，是工业化生产的可行途径之一。

第三节 生产工艺原理及过程

一、3-乙酰巯基-2-甲基丙酸的制备

1. 工艺原理

该反应是亲核试剂硫代乙酸对 α,β-不饱和羰基化合物 2-甲基丙烯酸碳-碳双键的亲核加成反应。该反应存在的杂质主要是硫代乙酸中含有少量的乙酸对甲基丙烯酸的加成产物及甲基丙烯酸分子间的聚合反应产物。

2. 工艺过程

在搪瓷反应釜中加入硫代乙酸，开启搅拌，用冰盐水将釜内温度降至 0～5℃，然后保持 0～5℃，在高位釜中加入 2-甲基丙烯酸，在 0～5℃下开始滴加 2-甲基丙烯酸；这一过程持续 30min。滴加完毕，逐渐升温至 90℃，然后保持微沸状态，持续 4h 左右；取样分析，原料反应完全后，搅拌下逐渐降温至 30℃，然后开启罗茨泵，进行减压蒸馏，所得蒸馏物直接进行下一步反应。

3. 工艺流程图

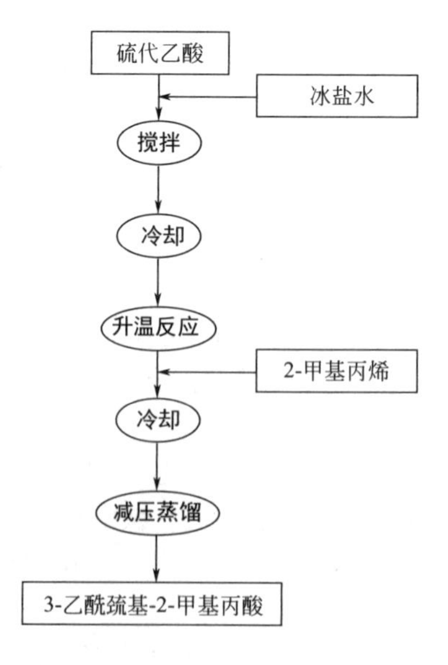

4. 反应条件及影响因素

（1）温度对反应的影响　此步加成反应是放热反应，反应温度是重要的影响因素。在反应的初始阶段，2-甲基丙烯酸缓慢滴加至硫代乙酸中，需将反应体系温度严格控制在 0～5℃之间，以防止反应过于激烈导致副产物大量出现。

（2）投料配比对反应的影响　2-甲基丙烯酸与硫代乙酸的摩尔比为 1∶1.3，硫代乙酸稍加过量，确保 2-甲基丙烯酸反应完全。

二、3-乙酰巯基-2-甲基-丙酰氯的制备

1. 工艺原理

$$CH_3COSCH_2CH(CH_3)COOH \xrightarrow{SOCl_2} CH_3COSCH_2CH(CH_3)COCl$$

3-乙酰巯基-2-甲基丙酸与氯化亚砜进行反应，将羧酸化合物转变为酰氯化合物。

2. 工艺过程

将上一步所得蒸馏物加入搪瓷反应釜中，开启冰盐水，将釜内温度降至 20℃，然后开启搅拌，将氯化亚砜分 5 批次加入反应釜中，每批间隔 2h，滴加过程中温度保持在 20℃。加毕，在 20～25℃下反应 12h，再在 30℃下反应 16h。取样分析，原料反应完全后，开启罗茨泵，进行减压蒸馏，在 50℃下回收氯化亚砜，再收集 98～101℃的馏分（加热温度不高于 120℃），既得 3-乙酰巯基-2-甲基丙酰氯。

3. 工艺流程图

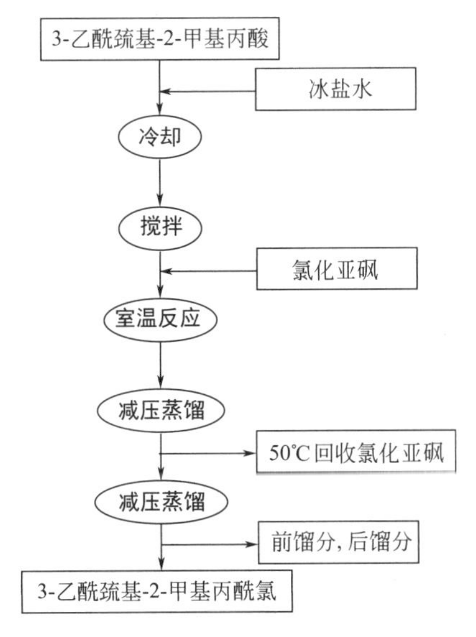

4. 反应条件与影响因素

（1）氯化剂的种类对反应的影响　三氯化磷、五氯化磷或氧氯化磷作为氯化剂均可完成反应，但收率偏低。在工业生产中，选用二氯亚砜为氯化剂反应收率较高。二氯亚砜的沸点低，回收方便，反应中所产生的二氧化硫和氯化氢均为气体，易于除去。

（2）反应温度和反应时间对反应的影响　在反应过程中，需将反应温度严格控制在 20～30℃之间，搅拌反应 36h，收率可达到 90%以上。反应温度过高，可导致副反应的发生；而减少反应时间，则氯化不够完全，仍有羧酸存在。减压蒸馏制产物 3-乙酰巯基-2-甲基丙酰氯时，液温不能超过 120℃，否则产物会分解，影响收率。

(3) 水分对反应的影响　整个操作需在无水条件下进行，避免原料二氯亚砜和产物酰氯遇水分解。

三、1-[3-乙酰巯基-2(*S*)-甲基丙酰基]-L-脯氨酸与1-[3-乙酰巯基-2(*R*)-甲基丙酰基]-L-脯氨酸混合物的制备

1. 工艺原理

3-乙酰巯基-2-甲基丙酰氯与L-脯氨酸进行*N*-酰基化反应形成酰胺键。得到1-(3-乙酰巯基-2-甲基丙酰基)-L-脯氨酸消旋混合物。

2. 工艺过程

将4%氢氧化钠溶液加入反应釜中，开启搅拌，用冰盐水将釜内温度降至10℃，然后加入L-脯氨酸，搅拌至溶解。继续降温至2℃，滴加酰氯中间体，监控釜内反应液的pH。当pH接近中性时，滴加8%氢氧化钠溶液控制反应液pH在7～7.5。酰氯中间体滴加完毕后，在2～5℃下搅拌，调节与控制pH在7～7.5。当pH不再变化，自然升温至室温，搅拌反应3h。降温至5℃，加入乙酸乙酯，搅拌，用浓盐酸调节pH至1～2，这一过程温度控制在10℃以下，然后乙酸乙酯提取，氯化钠溶液洗涤，无水硫酸钠干燥，抽滤，减压蒸馏既得1-(3-乙酰巯基-2-甲基丙酰基)-L-脯氨酸消旋混合物。

3. 工艺流程图

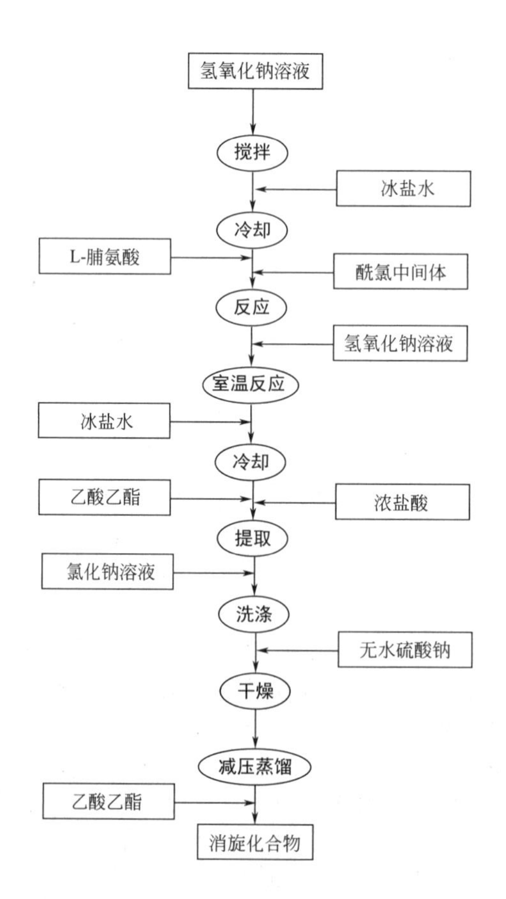

4. 反应条件及影响因素

在滴加反应过程中，必须严格控制 pH 为 7～7.5，同时控制反应液的温度在 2～5℃，并要求搅拌效果良好，防止局部碱性过强和温度过高。若 pH 和温度控制不当，3-乙酰巯基-2-甲基-丙酰氯的酰氯基团可水解为羧酸钠，乙酰巯基也可能水解形成巯基和乙酸钠。在较高温度下产物 1-(3-乙酰巯基-2-甲基丙酰基)-L-脯氨酸在氢氧化钠水溶液中稳定性也不理想，尤其是乙酰巯基易发生水解去乙酰化反应。

四、1-[3-乙酰巯基-2(*S*)-甲基丙酰基]-L-脯氨酸二环己基铵盐的制备

1. 工艺原理

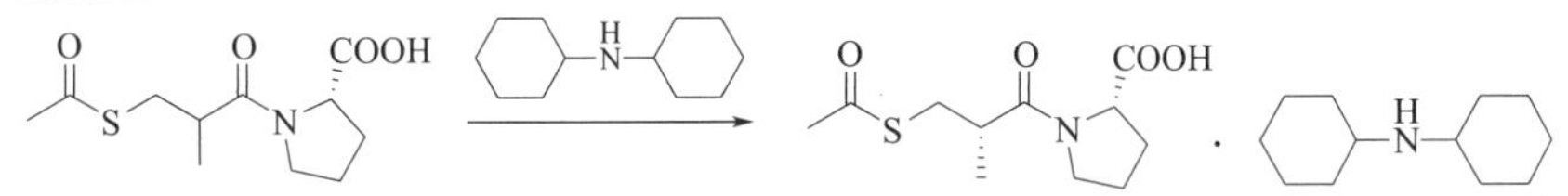

1-[3-乙酰巯基-2(*S*)-甲基丙酰基]-L-脯氨酸和 1-[3-乙酰巯基-2(*R*)-甲基丙酰基]-L-脯氨酸是一对差向异构体，其化学性质和物理性质均存在一定的差异，利用这些差异可完成这对差向异构体的分离。1-[3-乙酰巯基-2-甲基丙酰基]-L-脯氨酸是酸性化合物，可与多种有机碱成盐，利用在特定溶剂中的溶解度的区别，实现两个异构体的分离。

1-(3-乙酰巯基-甲基丙酰基)-L-脯氨酸两种差向异构体的铵盐在乙腈中的溶解度有明显的差别，2(*R*)体铵盐的溶解度远高于 2(S)体铵盐的溶解度，在溶剂乙腈用量适当且温度较低（10℃以下）的情况下，2(*R*)体铵盐溶于乙腈中而 2(S)体铵盐以结晶形式析出，经过过滤得到 1-[3-乙酰巯基-2(S)-甲基丙酰基]-L-脯氨酸二环己基铵盐结晶。

为确保 2(S)体铵盐结晶的纯度，将过滤得到的粗品晶体用无水乙腈重结晶精制，过滤得[α]＝－67℃时，产品质量合格，直接用于下步反应，而熔点或比旋度有一项不合格，需使用无水异丙醇重结晶精制，直到产品质量合格为止。

2. 工艺过程

在反应釜中加入 1-(3-乙酰巯基-甲基丙酰基) -L-脯氨酸消旋混合物及无水乙腈，开启搅拌，开启蒸汽升温至 38～42℃，然后滴加二环己基胺，调节反应液的 pH 至 7.0。自然降温至室温，再用冰盐水降温至 10℃以下，停止搅拌，保持 10℃以下 8h，静置析晶。过滤，滤干，得 2(S)体铵盐粗品。将该铵盐粗品转移至结晶釜中，加入无水乙腈，开启搅拌，升温至回流反应 30min，然后自然冷却至室温，再开启冰盐水降温至 10℃以下，静置析晶 8h，过滤，滤饼用少量冷无水乙腈洗涤，得 1-[3-乙酰巯基-2(S)-甲基丙酰基]-L-脯氨酸二环己基铵盐。

3. 工艺流程图

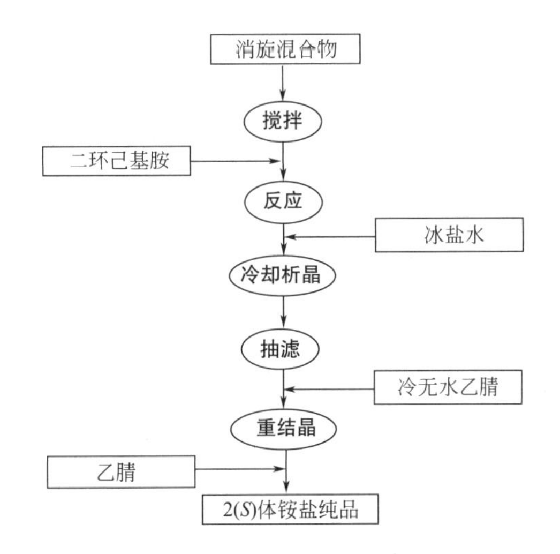

4. 反应条件及影响因素

（1）水分对反应的影响　使用的溶剂乙腈必须严格无水，同时反应设备也必须经过严格干燥。乙腈中含有水分，两种差向异构体铵盐的溶解度会发生变化，使产品的质量和收率均明显下降，同时晶体变黏，过滤困难。

（2）温度对反应的影响　在冷冻降温结晶过程中，降温速度不宜过快，且应避免过多搅拌，以防结晶细小或吸附杂质，造成产品质量的下降。

五、1-[3-乙酰巯基-2(*S*)-甲基丙酰基]-L-脯氨酸的制备

1. 工艺原理

1-[3-乙酰巯基-2(S)-甲基丙酰基]-L-脯氨酸二环己基铵盐是有机酸的铵盐，选用合适的有机或无机酸，使1-[3-乙酰巯基-2(S)-甲基丙酰基]-L-脯氨酸游离出来。

2. 工艺过程

在反应釜中加入1-[3-乙酰巯基-2(S)-甲基丙酰基]-L-脯氨酸二环己基铵盐和水，开启搅拌，快速加入预先配制好的硫酸氢钾溶液，再抽入乙酸乙酯，室温下反应2h。取样分析，原料反应完全后，将反应液转移至提取罐中，用乙酸乙酯提取，无水硫酸钠干燥，抽滤，减压蒸馏，得1-[3-乙酰巯基-2(S)-甲基丙酰基]-L-脯氨酸。

3. 工艺流程图

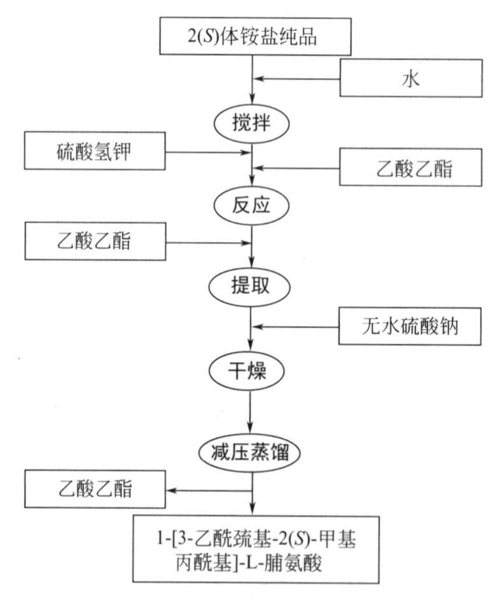

4. 反应条件及影响因素

选用酸式盐硫酸氢钾替代无机酸，利用其硫酸氢根的酸性与二环己基胺成盐，1-[3-乙酰巯基-2(S)-甲基丙酰基]-L-脯氨酸游离出来。由于采用上述方法得到的1-[3-乙酰巯基-2(S)-甲基丙酰基]-L-脯氨酸比较黏稠，过滤效果不理想，同时1-[3-乙酰巯基-2(S)-甲基丙巯基]-L-脯氨酸在水中有一定的溶解度，因此需加入乙酸乙酯反复提取，以减少产品的损失。

六、卡托普利的制备

1. 工艺原理

$\xrightarrow{NH_4OH}$ $\xrightarrow[H_2O]{HCl}$

1-[3-乙酰巯基-2(S)-甲基丙酰基]-L-脯氨酸经过水解除去巯基的保护基乙酰基，得到目标化合物卡托普利。

2. 工艺过程

在反应釜中加入1-[3-乙酰巯基-2(S)-甲基丙酰基]-L-脯氨酸及氨水，迅速加入锌粉，开启搅拌，搅拌10min，停止搅拌，然后室温下静置4h。开启冰盐水，将釜内温度降至10℃以下，开启搅拌，缓慢滴加浓盐酸调pH至2，保持10℃，静置40min。转移反应液至提取罐，用乙酸乙酯提取，无水硫酸钠干燥，抽滤，将乙酸乙酯提取液抽至釜内，开启罗茨泵，在50℃下减压蒸除乙酸乙酯，所得蒸馏物用4倍量乙酸乙酯溶解，降温至5℃，静置析晶，过滤，少量乙酸乙酯洗涤，烘干，取样送检，合格者为卡托普利成品。

3. 工艺流程图

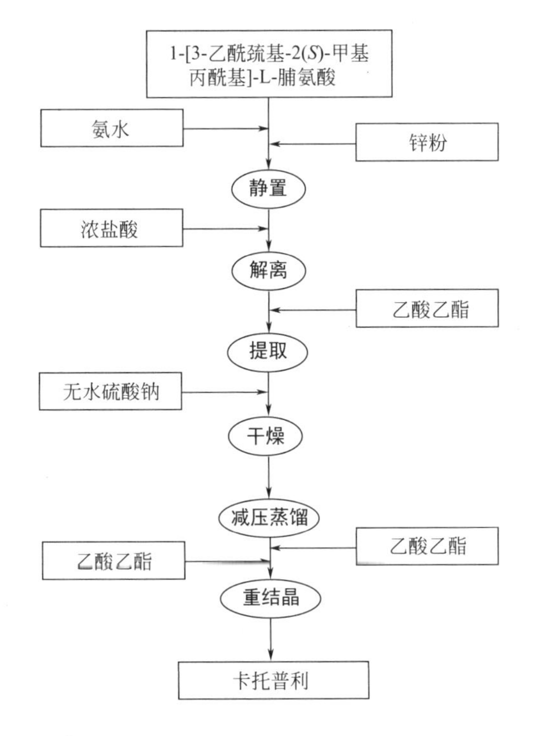

4. 反应条件及影响因素

（1）碱对反应的影响　使用氢氧化钠或碳酸钠等强碱水溶液进行水解，在脱除乙酰基的同时，往往还可导致分子内酰胺键的断裂，引起一系列的副反应。以5mol/L氨水替代强碱水溶液，可选择性地切断C-S键，而不影响C-N键。

（2）氧气对反应的影响　产物结构中的巯基较容易被空气中的氧气氧化，故反应过程中应隔绝氧气，并在反应体系中加入锌粉作为还原剂以防止氧化的发生。

（3）pH和温度对反应的影响　在使用浓盐酸中和时，滴加速度不能过快，否则会因局部酸性过强或温度升高发生水解等副反应。

第四节 “三废”处理及综合利用

在以硫代乙酸为原料制备卡托普利的工艺过程中，产生了多种副产物和“三废”，需要进行综合利用和“三废”治理。

（一）3-乙酰巯基-2-甲基丙酸制备过程中的“三废”治理

3-乙酰巯基-2-甲基丙酸蒸馏过程中，有低沸点馏分产生，其中主要含有过量的硫代乙酸和杂质乙酸。可将其直接用于制备硫代乙酸的常压蒸馏操作中，回收硫代乙酸。

（二）3-乙酰巯基-2-甲基丙酰氯制备过程中的“三废”治理

二氯亚砜具有强烈的刺激气味，易与空气中的水分反应分解为氯化氢和二氧化硫，有一定的腐蚀性。因此在操作过程中严防泄漏。在氯化反应中有大量氯化氢和二氧化硫尾气生成，在排空前需经过氯化钙干燥及20%的氢氧化钠水溶液吸收。在蒸馏过程中，首先是低真空回收过量的二氯亚砜，蒸馏尾气中含有氯化氢、二氧化硫和少量二氯亚砜，必须经过20%的氢氧化钠水溶液吸收后再排放。在高真空蒸馏的过程中，有低沸点馏分和少量蒸馏残液出现，将两者合并，加入下批蒸馏液中再次蒸馏，待蒸馏残液积累到一定量时，可将其单独分出，加入碱液调至中性，加大量水稀释后排放。

（三）1-[3-乙酰巯基-2(*S*)-甲基丙酰基]-L-脯氨酸与1-[3-乙酰巯基-2(*R*)-甲基丙酰基]-L-脯氨酸混合物制备过程中的“三废”治理

乙酸乙酯提取后所余水层、乙酸乙酯洗涤液和乙酸乙酯层的干燥剂无水硫酸钠。乙酸乙酯提取后所余的水层中主要含有氯化钠等无机盐、3-乙酰巯基-2-甲基-丙酰氯水解得到的有机酸盐、少量的L-脯氨酸和盐酸以及残余的乙酸乙酯，整个水溶液呈酸性。乙酸乙酯洗涤液是氯化钠水溶液，其中含有乙酸乙酯等有机物。将乙酸乙酯提取后所余水层、乙酸乙酯层洗涤液和乙酸乙酯层的干燥剂无水硫酸钠合并，加入碱液中和到pH7左右，再经过生物氧化分解其中的有机物后，方可排放。

（四）1-[3-乙酰巯基-2(*S*)-甲基丙酰基]-L-脯氨酸二环己基铵盐制备过程中的“三废”治理

1-[3-乙酰巯基-2(*S*)-甲基丙酰基]-L-脯氨酸二环己基铵盐在乙腈中的溶解度远低于2(*R*)体铵盐的溶解度，低温下可结晶析出，经过过滤得到2(*S*)体铵盐晶体。在结晶母液中，主要含有2(*R*)体铵盐、少量的2(*S*)体铵盐及其他杂质。

对结晶母液减压蒸馏回收乙腈，经充分干燥后可重复使用。减压蒸馏的残余物为略显黏稠的固体，其主要成分是1-[3-乙酰巯基-2(*R*)-甲基丙酰基]-L-脯氨酸二环己基铵盐，同时还有二环己基胺、2(*S*)体铵盐和其他杂质。将减压蒸馏的残余物与少量的水混合，搅拌下加入20%的氢氧化钠水溶液，调至pH12，加热到50℃，搅拌反应1h，反应过程中适当补加氢氧化钠溶液保持pH在12左右。降至室温，加入环己烷搅拌萃取水层三次，合并有机层，加入无水硫酸镁干燥过夜，常压蒸出环己烷后，残余物经氢氧化钾干燥后，减压蒸馏回收二环己基胺，可重复使用。剩余的水层经过过滤除去固体杂质，于pH=12以上加热回流4h，水解碳-氮键，得L-脯氨酸的钠盐。冷却至室温后加入盐酸中和到pH=6.3，过滤得到析出的L-脯氨酸粗品，滤液调到中性后排放。将L-脯氨酸粗品与少量水混合进行重结晶，经活性炭脱色后，冷却后得L-脯氨酸结晶，干燥后可重复使用。重结晶母液中仍含有L-脯氨酸，可重复用作重结晶溶剂数次，至杂质含量较高而影响重结晶产物的质量时，经生物氧化后可直接排放。

（五）卡托普利制备过程中的“三废”治理

在卡托普利的制备中，所得乙酸乙酯提取剩余水层是酸性水溶液，pH为2左右，其中主要含有去乙酰基反应得到的乙酸和氧化锌等无机盐。可用上一步反应得到的碱性废液中和到中性，再经过生物氧化分解有机物后排放。有机层经干燥、减压蒸馏得到的乙酸乙酯可直接套用。洗涤卡托普利结晶所得乙酸乙酯液和不合格产品的乙酸乙酯重结晶母液可直接用于提取。

卡托普利中所含的巯基在氧气的作用下极易发生氧化反应形成二硫键，得到卡托普利氧化物。

在氧化物杂质含量较低的情况下，可通过乙酸乙酯重结晶加以纯化。当氧化物杂质含量较高时，使用重结晶的方法效果并不理想，即使经过多次重结晶，产物的熔点等指标也难以达到要求。针对氧化物杂质含量在3%以上的情况，可采用在锌粉酸性下还原二硫键形成巯基的方法，将氧化物杂质转化为卡托普利。

复习与思考题

1. 卡托普利的生产工艺路线较多，其各路线的优劣点是什么？

2. 卡托普利生产过程中涉及卤代反应、手性拆分，除现有工艺外还有其他什么类似的卤代和手性拆分方法？

3. 在卡托普利的生产中主要产生哪些副产物？如何控制这些杂质的产生？

4. 卡托普利生产中产生哪些“三废”？如何处理？

【阅读材料】

卡托普利副作用

卡托普利在稳定降压的同时，还能逆转左室肥厚、增加冠脉储备、使外周血管阻力降低以减轻心脏负荷，对轻、中度高血压疗效较好，对重症顽固性高血压和肾性高血压也有较强作用，对伴有心肌肥厚等病变的高血压患者尤为有利，是临床使用较广的较为理想的降压药物。但是在使用过程中发现有较为突出的几个方面的副作用，如咳嗽、消化道不良反应、肝脏损害、低血压、可逆性肾功能不全、白细胞减少等，其它见到的副作用有皮疹、血管神经性水肿、高钾血症、胸痛等症状，均在停药后消失。虽然有不少的副作用，但卡托普利仍是一种价廉物美、安全有效、应用最广的一线降压药物。

第七章 手性药物的制备技术

【知识目标】

1. 了解手性药物活性类型。
2. 了解紫杉醇的合成的有关知识。
3. 掌握手性药物制备方法，并理解各方法的基本思路。
4. 掌握外消旋体的性质及外消旋体拆分方法。

【能力目标】

1. 能根据外消旋体性质，设计简单的外消旋体拆分方案。
2. 能看懂紫杉醇合成路线。
3. 具备一定的化学制药技术创新意识。

手性与手性药物

第一节 手性药物简介

手性是自然界的基本属性之一。如果一个物体不能与其镜像重合，该物体称为手性物体。自然界存在的糖为D构型，氨基酸为L构型，蛋白质和DNA又都是右旋的。在生命科学中，许多主要的生物学活性是通过严格的手性匹配产生分子识别而实现的。人体对药有很高的选择性，药物进入人体后与酶、核酸等相互作用才能产生效用，而酶、核酸等都是有手性的，为了使药物对人体内的各种酶、核酸有识别和选择性，就要选择与之匹配的药物的立体结构。

由自然界的手性属性联系到化合物的手性，也就产生了药物的手性问题。手性药物指药物的分子结构中存在手性因素，而且由具有药理活性的手性化合物组成的药物，其中只含有效对映体或者以有效的对映体为主。在化学合成药物中，具有手性结构的药物占40%，其中绝大多数（88.5%）以两种或两种以上立体异构体的混合物形式成为药物。有报道指出，世界上在研的1200种新药中，有820种是手性药，约占研发药物数的70%以上。手性药物由于具有副作用少、使用剂量低和疗效高等特点，颇受市场欢迎，销量迅速增长。研究与开发手性药物是当今药物化学的发展趋势。随着合理药物设计思想的日益深入，化合物结构趋于复杂，手性药物出现的可能性越大；另一方面，用单一异构体代替临床应用的混旋体药物，实现手性转换，也是开发新药的途径之一。

手性药物的光学纯度用“对映体过量”或e.e.%来表示。它是指在两个对映体的混合物中，其中一个对映体相对于另一个过量的百分数。是表征手性化合物光学纯度的一个最重要的指标。对映体组成的测定方法主要有比旋光度法、核磁共振法、柱色谱法等。

对映异构体之间可能有不同的生物活性。早在1858年，法国化学家、微生物科学的创始人 Louis Pasteur 借助放大镜，用手工的方法成功地分离了酒石酸的对映体，并观察到酒石酸铵的一种对映体对霉菌 *Penicillium glaucum* 有抑制作用，而另一种对映体却无此作用。

随着对映体制备和拆分技术的进步，特别是手性色谱分离技术的飞跃发展，对于手性药物对映体之间药效学和毒理学性质的差异有了更深入的认识。根据对映体之间药理活性和毒副作用的差异，可将手性药物的生物活性类型分为以下几种类型。

1. 对映体之间有相同的某一药理活性，且作用强度相近

抗组胺药异丙嗪、抗心律失常药氟卡、抗炎药布洛芬均属于这一类。

2. 一种对映体有活性，另一种对映体活性弱或无活性

这类药物只有一种对映体与受体有较强的亲和力，呈活性，而另一种作用极弱或无活性。如降压药 α-甲基多巴只有（*S*）-对映体有降压作用。一些非甾体抗炎药物如萘普生，（*S*）-（＋）-对映体的抗炎和解热镇痛活性约为（*S*）-（－）-对映体的 10～20 倍。

3. 两种对映体具有不同的药理活性

① 一个对映体具有治疗作用，而另一个对映体仅有副作用或毒性。如减肥药芬氟拉明，其（*S*）-对映体具有抑制食欲的作用，而（*R*）-对映体不仅药效低，且有头晕、催眠和镇静等副作用；氯胺酮是以消旋体上市的麻醉镇痛剂，但有致幻作用，研究结果表明致幻作用是（*R*）-对映体产生的，（*S*）-对映体已作为单一异构体药物上市。

② 对映体活性不同，但具有“取长补短、相辅相成”的作用。利尿药茚达立酮，其（*R*）-对映体具有利尿作用，同时增加血尿中尿酸浓度，导致尿酸结晶析出，而（*S*）-对映体有促进尿酸排泄的作用，可消除（*R*）-对映体的副作用。

③ 对映体存在不同性质的活性，可开发成两个药物。如丙氧芬，其（2*R*，3*R*）异构体是镇痛药右旋丙氧芬，而（2*S*，3*R*）异构体是镇咳药左旋丙氧芬。

④ 对映体具有相反的作用。利尿药依托唑啉的 *R*-异构体具有利尿作用，而 *S*-异构体具有抗利尿作用。

通过对手性药物的药效学差异研究，可以正确指导合理用药，而且对手性药物是否以单一对映体上市，以及手性药物制剂的合理设计均有指导作用。从 20 世纪 90 年代开始，美国、日本和欧共体等相继制定了手性药物的开发指导原则，极大地推动了手性药物的研究和发展，这对手性药物对映体的药效学研究提出了更多更高的要求，反过来，对手性药物对映体的药效学的深入研究也促进手性药物的发展。

应指出的是，在手性药物中，来自天然产物或由天然产物衍生的手性药物占很大的比例，如奎宁、紫杉醇、喜树碱、青蒿素、长春西汀和许多通过发酵生产的药物如红霉素、青霉素等。天然产物药物是人类最早得益的手性药物的重要资源，也是现代合成药物的基础。

第二节　手性药物的制备

手性药物的来源大致可归纳为：天然提取、外消旋体的拆分、手性库方法（非不对称合成）、不对称合成及生物酶合成。手性化合物的制备基本上可归纳为上面这几种方法，本章将结合手性药物的合成介绍以上各种技术。

一、天然提取

在天然产物中，生物体本身的特定生物化学反应会产生单一异构体，如氨基酸、糖类化合物和生物碱等。对于这些光学活性物质可以通过萃取、重结晶、柱色谱等手段将其提取。由天然提取获得的手性化合物，原料丰富，价廉易得，生产过程简单（如萃取、重结晶、柱色谱、吸附、沉淀等手段），产品旋光纯度高（除个别例外，基本上都是旋光纯的）。因而许多手性药物的最初手性原料都是用此法生产的。大自然提供的主要手性原料有下面几大类。

① 碳水化合物类：D-葡萄糖、D-果糖、L-山梨酸、D-木糖、D-半乳糖、D-葡萄糖酸、D-山梨糖醇、D-木糖醇、D-葡萄糖胺盐酸盐、D-甘露糖醇。

② 氨基酸类：L-谷氨酸、L-天冬氨酸、L-赖氨酸、L-精氨酸、L-谷氨酰胺、L-亮氨酸、L-蛋氨酸、L-苯丙氨酸、L-半胱氨酸。

③ 化合物：（＋）-樟脑、（＋）-胡薄荷酮、（＋）-蒎烯、（－）-香芹酮、（＋）-樟脑酸、（＋）-樟脑磺酸、（－）-薄荷醇。

④ 生物碱类：（－）-番木鳖碱、（－）-马钱子碱、（－）-辛可宁碱、（＋）-辛可宁碱、（－）-咖啡碱。

⑤ 有机酸类：（＋）-酒石酸、（＋）-乳酸、（－）-苹果酸、（＋）-抗坏血酸。

除了以上一些药物制备中的常用的原料以外，大自然还提供了大量结构上比较复杂或非常复杂的化合物，可直接作为医药，其中主要包括生物碱类、糖类、维生素类，这些物质在没有被全合成之前，基本上都是从天然化合物中提取得到的。如降压药利血平（Reserpine）是从萝芙木等植物中提取出来的一种生物碱。我国从国产萝芙木提取利血平的方法是，将萝芙木根粉以少量水湿润，用苯回流提取，苯提取液减压回收苯，将苯提取物按 1g 加 8mL 甲醇、1.5mL 醋酸及 6mL 水的比例进行混合，搅拌溶液使利血平溶解，过滤，滤液加入硫酸氰钾于常温放置 2～3d，析出利血平硫氰酸盐结晶，滤取后以少量甲醇洗涤，干燥后按 1g 加 20mL 甲醇、7.5mL 5%氨水的比例于 73～75℃加热搅拌，使利血平游离，放冷后析出粗品结晶，以少量水洗并用丙酮-甲醇混合液重结晶精制。

从天然产物中提取的优点：在原料丰富的情况下是获得手性物质的最简单的方法，尤其是那些含有多个手性中心的复杂大分子；产品一般为光学纯的化合物。缺点：有些物质在自然界中含量极其少；自然界往往提供单一绝对构型的化合物，相反的绝对构型或其他非对映异构体有的化合物具有，有的甚至没有；由人类合成的一些手性物质在自然界中还未发现或根本不存在。

中国的中药虽然历史悠久，但许多化合物都未能分离鉴定，只限于混合物，这在一定程度上限制了我国中药的发展。中药要发展，就要使我国古老的中药现代化，使各种有效成分（绝大多数为手性化合物）得到分离鉴定。另外人类寻求药物的范围已经由陆地延伸至海洋，可以说大自然提供了一个神奇的手性世界，等待人们去探索发现。

二、外消旋体的拆分

1. 外消旋体的有关性质

外消旋体是等量异构体的混合物。通常认为，外消旋体中的两个对映体除对偏振光呈现不同性质外，其他物理性质都相同，即具有相同的熔点、沸点、折射率和红外、核磁等吸收光谱。但实际情况并不完全一样，对映体之间存在着相互作用的影响，而这种影响在稀溶液和气相的情况下可以忽略不计，但在固态、纯溶液和浓溶液的情况下，这种影响是比较大的。特别在固态条件下，由于晶态外消旋体分子之间亲和力的影响，造成了以下一些特殊情况。

（1）外消旋混合物　当同种对映体之间的作用力大于相反对映体之间的作用力时，结晶时只要其中一个构型的分子析出结晶，在它的上面就会有与之相同构型的结晶增长上去，分别长成各自构型的晶体。这样（+）的对映体与（−）的对映体将分别结晶，宏观上就是两种晶体的混合物，称为外消旋混合物。Louis Pasteur 首次分离酒石酸对映体，就是利用外消旋的酒石酸铵钠盐在 27℃以下结晶时形成的晶体是外消旋混合物，两个对映体的晶体外观不一样（成实物-镜像关系），故可以借助放大镜，用镊子将两种晶体分开。外消旋体混合物的熔点和其他混合物一样低于任一纯对映体，而溶解度则高于纯对映体。

（2）外消旋化合物　当同种对映体之间的晶间力小于相反对映体的晶间力时，两种相反的对映体总是配对结晶，就像真正的化合物一样在晶胞中出现，称外消旋化合物。外消旋化合物的熔点和溶解度都与纯对映体不同，既可高于纯对映体又可低于纯对映体。

（3）外消旋固体溶液　有时同种对映体之间的亲和力和相反对映体分子间的亲和力差别很小，这时，外消旋体形成的固体中，两种对映体分子的排列是混乱的，称为外消旋固体溶液，其熔点与溶解度都与纯对映体近于相等。

同一种外消旋体在不同温度下结晶时上面三种情况都可能出现。如何区分上面这三种类型呢？区别这三种外消旋体的一个比较简捷的方法，是利用它的熔点或溶解度图。将一些纯的对映体，加入一个外消旋混合物中，通常将导致熔点上升；加入一个外消旋化合物中，则导致熔点下降；而加入外消旋固体溶液中，不会引起明显的变化。另外，外消旋混合物或外消旋固体溶液的饱和溶液，对于其对映体也是饱和的；但是外消旋化合物的饱和溶液，对于其对映体是不饱和的。于是，如果向一个外消旋体的饱和溶液加进少许其纯的对映体之一的晶体，而这些晶体能够被溶解，同时溶液变为具有旋光性的，则此外消旋体只能是一个外消旋化合物。

2. 外消旋体的拆分

外消旋体的拆分方法有直接结晶法、生成非对映异构体法、色谱拆分法、生物酶拆分法等。

（1）直接结晶法　直接结晶法是利用外消旋体具有形成聚集体的性质，直接将其从溶液中结晶析出。直接结晶法可分为四类。

① 自发结晶拆分法。自发结晶拆分是指外消旋体在结晶的过程中，自发形成聚集体。这种结晶方式是在平衡条件下进行的，不管是在慢速结晶条件还是加晶种诱导的快速结晶条件下，两个对映体都以对映结晶的形式等量地自发析出。由于形成的聚集体结晶是对映结晶，结晶体之间也是互为镜像的关系，可用人工的方法将两个对映体分开。自发结晶方法的先决条件是外消旋体必须能形成聚集体，这样才能利用所生成结晶体之间互为镜像的关系而将其拆分。但在实际情况下，大概只有 5%～10%的有机化合物能形成聚集体。为了能增加形成这种聚集体的可能性，可将非聚集体的化合物通过衍生化的方法转变成具有聚集体的特性。

② 优先结晶法。优先结晶法是在饱和或过饱和的外消旋体溶液中加入其中一个对映体的晶种，使该对映体稍稍过量而造成不对称环境，结晶就会按非平衡的过程进行，这样旋光性与该晶种相同的异构体就会从溶液中结晶出来。

优先结晶法仅适用于拆分能形成聚集体的外消旋体，而且该聚集体是稳定的结晶形式。

③ 逆向结晶法。在优先结晶法中，通过加入不溶的添加物即晶种形成晶核，加快或促进与之晶型或立体构型相同的对映异构体结晶的生长。而逆向结晶法是在外消旋体的饱和溶液中加入可溶性的某一种构型的异构体，添加的异构体就会溶解到外消旋体溶液中，相反构型的异构体结晶速度就会加快，从而形成结晶析出。例如在外消旋的酒石酸铵盐的水溶液中溶入少量的（*S*）-(−)-苹果酸钠铵盐或（*S*）-(−)-天冬酰胺时，可从溶液中得到（*R*,*R*）-(+)-酒石酸钠铵。

④ 外消旋体的不对称转化和结晶拆分。在外消旋体的拆分中，假若其中某一个对映体被100%拆分出来，其拆分的产率最高也只能达到50%，而另一半对映异构体将成为废物被浪费掉。实际应用中常将所不需要的构型的化合物进行外消旋化，以便继续拆分和使用。如果将拆分和外消旋化的过程同时进行，则一次就可以得到超过50%产率的对映异构体，此方法称为外消旋体的不对称转化和结晶拆分。

（2）生成非对映异构体法　利用外消旋体的化学性质使其与某一光学活性试剂（拆分剂）作用以生成两种非对映异构体的盐，然后利用两种非对映异构体盐的溶解度差异，将它们分离，最后脱去拆分剂，便可以得到一对对映异构体。这是一种最经典的应用最广的方法。迄今为止，大多数光学活性药物的生产均用此方法。适用这种光学拆分方法的外消旋体有酸、碱、醇、酚、醛、酮、酰胺及氨基酸。

如氯霉素的生产过程中DL-苏型-对硝基苯基-2-氨基-1,3-丙二醇（简称混旋氨基物）的拆分过程如下：

D-(−)-苏型氨基物 }
L-(−)-苏型氨基物 } $\xrightarrow[CH_3OH]{\text{D-(+)-酒石酸}}$ D-(−)-苏型氨基物·D-(+)-酒石酸盐 / L-(−)-苏型氨基物·D-(+)-酒石酸盐 } $\xrightarrow[45℃]{\text{冷却}}$ 沉淀 / 溶解 } $\xrightarrow{\text{分离}}$

{ 滤饼,D-(−)-苏型氨基物·D-(+)-酒石酸盐 $\xrightarrow{\text{中和}}$ D-(−)-苏型氨基物
{ 滤液,L-(−)-苏型氨基物·D-(+)-酒石酸盐 $\xrightarrow{\text{中和}}$ L-(−)-苏型氨基物

要想达到理想的拆分效果，必须有适宜的拆分剂。拆分剂必须具备的条件有：拆分剂和被拆分的外消旋体之间的化合必须容易形成，而又容易分解为原来的组分；形成的非对映异构体至少有一个必须能形成好的晶体，并且两个非对映立体异构体的溶解度有较大的差别；拆分剂应当尽可能地达到光学纯态，原则上，仅通过非对映立体异构体的结晶分离法所得到的被拆分的化合物所能达到的纯度，超不过所用拆分剂（光学活性试剂）的光学纯度；拆分剂必须是廉价的，或者是容易制备的，不然就必须在完成拆分之后，能够容易地和接近定量地回收套用。

（3）色谱拆分法　色谱法是手性药物拆分中最主要的方法之一，尤其是在制备级的规模上，其重要性尤为突出。各种色谱方法中，以手性固定相液相色谱的应用最为普遍。尽管其分离效果和能力在很大程度上取决于手性固定相，但相对于其他手性分离技术，这种色谱法仍然具有快捷、易于规模化生产以及技术较成熟的优点。因此，色谱分离制备手性药物成为极具前景的手性分离技术之一。另外，手性色谱技术在工业生产中也得到广泛的应用，其中模拟移动床是最有发展前途的连续化的手性药物制备技术。

用手性的化合物，如淀粉、蔗糖粉或石英粉等作为柱色谱的吸附剂，可以使外消旋混合物得到全部或部分分离。外消旋体对映体分别同手性固定相作用，形成暂时的非对映关系的配合物，根据其稳定性的不同（即对映体在手性固定相上吸附程度的不同），可以在不同的时间被洗脱，因而达到分离的目的。

① DL-苦杏仁酸的拆分：以淀粉为吸附剂，以粉状的羊毛为提取剂，D-苦杏仁酸先被洗脱。

② DL-丙氨酸的拆分：以淀粉为吸附剂，水作为洗提剂，D-丙氨酸先被洗提。

③ DL-薄荷醇的拆分：以 L-谷氨酸处理的氧化铝作为吸附剂，石油醚作为洗提剂，D-薄荷醇先被洗脱。

④ 外消旋樟脑磺酸的拆分：用由 D-樟脑磺酸和硅酸钠反应制得的硅胶作为吸附剂，由于 D-樟脑磺酸吸附能力比较强，因而 L-樟脑磺酸先被洗提出来。

随着分析用色谱测定对映体的技术发展，用手性柱拆分外消旋体的研究已进入自动化研究阶段，用中压液相色谱（MPLC），选用拆分能力很强的手性固定相，用大柱子，已能一次自动化拆分几十克的外消旋体，达到 99%的旋光纯度。其机理同上面的几个例子是相同的。但是目前用手性色谱进行拆分还仅属于研究阶段，有如下几方面限制了它目前在生产上的应用。

① MPLC 分离大量的物质时，填料粒度就要相对大些，柱效就要降低。一些手性柱作分析用时，可以对外消旋体达到很好的分离，但将其放大后，则分离不完全或根本分不开。

② 手性柱的制备需要一些特殊的技术，市售的用于分析用的手性柱已经很昂贵，更何况一个更大的制备性手性柱。

③ 大的手性柱一般仅限于几克或几十克的对映体的拆分，它无法同重结晶或其他方法一样进行更大批量的生产。

（4）生物酶拆分法　生物酶拆分法是利用酶对光学异构体具有选择性的酶解作用，使外消旋体中一个光学异构体优先酶解，另一个因为难酶解而被保留，进而达到分离的目的。例如采用 L-α-氨基酰化酶对乙酰氨基酸进行选择性酶解非常成功。广泛应用 DL-氨基酸的光学拆分制备 L-氨基酸，其特点是专一性强，条件温和，可以得到高纯度的光学活性氨基酸。

（5）动力学拆分法　动力学拆分是将不对称合成手段作用在外消旋体底物上所产生的一种结果。手性试剂（无论是手性催化剂还是手性的反应底物）与外消旋底物作用的过程中，中间体为一对映异构体，反应速度一般都有差别。一种绝对构型的底物比另一种绝对构型的底物反应快，则反应快的绝对构型的底物就先反应完全，另一种绝对构型的底物还未反应完全，反应就停止。回收的反应原料中以反应慢的绝对构型为主。动力学拆分法也可以分为两类，一类为手性试剂对反应底物的动力学拆分，另一类为手性催化剂对反应底物的动力学拆分。

三、不对称合成

术语“不对称合成”在 1894 年首次由 E. Fischer 提出。后来 Morrison 和 Mosher 提出一个广义的定义，将不对称合成定义为“一种反应，其中底物分子整体中的非手性部分经过反应试剂等量地生成立体异构体产物的手性单元”。也就是说，不对称合成是这样一个过程，它将潜手性单元转化为手性单元，使得产生不等量的立体异构产物。

当一个非手性分子中处于同等地位（对映性）的一对原子或原子团，被另一个不同于原有的原子或基团取代后，转化成手性分子而显示了手性，此时就把原来的分子中进行取代的一个中心轴或面称为潜手性的。

在不对称合成中，底物、试剂通过含金属的配体或其他作用结合起来，形成非对映过渡态。底物、试剂两个反应剂中的一个必须有一个手性因素（手性中心、手性平面或手性轴），以便在反应位点上诱导不对称性。

不对称合成按照手性基团的影响方式和合成方法的发展，可划分为以下几大类：手性源法、手性辅助剂法、手性试剂法、不对称催化法、双不对称诱导法等。

1. 手性源的不对称反应

手性源法，即第一代不对称合成，又称底物控制反应，是通过手性底物中已经存在的手性单元进行分子内定向诱导。在底物中，新的手性单元常常通过与非手性试剂反应而产生，此时邻近的手性单元控制非对映面上的反应。反应中若有多个底物，则分别使每个反应底物上带有光学活性的基团，均有可能使新产生的手性基团产生手性诱导作用。如应用手性源法，由手性醛和三配位磷化合物就可以合成光学活性的 α-羟基膦酸衍生物。

手性源法合成光学活性物质需要一些光学纯的手性物质作为反应物，它能使无手性或潜手性的化合物部分或全部转变成所需要的立体异构体。这种方法的优点是：产品无需拆分而且产率较高；以易得的光学纯的物质（往往是天然产物）做原料，比较经济。这种方法的缺点是较难获得很好的手性诱导。

2. 手性辅助剂的不对称反应

手性辅助剂的不对称反应被称为第二代不对称合成，这个反应同第一代方法类似，手性控制仍是通过底物中的手性基团在分子内实现的。其不同点在于，在非手性底物上有意连接了定向基团（即辅助剂）以使反应定位进行，并在达到目的以后除去。能用于不对称合成的手性辅助剂需要具备以下条件。

① 合成步骤必须是高度立体选择性的。

② 新生成的手性中心或其他手性元素应容易与手性辅助剂分离而不发生外消旋化。

③ 回收率很高且回收不降低光学纯度。

④ 廉价易得。

如降压药（S）-甲基多巴就是以（1S,2S）-2-氨基-1-苯基-1,3-丙二醇为原料，利用手性辅助剂法进行合成的。合成路线如下：

C_6H_5 NH_2 + CH_3O CH_3O O CH_3 ① NaCN,HAc,MeOH ② 结晶

H CH_3 N CN C_6H_5 OCH_3 OCH_3 ① H_3O^+ ② Raney Ni,OH^- CH_3O CH_3O CH_3 NH_2 OH O 产物 C_6H_5 NH_2 回收

反应过程分四步，首先是（1S,2S）-（+）-2-氨基-1-苯基-1,3-丙二醇与酮反应生成亚胺，双键被氰化钠加成，这一步为立体专一性反应，然后中间体经重结晶分离提纯，再经过两步反应得到目标化合物，同时回收手性辅助剂。

利用手性辅助剂的方法合成光学活性物质虽然是一个很有价值的方法，但需要预先连接手性辅助剂，反应完成后还要脱去，因此较为麻烦。

3. 手性试剂的不对称反应

手性试剂的不对称反应称为第三代不对称合成，该方法使用手性试剂使非手性底物直接转化为手性产物，与第一代及第二代方法相反，该方法的立体化学控制是通过分子间的作用进行的。这种方法没有手性试剂与底物的连接，避免了手性辅助剂与底物的连接与脱离的麻烦，且手性试剂部分被回收。

该类反应有 $LiAlH_4$ 的不对称还原反应和不对称硼氢化反应等。例如，苯乙酮的不对称还原反应中使用 $LiAlH_4$ 的（S）-脯氨酸衍生物，选择性较高。

$PhCOC_2H_5$ + $LiAlH_4$ + (手性配体) ⟶ Ph–CH(OH)–C_2H_5

(1mol) (2.5mol) (3mol) (产率 90%，e.e. 值 90%)

4. 不对称催化反应

不对称催化反应被称为第四代不对称合成方法。其反应过程是：在底物进行不对称反应时加入少量的手性催化剂，使它与反应底物或试剂形成反应活性很高的中间体，催化剂作为手性模板控制反应物的对映面，经不对称反应得到新的手性产物，而催化剂在反应中循环使用，具有手性增值或手性放大的效应。这种手性控制与前面的手性试剂法一样，也是分子间控制，但这种方法与前面三种方法最大的差别在于，前三种方法需要使用化学当量的手性试剂，而此方法只需要催化量的手性试剂，诱导非手性底物与非手性试剂直接向手性产物转化。这对于大量生产手性化合物来讲是最经济和实用的技术。

目前不对称催化反应的类型很多，几乎所有的非手性底物与非手性试剂反应后生成新的手性中心的反应，都采用了不对称催化反应。

不对称催化反应的方法现已成功地运用于制药工业中，典型的例子如 L-多巴的合成和萘普生的合成。

Monsanto 公司 L-多巴的合成路线：

HO, MeO, O, H + NHCOR, COOH $\xrightarrow{(Ac)_2O}$ AcO, MeO, COOH, AcHN $\xrightarrow[H_2]{Rh\text{-}DIPAMP}$ AcO, MeO, AcHN, COOH ⟶ HO, HO, AcHN, COOH

L-多巴

Du Pont 公司萘普生合成路线：

MeO $\xrightarrow[镍糖配位体]{HCN}$ ⟶ CH_3, COOH, MeO

萘普生 (Naproxen)

Monsanto 公司萘普生合成路线：

MeO ⟶ MeO, COOH $\xrightarrow[H_2]{Ru\text{-}BINAP}$ CH_3, COOH, MeO

萘普生 (Naproxen)

不对称催化法合成手性药物仅需加入催化量的手性物质，大大降低了合成费用，具备了工业生产的基本条件，但是目前仅仅为数不多的反应用于工业生产过程，这主要是由于存在着以下限制因素：①化学选择性和立体选择性；②催化剂的效率；③催化剂所用金属及起始原料的价格；④反应条件，主要是温度和压力；⑤催化剂体系对空气和湿度的敏感程度；⑥催化剂的回收及从产物中除去。

5. 双不对称诱导反应

双不对称诱导反应是指有两处不对称诱导效果同时作用在一个反应上。目前文献报道的双不对称诱导有两种情况：一是手性底物同手性底物的反应，即两种手性源反应同时作用；二是手性催化剂作用下的手性底物的反应，即手性源反应同不对称催化反应同时作用。

根据手性诱导的效果，双不对称诱导反应又可分为匹配对反应和错配对反应。若双不对称诱导的效果优于两种手性诱导单独的效果，则称为匹配对反应；若双不对称诱导效果比单一手性诱导的效果要差，则称为错配对反应。换言之，如果两种手性诱导主产物中新生成的手性中心相同，则共同作用效果加强，是匹配对；如果两种手性诱导主产物生成的手性中心相反，则共同作用效果减弱，是错配对。

双不对称诱导的优点和局限性可归纳为以下两点：一是双不对称合成为最大限度的选择性转化提供了一种提高选择性的手段（匹配系列）；二是双不对称合成一般仅适用于手性的、非外消旋物质的转化。

四、生物酶合成

利用酶法制备手性药物是一种非常有前途的方法。与化学方法相比，酶促反应方法所需步骤少，副产物少，溶剂用量少，环境污染小，具有明显的优势。但由于酶是高度进化的生物催化剂，具有最适应天然底物的特点，因此运用酶法实现一些非天然产物的全合成仍有一定的困难和局限性。目前一般采用化学-酶合成法，即在合成的关键步骤，尤其是涉及手性化学反应过程，采用纯游离酶或微生物细胞催化合成反应，而一般的合成步骤则采用化学合成法，以实现优势互补。

如皮质激素类药物氢化可的松的半合成工艺路线中，关键一步是 C11 位 β-羟基的引入。利用微生物氧化法完美地解决了这一难题。用梨头霉菌能在醋酸化合物 S 的 C11 位上直接引入 β-羟基。反应如下：

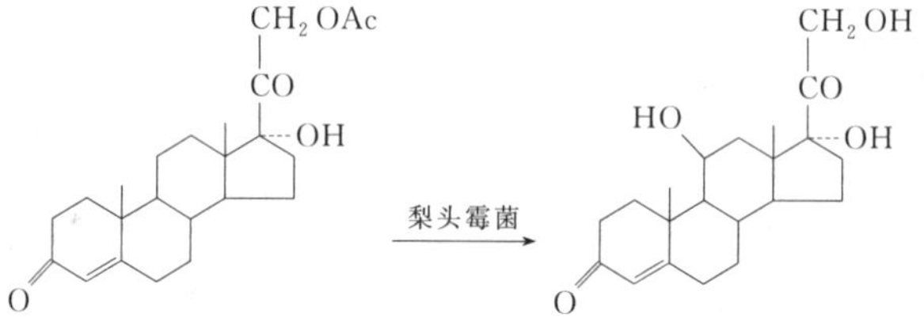

醋酸化合物 S　　　　氢化可的松（C11 位 β-羟基）

五、手性库方法

非不对称合成法是相对于不对称合成法而言，不对称合成法要求反应中必须有新的手性中心产生，而且潜手性中心是有方向性地转变成了手性中心；对于那些反应中没有新的手性中心产生，即产物的全部手性中心来自原料，虽然反应产物也是旋光的，也不能列于不对称合成范围，只能称为非不对称合成法。

手性库技术合成手性药物是以光学活性化合物为原料，反应过程中保留原料的手性中心，使反应在手性中心以外的其他部分发生。这样，反应产物的手性中心全部来自原料，这种方法并没有运用到不对称合成技术，因此也称为非不对称合成法。

手性库技术用于合成手性药物，一个典型的例子是治疗高血压和充血性心力衰竭的药物阿拉普利的合成，其合成路线如下：

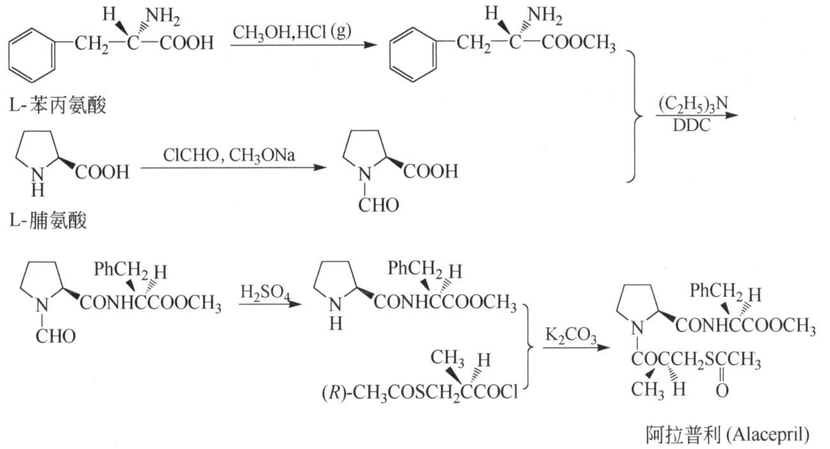

L-苯丙氨酸

L-脯氨酸

阿拉普利 (Alacepril)

产物有三个手性中心，分别由 3 个光学纯的化合物[L-苯丙氨酸、L-脯氨酸、(*R*)-3-乙酰硫基-2-甲基丙酰氯]提供，虽然反应步骤比较多，但每一步都保留了反应原料的手性中心，而没有新的手性中心生成。

手性库技术是合成手性药物的一种重要方法。这种方法的优点在于：①以价格适宜的手性起始物为原料，避免了使用复杂的不对称合成技术；②产物是 100%光学纯的物质，不需要进行拆分；③为确定后续产物的绝对构型提供了方便；④手性库分子的手性中心可以对后续反应步骤中引进的基团实施立体控制。

手性药物合成中经常采用的手性库分子基本上可分为 α-氨基酸、羟基酸（乳酸、酒石酸）、碳水化合物、萜烯和生物碱五大类。另外，一些手性中间体和手性药物也可以作为手性库分子进行进一步的合成与利用。应用手性库反应合成手性药物的实例还有镇咳去痰药左旋丙哌嗪的合成。

第三节　紫杉醇的合成

紫杉醇是一种植物来源的抗肿瘤物质，对卵巢癌、乳腺癌和非小细胞肺癌有很好的疗效。其分子中有 11 个手性中心，有许多功能基团和立体化学特征，是一种典型的手性药物。

目前对于紫杉醇的生产，主要是从红豆杉的树皮中提取。红豆杉又名紫杉，全世界有 23 种 1 变种，分布于北半球的温带地区，其资源稀少，被列为世界珍稀树种加以保护。红豆杉的生长缓慢，资源缺乏（全世界野生红豆杉仅有 1000 万株左右），在红豆杉的不同部位紫杉醇的含量均很低，紫杉醇在植物树皮中的含量仅为 0.01%，每提取 1kg 的紫杉醇就要砍剥 1000～2000 棵树的树皮。紫杉醇正式运用于临床以后，每年约需 200kg 以上，按现在的提取率 0.03%计算，每年收集 700t 红豆杉树皮来提取，即使将全部天然资源采伐，也只能满足短期需要。直接从红豆杉树皮中提取紫杉醇，必然破坏生态平衡，造成对森林和人类环境以及生物多样性不可弥补的损失。

国内外学者已经致力于研究紫杉醇的生产，多方面寻找生产紫杉醇经济有效的原料。Holton 和 Nicolaou 分别完成了紫杉醇的全合成，尽管这些方法是化学研究上的杰作，但是合成路线复杂，反应条件难以控制，试剂繁多，制备成本昂贵，只能停留在实验室阶段，不能进行工业化生产。于是人们从紫杉醇的特殊结构出发，开展了紫杉醇的半合成研究。半合成是从红豆杉树叶中提取巴卡亭Ⅲ（BaccatinⅢ）和 10-脱乙酰基巴卡亭Ⅲ（10-DeacetylbaccatinⅢ，10-DAB)，通过选择性保护部分羟基，然后在 C13 位羟基上接上合成的侧链，再去掉保护基便得到紫杉醇。该方法避开了复杂的紫杉醇二萜骨架的合成，整个过程简明，便于规模化生产。10-DAB 和巴卡亭Ⅲ在红豆杉植物中的含量比紫杉醇丰富得多，分离提取也比紫杉醇容易，而且树叶反复提取也不会影响植物资源的再生。从目前看，半合成是很有实用价值的制备紫杉醇的方法。

下面简要介绍一下紫杉醇的提取过程及几种半合成法合成紫杉醇的方法。

一、紫杉醇的提取

目前，人们主要从红豆杉树皮、树叶或嫩枝以及细胞培养中来提取紫杉醇。紫杉醇在不同植物来源以及植物体不同部位的含量与提取分离有着直接关系。

红豆杉植物经过干燥处理后用有机溶剂浸提，除去有机溶剂的浸膏，然后再进行萃取。萃取方法有：液-液萃取法、固相萃取法和 CO_2 超临界萃取等。最后再进行分离纯化，纯化可用柱色谱法、薄层色谱法、沉淀法、胶束电动毛细管色谱法、膜分离法和树脂吸附分离法等。

二、紫杉醇的半合成法

1. 肉桂酸成酯法合成紫杉醇

该方法是采用二环己基碳二亚胺（DCC）为缩合剂，4-二甲基氨基吡啶（DMAP）为催化剂，将肉桂酸与保护的母环 7-(2,2,2-三氯）巴卡亭Ⅲ乙酯进行反应，然后对侧链进行羟基化、氨基化、苯甲酰化处理，去除保护基后得到几种非对映体的混合物，通过薄层色谱得到各种纯化的异构体。该方法的主要缺点是产生紫杉醇的侧链结构选择性较差。合成路线如下：

AcO O OH HO O OAc O O → AcO O $OCOCH_2CCl_3$ HO HO O OAc O → PhCH=CHCOOH / DCC,DMAP

AcO O $OCOCH_2Cl_3$ O O HO O OAc O O → *t*-BuCON(Cl)Na / OsO_4

O $OCOCH_2CCl_3$ *t*-BuOCONH OH O HO O OAc O O → ① $IS(CH_3)_3$ ② PhCOCl, 吡啶 → 紫杉醇

2. Denis 的半合成紫杉醇的路线

该方法是预先合成出光学活性紫杉醇侧链，然后再与二萜母环连接起来得到紫杉醇，这是半合成紫杉醇研究中探索最多的一种方法。以 10-DAB 为原料，通过选择性保护 C7 位羟基和酯化 C10 位羟基，然后在二-2-吡啶碳酸酯（DPC）和 DMAP 存在下，使侧链与保护的 10-DAB 连接起来，最后去掉保护基团即得到紫杉醇。该方法的缺点是反应条件较为苛刻，距离工业生产较远。合成路线如下：

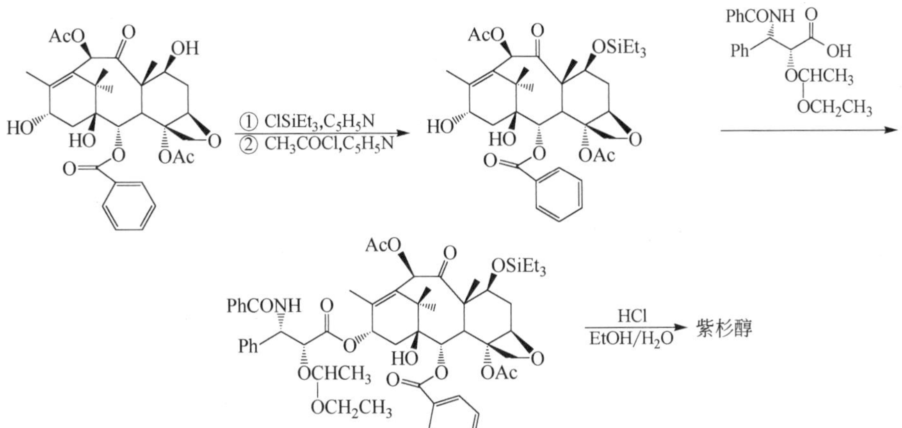

① $ClSiEt_3$,C_5H_5N；② CH_3COCl,C_5H_5N

$\xrightarrow[\text{EtOH/H}_2\text{O}]{\text{HCl}}$ 紫杉醇

3. 侧链前体物法

该方法是首先合成出紫杉醇侧链前体物，前体物在与二萜母环连接过程中产生所需的构型。环状前体物在紫杉醇的合成中具有明显的优势。合成路线如下：

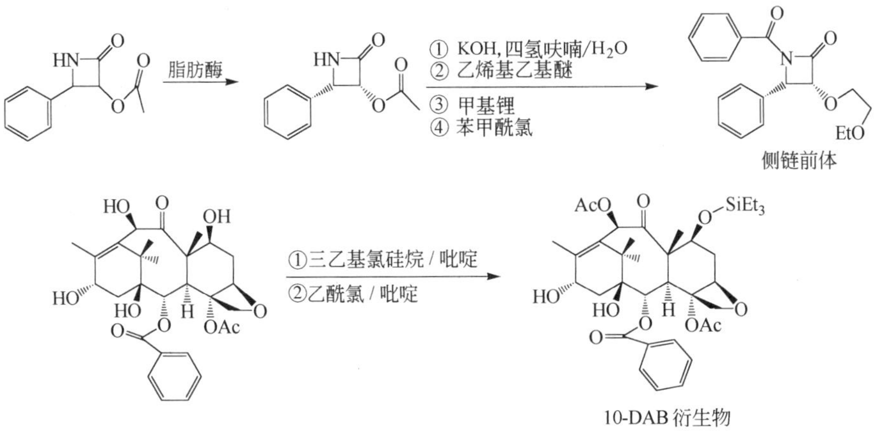

脂肪酶；① KOH,四氢呋喃/H_2O ② 乙烯基乙基醚 ③ 甲基锂 ④ 苯甲酰氯

侧链前体

①三乙基氯硅烷/吡啶 ②乙酰氯/吡啶

10-DAB 衍生物

$$\text{侧链前体} + \text{10-DAB 衍生物} \xrightarrow[\text{② HCl, EtOH/H}_2\text{O}]{\text{① 4-二甲基氨基吡啶/吡啶}} \text{紫杉醇}$$

巴卡亭Ⅲ、10-脱乙酰基巴卡亭Ⅲ和紫杉醇的结构如下：

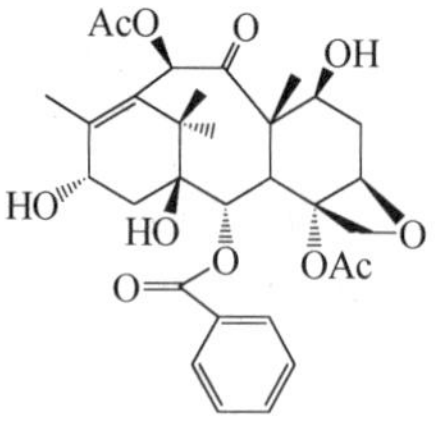

巴卡亭Ⅲ (BaccatinⅢ)

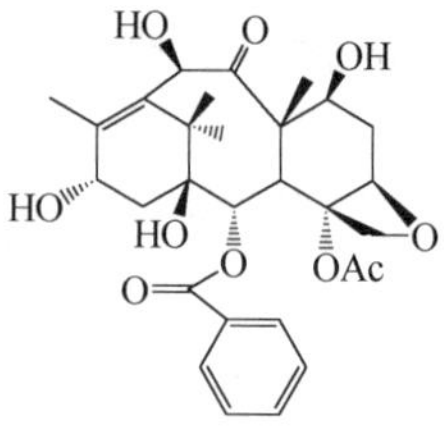

10-脱乙酰基巴卡亭Ⅲ (10-DAB)

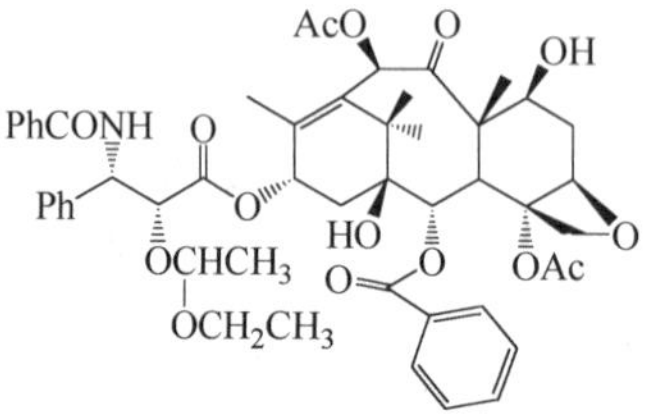

紫杉醇

虽然半合成方法在目前是较有实用价值的合成紫杉醇的方法，但达到商品化生产还需一定时间。于是寻找生产紫杉醇的有效来源，已成为当务之急。

早在20世纪30年代，日本的植物病理学家已经从几种特殊的真菌中发现赤霉素，赤霉素是一种功能强大的二萜类物质，可以调节植物的生长。以赤霉素的生物合成为启发，紫杉醇作为一种萜类物质，同样可以找到能够产生紫杉醇的真菌。许多内生真菌都可以产生活性物质，例如赤霉素、青霉素的生产。紫杉醇也可以像青霉素一样进行发酵生产。

1993年，美国Montana州大学植物病理系的Stierle博士等从短红杉的韧皮中分离得到一种能产生紫杉醇的内生真菌安德鲁紫杉菌。能合成紫杉醇的安德鲁紫杉菌的发现，是紫杉醇资源研究的重要进展，为紫杉醇的生产开拓了一条崭新的道路。

寻找可以产生紫杉醇的内生真菌，通过微生物发酵的方法生产紫杉醇，可以改善目前紫杉醇价格昂贵、供不应求的现状。

无论是从生态还是经济的角度来看，利用植物内生真菌作为药源是一项不会枯竭的资源，微生物发酵的方法具有以下优点：微生物作为工业生产的源泉，可以在发酵罐中进行，可以源源不断地进行生产；微生物发酵的方法容易扩大化，利于工业化生产；微生物的生长仅仅需要一般的培养技术，在收集紫杉醇之前，可以通过改善培养环境、改进技术来提高产量；微生物通过基因工程等方法筛选高产菌株，提高紫杉醇的产量；内生真菌生长迅速，易于培养，应用的培养基相对较便宜；可望满足市场的需求，降低紫杉醇的价格。

复习与思考题

1. 举例说明手性药物对映体生物活性差异。
2. 常用的对映体组成的测定方法有哪几种？
3. 手性药物的制备方法有哪几种？
4. 外消旋体拆分方法有哪几种？分别说明各种拆分方法。
5. 简要说明不对称合成法的类别。
6. 什么是手性库技术？手性库技术在手性药物的制备中有什么用途？

【阅读材料】

紫杉醇脂质体注射液的应用

脂质体是一种新的药物载体，它具有改善药物的溶解性、延长药物的半衰期、提高药物靶向性和降低药物毒副反应等优点。

由于紫杉醇不溶于水及多种药用溶剂，目前市售紫杉醇注射液均采用由聚氧乙基代蓖麻油和无水乙醇组成的混合溶剂，而聚氧乙基代蓖麻油对人体具有多种毒性并引发部分患者严重过敏反应，因而使紫杉醇注射液的应用受到了限制。注射用紫杉醇脂质体，采用脂质体这一药物新载体，解决了紫杉醇不溶于水的难题，不再使用聚氧乙基代蓖麻油和无水乙醇的混合溶剂，从而避免了因其引起的人体毒性反应和过敏反应。

紫杉醇脂质体注射液只能用5%葡萄糖注射液溶解和稀释，不可用生理盐水或其他溶液溶解、稀释，以免发生脂质体聚集。应用紫杉醇脂质体注射液期间应定期检查外周血象和肝功能，肝功能不全者慎用。

第八章 化学制药工艺综合实训

【知识目标】

1. 掌握各项目中的实验原理及操作方法。
2. 掌握各实验操作安全基本常识。
3. 了解各实验中产生的“三废”处理原理及方法。
4. 熟悉实验相应文献的检索方法。

【能力目标】

1. 能够独立查阅资料，设计实验方案，并组织实施。
2. 能利用药物合成、药物化学、药物分析、制药工艺等专业知识及技能进行化学制药综合实训。
3. 能进行生产成本及其他相关经济指标的计算。
4. 能够正确分析实验结果，并能进行实验数据的处理。
5. 能安全操作。
6. 能有条理地书写实验报告。

项目一　苯妥英钠制备工艺

一、目的与要求

苯妥英钠制备

1. 熟悉安息香缩合反应的原理和应用维生素 B_1 为催化剂进行反应的实验方法。
2. 掌握硝酸氧化剂的使用方法，乙内酰脲环合反应操作方法。
3. 掌握溶剂回收与套用操作，学会生产成本及其他相关经济指标的计算方法。
4. 掌握工艺实验数据的处理方法，学会实验的准确度与精确度的计算方法。

二、工艺原理

苯妥英钠化学名为 5,5-二苯基乙内酰脲，其化学结构式为：

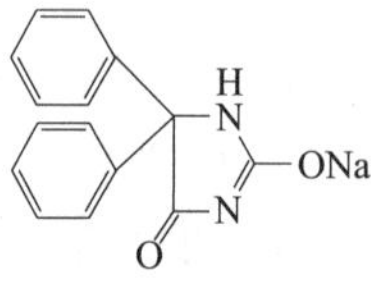

苯妥英钠为抗癫痫药，适于治疗癫痫大发作，也可用于三叉神经痛及某些类型的心律不

齐。苯妥英钠为白色粉末，无臭、味苦。微有吸湿性，易溶于水，能溶于乙醇，几乎不溶于乙醚和氯仿。

合成路线如下：

三、主要试剂

名称	型号与规格	单位	数量	备注
苯甲醛	化学纯	mL	20	新蒸馏
维生素 B_1 盐酸盐	工业级	g	5.4	
95%乙醇	化学纯	mL	40	
2mol/L 氢氧化钠	自配	mL	15	
二苯乙醇酮	自制	g	12	
浓硝酸	化学纯	mL	28	
二苯乙二酮	自制	g	8	
尿素	化学纯	g	2.8	
20%氢氧化钠	自配	mL	24	
50%乙醇	自配	mL	40	

四、工艺步骤

（一）安息香缩合——二苯乙醇酮制备

1. 粗品的制备

A 法：在装有搅拌、温度计、球型冷凝器的 250mL 三颈瓶中，依次加入 3.5g 维生素 B_1 盐酸盐、10mL 水、30mL 95%乙醇，冰浴冷却下搅拌数分钟后，加入预先冷却的 10mL 2mol/L 氢氧化钠水溶液，再加入 20mL 新鲜的苯甲醛，搅拌下水浴上加热，于 78～80℃下反应 1.5h。反应完毕，充分冷却至室温，于冰浴中待结晶出现完全（如产物呈油状而不易结晶时，再重新加热一次，慢慢冷却）。抽滤，结晶产物用少量水洗涤，干燥，得二苯乙醇酮粗品。

将母液套用（反应母液用于回收乙醇），比较套用母液反应和直接使用 A 法所得产物的收率和质量以及成本与单耗，考察母液套用的效果。

B 法：于锥形瓶内加入维生素 B_1 盐酸盐 5.4 g、水 20mL、95% 乙醇 40mL。不时摇动，待维生素 B_1 盐酸盐完全溶解，加入 2mol/L NaOH 15mL，充分摇动，加入新蒸馏的苯甲醛 15mL，放置 3～5d。抽滤得淡黄色结晶，用冷水洗涤，得二苯乙醇酮粗品。

2. 重结晶

用 95%乙醇作为重结晶溶剂（二苯乙醇酮在沸腾的 95%乙醇中的溶解度为 12～14g/100mL）。根据所得二苯乙醇酮粗品的重量，按照 1g∶8mL 的比例加入 95%乙醇，加热回流溶解后，冷却析出结晶，再经过滤、洗涤，得到二苯乙醇酮的纯品，滤液套用，比较两者所得产物的收率和质量以及成本与单耗，考察套用的效果。

（二）二苯乙二酮的制备

A法：在装有搅拌、温度计、球型冷凝器的250mL三颈瓶中，投入二苯乙醇酮12g，硝酸28mL。开动搅拌，加热回流（反应中产生的二氧化氮气体，可从冷凝器顶端装一导管，将其通入氢氧化钠溶液中吸收），反应2h（可用pH试纸检验无二氧化氮气体放出）。反应完毕，在搅拌下，将反应液倾入40mL温水中，搅拌至结晶全部析出，抽滤，结晶用少量水洗涤，干燥，得二苯乙二酮粗品。

B法：在装有搅拌、温度计、球形冷凝器的250mL三颈瓶中，投入二苯乙醇酮12g，稀硝酸(HNO_3：H_2O＝1.6：1)30mL。开动搅拌，用油浴加热，逐渐升温至110～120℃，反应2h（反应中产生的二氧化氮气体处理方法见A法）。反应完毕，边搅拌边将反应液倾入40mL温水中，搅拌至结晶全部析出。抽滤，结晶用少量水洗涤，干燥，得二苯乙二酮粗品。

（三）苯妥英的制备

在装有搅拌、温度计、球形冷凝器的250mL三颈瓶中，投入二苯乙二酮8g、尿素2.8g、20% NaOH 24mL、50%乙醇40mL，开动搅拌，加热回流反应30min。加入120mL水和活性炭，煮沸10min，趁热抽滤。滤液用10%盐酸调至pH为6，放置析出结晶，抽滤，结晶用少量水洗涤，得苯妥英粗品。

（四）成盐与精制

将上步所得苯妥英粗品置250mL烧杯中，加入粗品4倍的水，水浴加热至40℃，搅拌下滴加20% NaOH至全溶，加活性炭少许，在搅拌下加热5min，趁热抽滤，滤液加氯化钠至饱和。放冷，析出结晶，抽滤，干燥得苯妥英钠，称重，计算收率。

（五）鉴别

取本品约0.1g，加水2mL溶解后，加氯化汞试液数滴，即发生白色沉淀，在氨试液中不溶。

五、研究与探讨

1. 安息香缩合反应中，为什么强调用新鲜的苯甲醛？
2. 安息香缩合反应的反应液，为什么自始至终要保持微碱性？
3. 制得苯妥英钠后，要尽快做鉴别试验，若暴露在空气中放置长时间后再鉴别，会失败，为什么？
4. 本品精制的原理是什么？

六、知识拓展——二苯乙二酮的合成工艺方法介绍

由2-羟基二苯乙酮制备二苯乙二酮的过程，是将羟基转化为羰基的氧化反应过程，由于原料的羟基处于羰基和苯环的邻位，经过氧化后分子中可形成大的共轭体系，所以该氧化反应比较容易发生。

可用于该反应的氧化剂种类繁多，以硝酸为氧化剂制备二苯乙二酮的方法，曾广泛应用于工业生产，该法的突出优点是反应收率高（97%～98%），且原料廉价易得；但反应过程中产生的二氧化氮气体具有很强的刺激性和毒性，是造成酸雨的重要原因，如果NO_2不能

被充分吸收而排放到大气中，则会严重污染环境。

以三价铁离子为氧化剂制备二苯乙二酮的方法在实验室中使用比较方便，文献方法以过量的 $FeCl_3 \cdot 6H_2O$ 为氧化剂，采用冰乙酸/水作为溶剂，产物收率可达95%以上。

Cu^{2+} 为氧化剂反应效果良好，但有重金属离子 Cu^+ 排放，易对地下水源产生不良影响；以乙酸铜为催化剂、硝酸铵为氧化剂的方法可大幅度减少 Cu^{2+} 的用量，而放出的 N_2 对环境并无影响。

空气中所含有的氧气是自然界中最为廉价易得的氧化剂，利用空气氧化2-羟基二苯乙酮制备二苯乙二酮无疑是既经济又环保的好方法。以 Schiff 碱配合物双水杨醛乙二胺合铜[Cu(salen)]为催化剂的方法效果良好，但催化剂需要自行制备。

在众多方法中，微波催化空气氧化法最为快捷方便且收率几乎达到定量水平，同时反应中使用的溶剂和载体均可回收利用，该方法是典型的绿色化学方法。

下面详细介绍以三价铁离子为氧化剂的方法和微波催化空气氧化法制备二苯乙二酮的实验基本内容。

1. 以三价铁离子为氧化剂制备二苯乙二酮的方法

在100mL圆底烧瓶中，依次加2.5g 2-羟基二苯乙酮、14g $FeCl_3 \cdot 6H_2O$、15mL冰乙酸和6mL水安装回流冷凝管后，加热回流50min。稍冷，加入50mL水，再加热至沸腾后，将反应液倾入250mL烧杯中，搅拌冷却至室温，析出黄色固体，抽滤。结晶用少量水洗，干燥，得二苯乙二酮粗品。以 $FeCl_3 \cdot 6H_2O$ 为氧化剂的方法所得粗产物的质量较好，通常无需重结晶其熔点即可达到94～96℃。

以此法为例，介绍采用均匀设计方法优化制药工艺的基本途径。

(1) 确定对收率和成本有显著影响的因素　氧化剂 $FeCl_3 \cdot 6H_2O$ 的用量是关键性的影响因素，根据氧化反应的特点，氧化剂 $FeCl_3 \cdot 6H_2O$ 与原料2-羟基二苯乙酮的摩尔比应至少为2∶1，$FeCl_3 \cdot 6H_2O$ 用量过低会使反应不够完全，用量过大则会导致成本上升。

冰乙酸用量和反应时间也是影响该反应的重要因素，改变两者会引起收率与成本变化。

反应温度对反应的影响是不言而喻的，原工艺中采用回流温度作为反应温度比较合理，但未对此因素进行考察。

水的用量关系到反应体系中物料的浓度，也会对收率产生一定的影响，但水的价格很低，在总成本中所占比例很小，故不作为独立因素加以考察；其用量与 $FeCl_3 \cdot 6H_2O$ 用量关联考虑，保持反应体系中总的水量不变。

由此，确定 $FeCl_3 \cdot 6H_2O$ 用量、冰乙酸用量和反应时间作为工艺优化研究的影响因素。

(2) 确定影响因素的考察范围　根据初步实验的结果，在2-羟基二苯乙酮的用量为2.5g的前提下，选择 $FeCl_3 \cdot 6H_2O$ 用量的考察范围为5.0～15.0g，$FeCl_3 \cdot 6H_2O$ 与2-羟基二苯乙酮的摩尔比为（1.6～4.7）∶1；当 $FeCl_3 \cdot 6H_2O$ 用量为5.0g时，它与2-羟基二苯乙酮摩尔比为1.6∶1，未达到2∶1的要求，但只要反应时间足够长，依然可以完成氧化反应，其原因是氧气以铁离子为媒介，进行了间接氧化反应。冰乙酸的用量的考察范围为5.0～15.0mL；反应时间应不低于60min。

(3) 确定影响因素的变化梯度　在确定了影响因素及其考察范围之后，需要规定影响因素的变化梯度，进而确定研究的水平数。根据实践经验，将 $FeCl_3 \cdot 6H_2O$ 用量的变化梯度确定为2.0g，水平数为6，具体用量分别为：5.0g、7.0g、9.0g、11.0g、13.0g、15.0g。

冰乙酸的用量分别为：5.0mL、7.0mL、9.0mL、11.0mL、13.0mL、15.0mL。

反应时间分别为：60min、80min、100min、120min、140min、160min。

2. 绿色化学方法——利用微波辅助空气氧化法合成二苯乙二酮

将原料 2.0g 2-羟基二苯乙酮溶于 10mL 乙酸乙酯中，搅拌下加至 40.0g 载体硅胶上，减压下蒸去乙酸乙酯，置于微波反应器中，搅拌下微波辐射反应，使用 TLC 监测的方法，考察微波强度、反应时间对反应的影响，确定制备二苯乙二酮的方法。

项目二　维生素 C 的精制

一、目的与要求

1. 掌握粗品维生素 C 精制过程的原理和基本操作。
2. 熟悉结晶实验操作过程。

二、工艺原理

维生素 C(Vitamin C) 又名 L-抗坏血酸(L-Ascorbic acid)，化学名为 L(＋)-苏阿糖型-2,3,4,5,6-五羟基-2-己烯酸-4-内酯。分子式 $C_6H_8O_6$，相对分子质量 176.13，熔点 190～192℃，密度 1650kg/m^3，比旋光度＋20.5°～＋21.5°(水溶液)、＋48°(甲醇溶液)。

化学结构式如下：

H OH HO O O OH OH

维生素 C 在水中溶解度较大，而且随着温度的升高，维生素 C 溶解度增加较多，因而可以采用冷却结晶方法得到晶体产品。维生素 C-水为简单低共熔物系，低共熔温度为－3℃，组成为 11%（质量分数），结晶终点不应低于其低共熔温度。向维生素 C 的水溶液中加入无水乙醇，维生素 C 的溶解度会下降。结晶终点温度可在－5℃左右（温度过低会有溶剂化合物析出），有利于提高维生素 C 的结晶收率。维生素 C 在水溶液中为简单的冷却结晶，在乙醇-水溶液中为盐析冷却结晶。乙醇-水的比例应适当，乙醇太多会增大母液量，增加了回收母液的负担。通常自然冷却条件下晶体产品粒度分布较宽，研究表明：加以控制的冷却过程所得产品的平均粒度大于自然冷却所得产品。为了改善晶体的粒度分布与平均粒度，利用控制冷却曲线进行结晶操作。

三、主要试剂

试剂名称	规格	单位	数量
粗维生素 C	粗品	g	80
无水乙醇	分析纯	mL	适量
活性炭	化学纯	g	适量

四、工艺步骤

1. 溶解、脱色和过滤

在 250mL 三颈瓶中加入 80g 维生素 C 粗品，80mL 纯水，开启恒温水浴锅加热，搅拌，控制溶解温度为 65～68℃，并保持在此温度使之溶解（注意时间尽可能短，可以加入少量去离子水并记录加入水的量，最终可能会有少量不溶物）。溶解后向烧瓶中加入少量活性炭，搅拌，趁热抽滤，得滤液。

2. 结晶、过滤、洗涤、干燥

将滤液倒入圆底烧瓶中，使圆底烧瓶初始温度为60℃左右，加入12mL无水乙醇，搅拌，冷却结晶。结晶完成后，抽滤。用0℃无水乙醇浸泡、洗涤产品。于38℃左右进行真空干燥，称重，计算收率。

五、注意事项

1. 由于维生素C结晶过程中溶液存在剩余过饱和度，到达结晶终点温度时，产品收率将低于理论值。

2. 维生素C还原性强，在空气中容易被氧化，在碱性溶液中容易被氧化。高温下会发生降解，造成产率下降。由于维生素C的强还原性，它不能与金属接触，接触过维生素C的研钵等器皿也要及时洗净。粗维生素C及产品一定放回干燥器内保存。

3. 实验表明，冷却速率是影响晶体粒度的主要因素，在实际生产中应设法控制冷却速率。在搅拌器的选择上，应在满足溶液均匀、晶体悬浮的前提下，尽量选择转速低的搅拌器。

4. 由于粗维生素C已经有部分被氧化、降解，所以脱色效果不十分明显，脱色温度不宜太高、时间不宜太长，以防止维生素C降解。

六、思考题

1. 0℃无水乙醇浸泡、洗涤晶体产品的目的是什么？

2. 搅拌速率对晶体粒度有何影响？

3. 为了提高产品纯度和收率以及改善晶体粒度和粒度分布可以进行哪些改进？

七、知识拓展

近几年一些具有自主知识产权的维生素C新工艺、新技术被开发出来，范围涉及维生素C的生产、精制、结晶、回收、降耗等许多方面，公开的国家发明专利就有近10件。

1. “维生素C生产中将古龙酸钠转化成古龙酸的方法”的发明专利

该专利提出了一种维生素C生产中将古龙酸钠转化成古龙酸的方法，是用连续离子交换设备，采用圆盘传送式连续逆流吸附系统，使用强酸型阳离子交换树脂进行离子交换和吸附连续操作，将古龙酸钠转化成古龙酸。该发明具有连续性分离处理、提高树脂利用率、减少水和化学试剂用量、废水排放量小等优点，提高了工业分离的效率与效益。

2. “一种维生素C结晶过程的晶种制种方法”的发明专利

该专利将维生素C粉100份、水50～60份，置于一个带搅拌的锅中，加热至60～70℃，搅拌溶解成过饱和溶液，放入U形的带搅拌及超声波的起晶槽中，加入25～50份浓度为95%～99.9%的甲醇或乙醇，搅拌速度为50～70r/min，超声波频率为20～35kHz，时间为1～10min；搅拌停止后，再加入25～50份浓度为95%～99.9%的甲醇或乙醇，重新开启搅拌及超声波，时间2～10min；静置30～60min即可得到晶粒均匀、晶面完整的晶种。该发明为维生素C医药制造工业提供一种既成核起晶快，又能使晶粒均匀、数目准确、晶面完整的晶种制作方法。

3. “低消耗维生素C加工工艺”的发明专利

该专利提出一种低消耗维生素C加工工艺：古龙酸和甲醇按一定比例充分混合后，在强酸性阳离子交换树脂柱的催化下进行循环酯化；同时将酯化过程产生的带水甲醇蒸气直接引入精馏装置，将精馏出的含甲醇量≥99.5%的甲醇回流入酯化罐重复使用；然后向酯化液内加入碳酸氢钠甲醇悬浮液进行转化，反应液经冷却离心后形成维生素 C-Na 中间体，最后维生素 C-Na 中间体经酸化为粗维生素 C。该发明工艺采用强酸性阳离子交换树脂柱作为催化剂进行酯化，不会产生硫酸钠或氯化钠等副产品，这样就减少了后续清除副产品的工艺，相应降低了生产成本，同时符合环保的要求。酯化过程产生的带水甲醇蒸气可以直接引入精馏装置中重复使用，提高甲醇的使用效率，进一步降低生产成本。

4. “维生素 C 母液中回收维生素 C 和古龙酸的生产方法”的发明专利

该专利提供一种工艺简单、分离效果好、对维生素 C 结晶母液达到有效回收利用的从维生素 C 母液中回收维生素 C 和古龙酸的生产方法。将需回收分离的维生素 C 母液用水稀释；将稀释的维生素 C 母液泵入填装有阴离子交换树脂的吸附柱中，吸附后加水冲洗吸附柱，收集流出液；将流出液经纳滤浓缩结晶、重结晶，得维生素 C 晶体；吸附后的阴离子交换树脂经稀硫酸淋洗解吸，回收解吸液中的古龙酸作为生产维生素 C 原料；稀硫酸解吸后，阴离子交换树脂柱水洗至 pH＝4～5，再用氢氧化钠水溶液淋洗，最后水洗至 pH＝8～9，阴离子交换树脂再生完毕，循环使用。

5. “一种维生素 C 钠的制备方法”的发明专利

该发明步骤如下：将 2-酮基-L-古龙酸加入甲醇中，再加入浓硫酸催化剂，加热至 60～68℃进行酯化反应 3～5h，生成 2-酮基-L-古龙酸甲酯；酯化反应结束后，加入碳酸钠，在 60～68℃条件下反应 2～3h，反应结束后，降温至 0～5℃，使维生素 C 钠充分析出，过滤分离后干燥，即得维生素 C 钠成品。该发明的维生素 C 钠的收率达到 97%以上。

6. “维生素 C 清洁生产方法”的发明专利

该方法中古龙酸钠转型成古龙酸的步骤是：①在古龙酸钠液中加入强酸，调节溶液 pH 至 3.0～4.5；②将上述调节 pH 后的溶液膜超滤；③在超滤后的溶液中加入强酸，调节 pH 至 1.6～1.7；④将步骤③中调节 pH 后的溶液经浓缩、结晶、离心制得混合干品；⑤将上述混合干品溶解甲醇中，过滤，制得古龙酸的甲醇溶液。该方法节约了大量的用水、液碱和盐酸，并且在转型过程中基本无污水排放，解决了环境污染问题，达到了国家规定的排放标准。

此外，帝斯曼公司取得了不少研究成果，在中国申请了 4 个维生素 C 生产的发明专利，分别为：维生素 C 的微生物生产方法、生产维生素 C 的方法、维生素 C 的微生物生产方法和对维生素 C 的发酵生产。这些方法是运用遗传工程、基因修饰等最新的生物工程技术来研发培养新的微生物直接生产维生素 C，如“对维生素 C 的发酵生产”中阐述的“本发明涉及新鉴定出的、能直接生产 L-抗坏血酸的微生物，还涉及包含下述基因的多核苷酸序列，所述基因编码维生素 C 合成中涉及的蛋白质”等。

项目三　头孢噻肟钠的制备工艺

一、目的与要求

1. 掌握重结晶的操作方法。
2. 熟悉等电点的调节方法。

二、工艺原理

头孢噻肟钠为第三代半合成头孢菌素，抗菌谱比头孢呋辛更广，对革兰阴性菌的作用更强，但对革兰阳性球菌不如第一代与第二代头孢菌素。对铜绿假单胞菌与厌氧菌仅有低度抗菌作用。抗菌谱包括嗜血性流感杆菌、大肠埃希菌、沙门杆菌、克雷伯产气杆菌属及奇异变形杆菌、奈瑟菌属、葡萄球菌、肺炎球菌、链球菌等。临床上主要用于各种敏感菌的感染，如呼吸道、五官、腹腔、胆道感染，以及脑膜炎、淋病、泌尿系统感染、皮肤软组织感染、创伤及术后感染、败血症等。

1. 头孢噻肟钠的化学结构式及化学名

其化学结构式为：

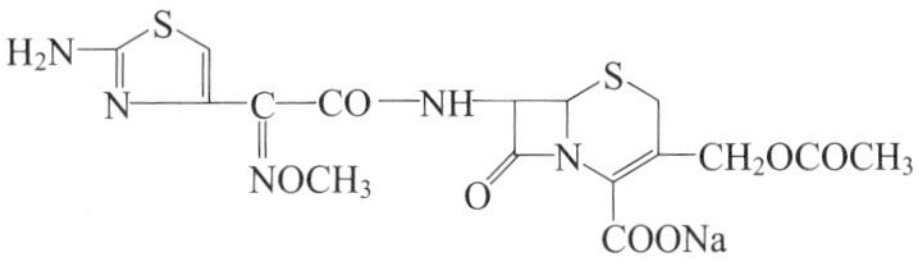

其化学名为：(6*R*,7*R*)-3-[(乙酰氧基)甲基]-7-[(2-氨基-4-噻唑基)-(甲氧亚氨基)乙酰氨基]-8-氧代-5-硫杂-1-氮杂双环[4.2.0]辛-2-烯-2-甲酸钠盐。

2. 合成路线

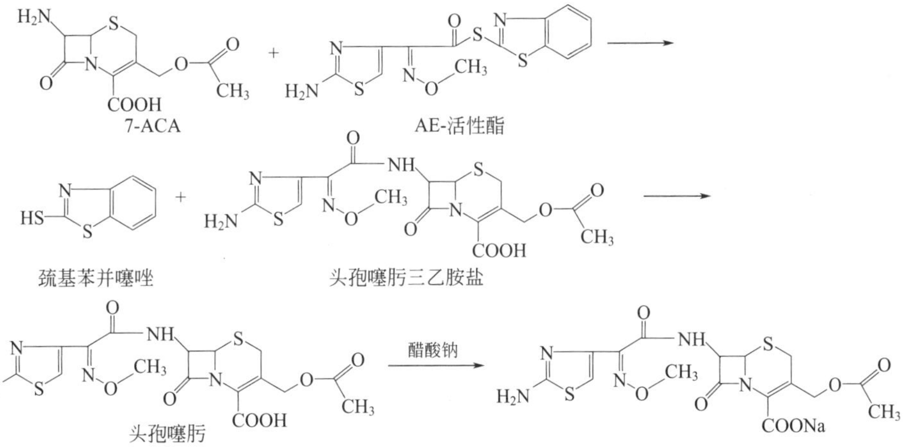

7-ACA　　AE-活性酯

巯基苯并噻唑　　头孢噻肟三乙胺盐

头孢噻肟 —醋酸钠→ 头孢噻肟钠

三、主要试剂

1. 粗品

名称	规格	单位	用量
7-ACA	工业	g	24
丙酮	分析纯	mL	100
活性酯(MAEM)	工业	g	36
甲酸	分析纯	mL	50
三乙胺	分析纯	mL	18

2. 精制

名称	规格	单位	用量
头孢噻肟酸粗品	工业	g	36
丙酮	分析纯	mL	95
蒸馏水	工业	g	6
甲酸	分析纯	mL	50
三乙胺	分析纯	mL	13
活性炭	药用	g	6

3. 头孢噻肟钠的制备

名称	规格	单位	用量
头孢噻肟酸	精制	g	20
无水甲醇	分析纯	mL	30
无水乙酸钠	分析纯	mL	8
无水乙醇	分析纯	mL	30
活性炭	药用	g	2

四、工艺步骤

1. 头孢噻肟酸的制备

取 7-ACA 24g 置于 250mL 三颈瓶中，加丙酮 100mL、水 6mL，搅拌降温到 6℃以下，加入三乙胺 18mL、活性酯（MAEM）36g，加毕自然升温到 15℃左右反应。TLC 检验 7-ACA 基本消失后，加甲酸 50mL，有沉淀生成后继续搅拌 2h，静置 1h，抽滤，滤饼用丙酮充分洗涤后，干燥（43℃，－0.08Ma）得头孢噻肟酸粗品。

将 36g 头孢噻肟酸粗品置于 250mL 三口瓶中，加入丙酮 95mL、水 6mL，搅拌降温至 6℃以下，加入三乙胺 12mL，待全溶后加入活性炭 3g，脱色 40min，抽滤，滤液降温到 6℃以下，加甲酸调 pH 至 3.0～3.5，沉淀析出后继续搅拌 2h，静置 1h，抽滤，滤饼用丙酮充分洗涤后，真空干燥得精制产品。

2. 头孢噻肟钠的制备

（1）在烧杯中将 8g 无水乙酸钠溶于 30mL 无水甲醇和 4mL 蒸馏水中，得溶液备用。

（2）向 250mL 三口瓶中加入 20g 头孢噻肟酸精制品、30mL 无水甲醇，搅拌均匀后加入甲醇-乙酸钠-水溶液，全溶后加入活性炭脱色 40min，抽滤，向滤液中加少量晶种，搅拌 1h，抽滤，滤饼用无水乙醇洗两次，真空干燥（43℃，－0.085MPa），得头孢噻肟钠产品。

五、注意事项

1. 养晶过程，搅拌转速要低，甚至可以停止搅拌。
2. 等电点调节要缓慢。

六、研究与探讨

1. 头孢噻肟酸的合成中，反应温度的控制对产品质量的影响？
2. 等电点调节不当，会对反应结果产生怎样的后果？
3. 养晶过程中，搅拌转速的快慢会对晶体颗粒的大小及纯度产生怎样的影响？
4. 重结晶中，重结晶试剂应如何选择？所用比例应如何调节？

项目四　青霉素钾盐的酸化萃取与共沸结晶工艺

一、目的与要求

1. 掌握酸化萃取的原理及操作方法。
2. 掌握共沸结晶原因及操作过程。

二、工艺原理

青霉素是一种有机酸，很容易溶于醇、酮、醚和酯类等有机溶剂，在水中的溶解度很小，且迅速丧失其抗菌能力。其盐易溶于水、甲醇等，而几乎不溶于乙醚、氯仿或醋酸戊酯，微溶于乙醇、正丁醇、酮类或醋酸乙酯中，但如果此类溶剂中含有少量水分，其在该溶剂中的溶解度就大大增加。

青霉素钠盐的吸湿性较强，其次为胺盐，钾盐的吸湿性最弱，因此青霉素工业盐均为钾盐，其生产条件要求较低，易于保存。但青霉素钾盐在临床的肌内注射中较疼，而青霉素钠盐的疼痛感较轻。因此，临床应用中，需将青霉素钾盐转化为钠盐。

青霉素只能以某种状态存在时，才能从水相转移到酯相，或从酯相转入水相。所以选择合适的 pH，使其处于合适状态是十分关键的。如 pH=2.0～2.2 时青霉素以游离酸状态由水相转移至丁酯相，而在 pH=6.8～7.2 时以成盐状态由酯相进入缓冲液（水相）。另外 pH 还影响分配系数 K 值的大小和抗生素的破坏程度，进而影响到收率与产品质量。pH 过低，青霉素会降解为青霉烯酸；过高时，会生成青霉噻唑酸。在生产中，应控制 pH 为 2.0～2.2。

三、主要试剂

名称	规格	单位	用量
青霉素钾盐	工业品	g	20
硫酸	10%	mL	适量
正丁醇	分析纯	mL	40
醋酸丁酯	分析纯	mL	40
碳酸钾	30%	mL	适量

四、工艺步骤

1. 酸化

用天平称量 20g 青霉素工业盐，放入烧杯中。在磁力搅拌器下，加入 50mL 的蒸馏水溶解。溶液呈透明，无颗粒。加入 20mL 的醋酸丁酯，调快搅拌。滴加 10% 的硫酸，注意加入速度一定要缓慢，以白色絮状物质不产生为宜。用试纸测 pH，在 2.0 左右结束。移入分液漏斗中，静置 5min。将重相分入烧杯中，轻相入另一烧杯中。重相计量体积，并做好记录。加入 20mL 的醋酸丁酯，进行第二次萃取。再次记录重相体积。将重相 pH 调至中性，倒入下水道。收集两次轻相，计量体积。

2. 反萃取

在磁力搅拌器下，向轻相中，滴加 30% 的碳酸钾溶液，缓慢加入。不断用试纸，测量水相 pH，在 6.8 左右。移入分液漏斗中，静置 5～10min。将重相分入烧杯中，轻相倒入回收瓶中。重相加入 20mL 正丁醇，形成稀释液。

3. 减压共沸

将稀释液转移到梨形瓶内，用 10mL 的正丁醇洗涤一次。将洗涤液加入梨形瓶内。开真空泵，调节真空度在 0.095MPa。调节转速在适宜转速，使液体在瓶内形成薄膜。注意，不能转速太快。调节加热温度在 40～50℃之间。注意观察液体的澄明度，发现有混浊时，立即调低转速。养晶5min。养晶结束后，加入10mL的正丁醇，继续蒸馏15min（注意保持液体量），停止加热，放掉真空。进行真空抽滤，干燥。用显微镜观察晶体形状，并画出形状。

五、注意事项

1. 严禁用不合格的注射用水溶解青霉素钾工业盐。
2. 青霉素钾工业盐必须溶解完全，严禁溶解液发白或有颗粒。
3. 溶解过程中，尽量缩短溶解时间，溶解完后立刻进行萃取。

六、思考题

1. 收率如何计算？
2. 结合萃取的内容，考虑实验室小试与大生产中有何不同？
3. 结晶与重结晶的作用有何不同？如何判断结晶终点？

项目五 醋酸苄酯的离子交换树脂催化法制备工艺

一、目的与要求

1. 了解固体酸、碱催化反应在有机合成上的应用及其优越性。
2. 会固定床催化连续酯化反应的操作。
3. 会强酸性阳离子交换树脂的预处理及再生技术。
4. 会使用阿贝折光仪和薄层色谱检测产品。

二、工艺原理

苄醇与醋酸作用生成醋酸苄酯，原来是用少量硫酸作为催化剂。

$$C_6H_5CH_2OH + CH_3COOH \xrightarrow{H_2SO_4} C_6H_5CH_2OCOCH_3$$

本工艺采用大孔型强酸性离子交换树脂代替硫酸作为催化剂进行连续酯化反应。应用离子交换树脂作为催化剂，有以下几个明显优点。

① 后处理简单。反应结束后只要简单过滤一下，就可得到不含催化剂的产物。

② 过滤后得到的催化剂，可回收利用。

③ 操作简便。有时只需将反应物通过离子交换树脂即可进行连续反应。

④ 反应选择性高，副反应少。

⑤ 腐蚀性相应较少，不需要特殊的防腐设备。

⑥ 不产生“三废”。

关于离子交换树脂的结构、交换原理等简单介绍如下。

离子交换树脂是一种具有离子交换能力的合成树脂（一种网状结构的球体，如图8-1所示），一般是以苯乙烯、二乙烯苯共聚物作为母体引入可供离子交换的酸性基团（如—SO_3H、—COOH）或碱性基团［如—$CH_2N^+(CH_3)OH^-$］而得到的。

离子交换树脂的品种繁多，通常按交换离子的性质分为阳离子交换树脂和阴离子交换树

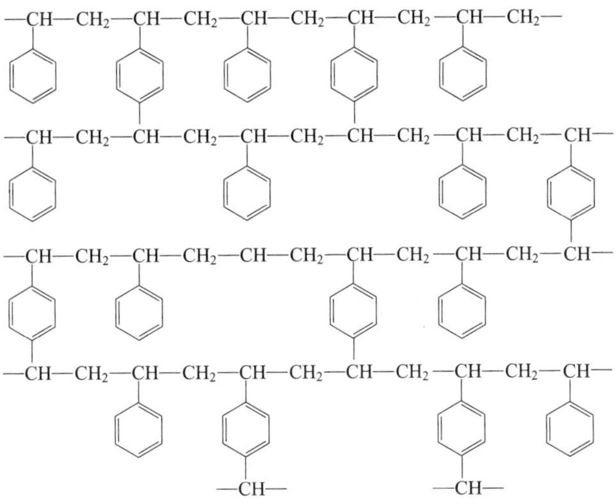

图 8-1　离子交换树脂网状结构图

脂两大类。这两大类树脂的区分是按树脂母体中含有酸性基团或碱性基团来决定的。例如，含有—SO_3H 基团的树脂，因其中的 H^+ 可以和其他阳离子进行交换，故称为阳离子交换树脂；同样含有—CH_2N^+（CH_3）OH^- 基团的树脂，因 OH^- 可以和其他阴离子进行交换而称为阴离子交换树脂。又根据酸性基团或碱性基团的强弱，又可分为强酸性阳离子交换树脂与弱酸性阳离子交换树脂，强碱性阴离子交换树脂与弱碱性阴离子交换树脂等。

其离子交换的过程，以强酸性阳离子交换树脂为例（可用 R—SO_3H 表示）。式中 R 表示树脂母体，—SO_3^- 是固定在树脂母体上的离子，它不能活动，因而不能与外界离子进行交换，而 H^+ 可以在树脂粒内部自由活动，也可以与外界溶液中相同电荷的离子进行等摩尔的交换。可以形象地用图 8-2 表示。

图 8-2 中的圆球，表示一颗强酸性离子交换树脂的结构，在树脂颗粒外部的溶液中有 Na^+Cl^- 分子，其中 Cl^- 由于受到树脂颗粒内部固定 SO_3^- 相同电荷的排斥不容易进入树脂颗粒内部，而 Na^+ 则易于进入树脂颗粒内部并与其中的 H^+ 进行等摩尔的交换。

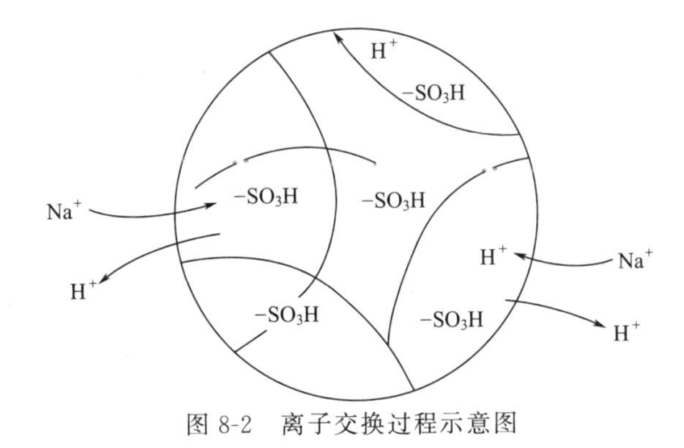

图 8-2　离子交换过程示意图

三、主要试剂

名称	型号与规格	单位	数量	备注
Na 型大孔强酸型树脂	工业	g	40	
醋酸	分析纯	mL	11.5	

续表

名称	型号与规格	单位	数量	备注
苯甲醇	分析纯	mL	13.5	
盐酸	1mol/L 自配	mL	500	公用
氢氧化钠	1mol/L 自配	mL	500	公用
碳酸钠	40% 自配	mL	500	公用
氯化钠	1 mol/L 自配	mL	500	
无水硫酸镁	化学纯	g	5	
乙醚	化学纯	mL	500	
硝酸银	0.1mol/L	mL	50	公用
酚酞指示剂	1%	mL	10	公用
乙酸苄酯标准品		mL	10	公用

四、工艺步骤

应用大孔型强酸性树脂作为酯化反应的催化剂。

1. 树脂的预处理

将 Na 型大孔强酸型树脂（湿重约 40g）在烧杯中，用清水中洗涤 2～3 次，以除去混杂在树脂中的垃圾等机械杂质。然后将此树脂置于交换柱中（不绕电热丝），湿法上柱，先用 1mol/L 的盐酸过柱，然后用蒸馏水过柱至中性，再用 1mol/L 的 NaOH 过柱，再用蒸馏水过柱至中性，再用 1mol/L 的盐酸过柱。

每次用酸（或碱）100mL，最后用 1mol/L 的盐酸 200mL 以每分钟 4～5mL 的恒速过树脂，然后再用去离子水洗涤直至溢出液中无盐酸为止（用 $AgNO_3$ 溶液检测无白色沉淀为止），过滤抽干。

2. 树脂总交换容量的测定

总交换容量是离子交换树脂的一项重要指标，需要测定。测定强酸性树脂的方法是将 Na 型树脂转换成氢型树脂，再用 NaCl 溶液将树脂上的 H^+ 用 Na^+ 交换下来；再用 NaOH 标准溶液进行滴定。最后根据 NaOH 标准溶液的用量，即可计算出树脂的总交换容量。具体操作方法如下：准确称取烘干树脂 0.5g 左右，放入 250mL 锥形瓶中，加入 1mol/L NaCl 溶液 100mL 摇匀，放置 1.5h，然后加入 1%酚酞指示剂三滴，以 0.1mol /L NaOH 标准溶液滴定至微红色 15s 不褪色为终点，再按下式计算树脂总交换容量。

$$\text{总交换容量}/(\text{mmol/g 氢型干树脂}) = MV/m$$

式中 M——NaOH 浓度，mol/L；

V——NaOH 用量，mL 或 L；

m——树脂样品总质量，g。

3. 酯化反应

在直径 1.5cm、绕有电热丝的玻璃柱中加入处理过的树脂 9g，柱管垂直放置，由于树脂的吸附，故需要补加反应液。具体做法是：由湿法上柱后流出的反应液记录其体积 V_1（mL），并计算需要补加的反应液体积 V，$V=25-V_1$(mL)，按苯甲醇和冰醋酸的配比，分别计算需补加的苯甲醇和冰醋酸的量。将补加的反应液与流出的反应液混合（应为 25mL），置于 125mL 滴液漏斗中，调节变压器（一般不超过 50V），使反应温度控制在 65～75℃（过高的温度会影响树脂的机械强度，而且反应液又会因醋酸的蒸发，在树脂层中产生气泡而影响催化效果；温度低，则反应率下降）。以顺流形式通过树脂层，调节开关控制流出的速度为每分钟 2mL 左右，同时调节料液滴加速度，使之与产物流出速度相平衡。收集流出液，用 40%的碳酸钠溶液小心中和至 pH≈8。于分液漏斗中，用乙醚萃取产品，每次 15mL，共 3 次。合并萃取液，用少量的 10mL 饱和 NaCl 溶液洗 2 次，分去水层后的产物用无水硫酸镁（3～5g）干燥，常压蒸去乙醚，即得产品。产品可用阿贝折光仪和薄层色谱进行检测（与标准品对照）。

五、注意事项

1. 以醋酐代替醋酸进行酯化反应，收率高，但醋酐对树脂有腐蚀性。

2. 树脂应先浸泡在由苯甲醇 13.5mL、冰醋酸 11.5mL（1∶1.5，摩尔比）组成的反应液中，然后用湿法上柱。

3. 使用过的树脂经处理后，可再用作催化反应，效果不变。树脂再生方法为：反应后的树脂倒入烧杯中，搅拌下用常水反复冲洗至中性，然后装柱，用 1mol /L NaOH 100mL 过柱，再用蒸馏水洗至中性，再用 1mol /L HCl 200mL 过柱，用蒸馏水洗至无盐酸为止（用 $AgNO_3$ 溶液测无白色沉淀为止），临用前过滤抽干。

六、研究与探讨

1. 对进一步提高产率，你有何设想？

2. 产品中和时能否用 NaOH 溶液？

3. 采用离子交换树脂作为催化剂的连续反应，有何特点？

七、知识拓展

离子交换树脂按结构分类，可分为凝胶型离子交换树脂、大孔型离子交换树脂、载体型离子交换树脂。

（1）凝胶型：凝胶型为透明、基本均质的高分子基体。

（2）大孔型：由特殊的聚合法可得具有物理细孔的高分子基体，它具有表面积大、交换容量大、力学性能好等特点。

（3）载体型：以粒度均匀的球状氧化硅及玻璃等硬的惰性物作为载体，将交换结构的离子交换树脂浸渍其表面，形成一层树脂薄膜而得。

离子交换树脂由于不溶于水也不溶于有机溶剂，具有耐酸、耐化学药品、交换容量高、机械性能好等优点，因而具有广泛的应用领域。在许多重要的有机合成反应中，具有良好的催化性能，能简化工艺、设备，又能提高产品质量、降低劳动强度，并能进行连续化生产，为有机合成开辟了一条广阔的新的合成工艺途径。

附录一 氯霉素生产工艺流程图

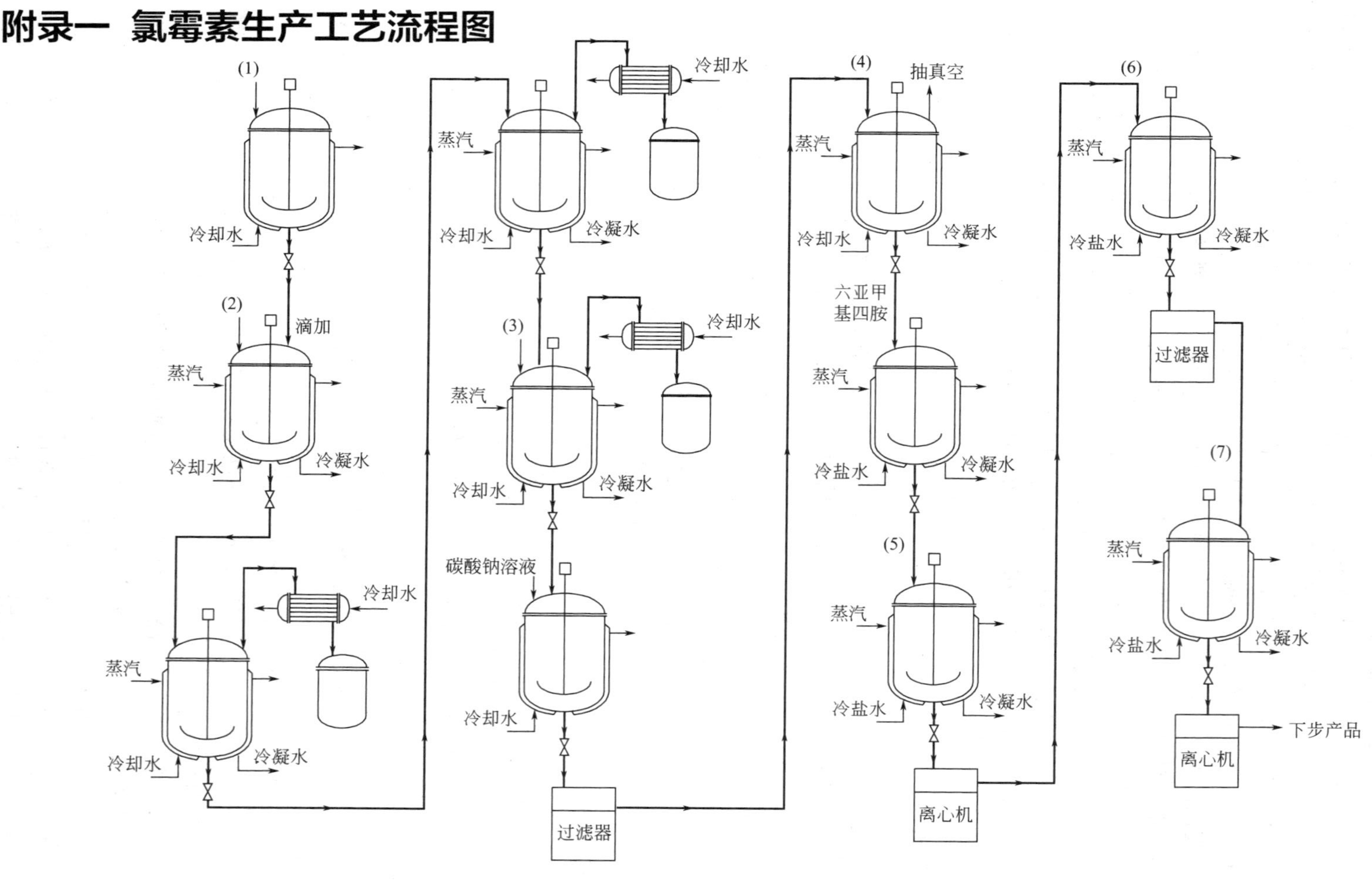

氯霉素生产工艺流程图(一)

(1)—92%硫酸，水，96%硝酸；(2)—水，乙苯；(3)—对硝基乙苯，硬脂酸钴和醋酸锰；

(4)—溴素，氯苯；(5)—盐酸，乙醇； (6)—母液，乙酸酐，乙酸钠溶液；(7)—甲醇，甲醛溶液，碳酸氢钠

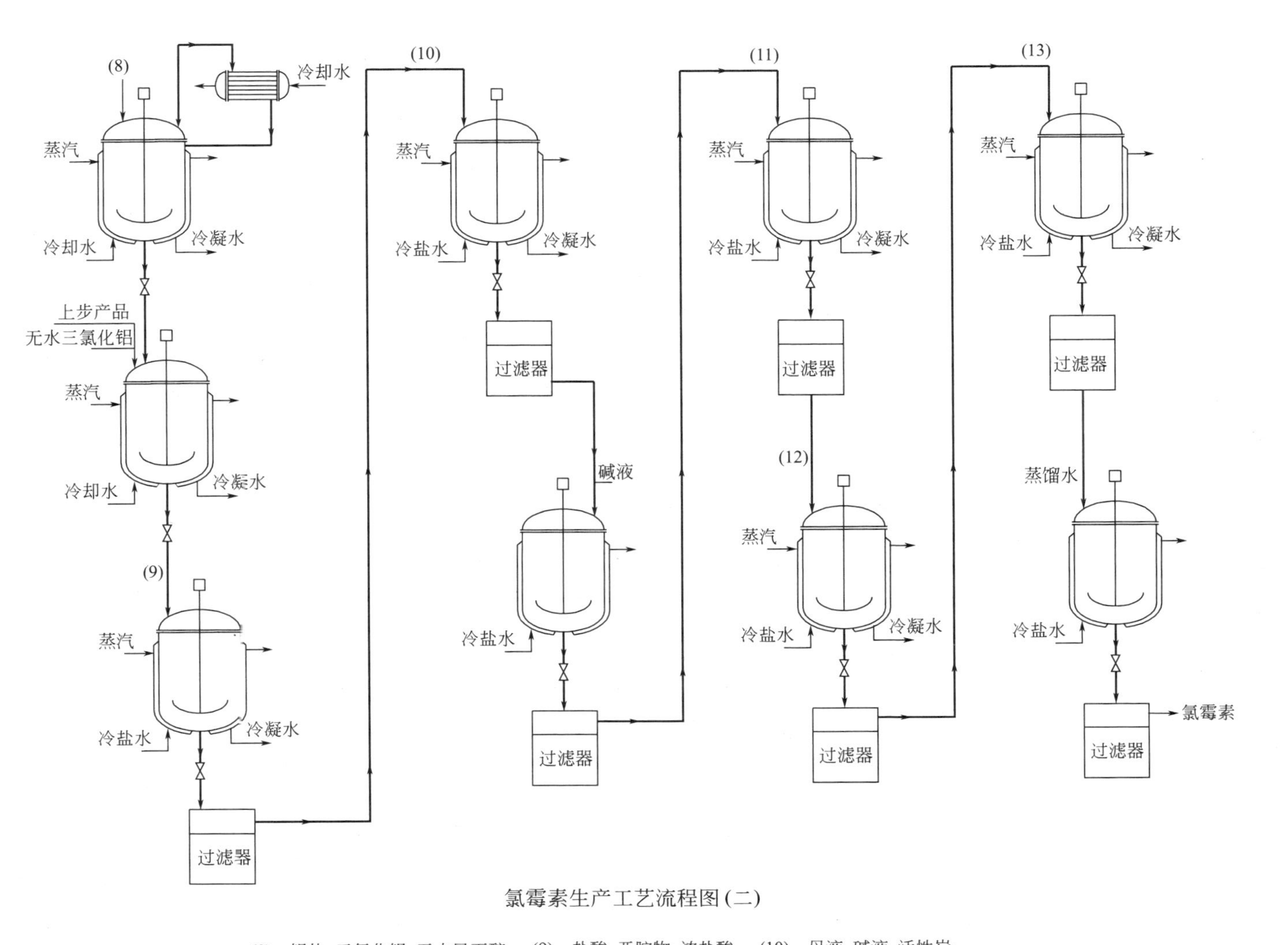

氯霉素生产工艺流程图(二)

(8)—铝片, 三氯化铝, 无水异丙醇；(9)—盐酸, 亚胺物, 浓盐酸；(10)—母液, 碱液, 活性炭；

(11)—稀盐酸, 活性炭；(12)—酸, 碱, 活性炭；(13)—甲醇, 二氯乙酸甲酯, 活性炭

附录二 氢化可的松生产工艺流程图

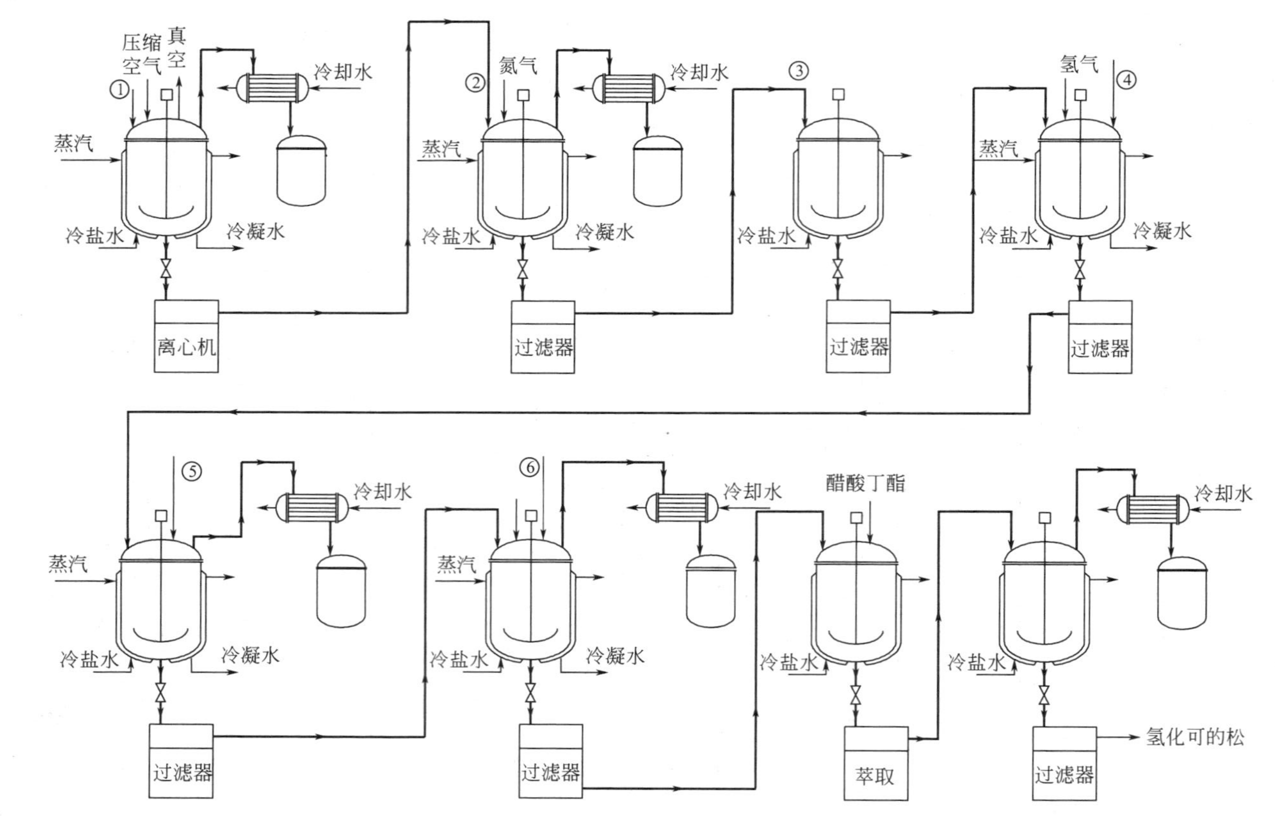

氢化可的松生产工艺流程图

①—薯芋皂素, 醋酐, 冰醋酸,氧化剂, 水, 环己烷, 乙醇;

②—甲醇, 20%的NaOH溶液, 双氧水, 焦亚硫酸钠, 甲苯, 热水, 环己酮, 异丙醇铝, 氢氧化钠溶液;

③—56%的溴氢酸;

④—乙醇, 冰醋酸, Raney-Ni, 醋酸铵-吡啶溶液；

⑤—氯仿, 氯化钙/甲醇溶液, 碘, 氯化铵溶液, 甲醇, DMF, 醋酸钾溶液;

⑥—玉米浆, 酵母膏, 硫酸铵, 葡萄糖, 氢氧化钠, 豆油, 犁头霉菌孢子混悬液, 醋酸酯乙醇溶液

参考文献

[1] 工信部等九部委．“十四五”医药工业发展规划．2021.

[2] 中国化学制药工业协会．2020年中国化学制药行业经济运行报告．2021.

[3] 计志忠．化学制药工艺学．北京：中国医药科技出版社，2002.

[4] 陈建茹．化学制药工艺学．北京：中国医药科技出版社，1996.

[5] 陈文华，郭丽梅．制药技术．北京：化学工业出版社，2003.

[6] 陈炳和，许宁．化学反应过程与设备—反应器选择、设计和操作．3版．北京：化学工业出版社，2014.

[7] 蒋作良．药厂反应设备及车间工艺设计．北京：中国医药科技出版社，2008.

[8] 左识之．精细化工反应器及车间工艺设计．上海：华东理工大学出版社，1996.

[9] 赵临襄．化学制药工艺学．北京：中国医药科技出版社，2015.

[10] 元英进．制药工艺学．2版．北京：化学工业出版社，2017.

[11] 刘承先，文艺．化学反应器操作实训．北京：化学工业出版社，2006.

[12] 李丽娟．药物合成技术．2版．北京：化学工业出版社，2015.

[13] 李丽娟，陈瑞珍．化工实验及开发技术．2版．北京：化学工业出版社，2002 .

[14] 尤启科，林国强．手性药物．北京：化学工业出版社，2004.

[15] 陶杰．化学制药技术．2版．北京：化学工业出版社，2013.

[16] 李景惠．化工安全技术基础．北京：化学工业出版社，1995.

[17] 冯肇瑞，杨有启．化工安全技术手册．北京：化学工业出版社，1993.

[18] 王亚楼．化学制药工艺学．北京：化学工业出版社，2008.

[19] 刘红霞．化学制药工艺过程及设备．北京：化学工业出版社，2009.

[20] 孙晓雷，高健磊．化学合成制药废水处理工程实例．水处理技术，2009，12（35）：114.

[21] 王效山，王健．制药工艺学．北京：北京科学技术出版社，2003.